基本情報技術者
Fundamental Information Technology Engineer

らくらく突破 Python

取り外して使える問題小冊子付き

矢沢久雄・著

技術評論社

注意 購入・ご利用の前に必ずお読みください

● 本書に記載された内容は、情報の提供のみを目的としています。したがって、本書を用いた運用は、必ずお客様自身の責任と判断によって行ってください。これらの情報の運用の結果について、本書に掲載されているサンプルプログラムの実行によって万一損害等が発生した場合でも、技術評論社および著者はいかなる責任も負いません。

● 本書記載の情報は、2021年7月現在のものを掲載しており、ご利用時には変更されている場合もあります。また、ソフトウェアに関する記述は、とくに断りのない限り、2021年7月現在での各バージョンの最新アップデートをもとにしています。ソフトウェアはアップデートされる場合があり、本書での説明とは機能内容や画面図などが異なってしまうこともありえます。

● 本書は、Microsoft Windows10上でAnacondaを使用した環境で確認し、解説をしています。お使いの機種や環境、アップデートの状況によっては、表示される画面や操作方法に違いのある場合もございます。

　以上の注意事項をご了承いただいた上で、本書をご利用願います。これらの注意事項をお読みいただかずにお問い合わせいただいても、技術評論社および著者は対処しかねます。あらかじめご承知おきください。

商標について

本書に掲載されている会社名および製品名などは、それぞれ各社の商標、登録商標、商品名です。なお、本文中には™マーク、®マークは明記しておりません。

基本情報技術者 らくらく突破 Python ――――――――――――――――目次

はじめに

Python で午後試験を突破しよう！ 10

第1章 プログラミングと Python の超々入門 19

01 プログラムとは何か？ 20
　　ハードウェアとソフトウェアの関係　20　／　コンピュータの五大装置の機能　21
　　パソコンにおけるコンピュータの五大装置　22
　　ハードウェアがわかればプログラムとは何かがわかる　23　／　プログラマ脳の視点　24

02 処理の種類 27
　　入力、演算、出力の3つの処理を考える　27
　　与えられたテーマから入力、演算、出力の処理を見出す　28

03 流れの種類 30
　　順次、分岐、繰り返しの3つの流れを考える　30
　　与えられたテーマから処理の流れを見出す　32　／　分岐と繰り返しの流れを見出す　34

04 プログラム部品の形式 36
　　プログラム部品の形式と選び方　36　／　関数のイメージをつかむ　37
　　クラスのイメージをつかむ　38　／　関数とクラスを作るときに考えること　39

05 プログラムの作成と実行方法 41
　　Python プログラムの作成と実行に必要なもの　41
　　Python の実行モード（ソースファイルの作成）　42
　　Python の実行モード（プログラムの実行）　44
　　Python の対話モード（プログラムの入力と実行）　47

　　章末確認問題　51

第2章 Python プログラミングの基礎 53

06 変数、関数、算術演算子 54

「英語だ」「数式だ」と思ってプログラムを見る　54
変数への代入と関数の呼び出し　55／入力と出力を行う関数　56
演算子と演算式　58／算術演算子　59／複合代入演算子　61

07　予約語、命名規約、コメント　63
Pythonの予約語　63／Pythonの命名規約　64／コメント　65

【コラム】プログラミングをマスターするコツ　その1
英語と数式だと思って、プログラムを音読する！　67

08　データ型の種類　68
Pythonのデータ型の種類　68／Pythonの変数には何でも代入できる　69
id関数でデータの識別情報を確認する　71

09　データ型の変換　73
データ型の変換が必要な場面　73／数字列を数値に変換する　74
数値を文字列に変換する　76

10　プログラムの書き方　78
プログラマ脳をプログラムで表現する　78／プログラムの様々な書き方　80
関数の様々な使い方　83

章末確認問題　86

第3章　分岐と繰り返し　89

11　比較演算子と論理演算子　90
比較演算子　90／論理演算子　92／複数の比較演算を論理演算でつなぐ　94
演算子の優先順位　96／変数の値が範囲内にあることをチェックする表現　97

12　if文による分岐　99
if〜elseで2つに分岐する　99／インデントによるブロックの表現　101
ifだけのif文とpass文　103／if〜elif〜elseで3つ以上に分岐する　104
ネストしたif文　107／二者択一の値を返すif〜elseの簡略表現　108

13　while文による繰り返し　111
条件がTrueである限り繰り返す　111／繰り返しと分岐の組み合わせ　114
TrueやFalseとみなされるもの　116

14 for 文による繰り返し 120
イテラブルから要素を順番に取り出す 120 ／ range 関数の使い方 122
ネストした繰り返し（多重ループ） 124

15 break 文と continue 文 126
break 文で繰り返しを中断する 126 ／ continue 文で繰り返しを継続する 127
繰り返しにおける else の使い方 129
while 文で後判定の繰り返しを実現する 131

章末確認問題 134

第 4 章　要素を持つデータ型　137

16 イテラブルの種類と特徴 138
イテラブルの種類 138 ／ イテラブルはオブジェクトである 140
クラスとオブジェクト 142
Python では、すべてのデータがオブジェクトである 143

17 イテラブルの表記方法と for 文 145
文字列の表記方法と for 文 145 ／ リストの表記方法と for 文 147
タプルの表記方法と for 文 148 ／ 辞書の表記方法と for 文 149
集合の表記方法と for 文 151

18 イテラブルに共通した機能 153
len 関数、max 関数、min 関数 153 ／ in 演算子と not in 演算子 155
イテラブルをリストに変換する 157 ／ sorted 関数で要素をソートする 158

19 シーケンスに共通した機能 160
添字による要素の指定 160 ／ スライスによる要素の切り出し 162
スライスによる要素の変更と削除 164 ／ ＋ 演算子と ＊ 演算子 166
index メソッドと count メソッド 168

【コラム】プログラミングをマスターするコツ その2
　　実行結果を想像してから実行する！ 169

20 イテラブルのその他の機能 170
キーを指定してバリューを読み書きする（辞書の機能） 170
集合どうしを演算する（集合の機能） 172 ／ タプルのアンパック（タプルの機能） 175

リストへの要素の追加、更新、削除（リストの機能）　177

辞書への要素の追加、更新、削除（辞書の機能）　179

集合への要素の追加と削除（集合の機能）　181

2次元配列（イテラブルのイテラブル）　182

章末確認問題　185

第5章 標準ライブラリ　187

21 ライブラリの種類　188

ライブラリの基礎知識　188／組み込み関数と組み込み型　189

標準ライブラリの種類　191／外部ライブラリの種類　192

関数やメソッドの引数のバリエーション　193

【コラム】プログラミングをマスターするコツ その3

サンプルプログラムを作ったら、自分の考えで改造する！　197

22 組み込み関数の使い方　198

基数を指定して整数に変換する　198／デフォルトのオブジェクト　199

イテラブルの要素に添字を割り当てる　200

複数のイテラブルの要素をつなぐ　202／ファイルオブジェクトを生成する　203

【コラム】プログラミングをマスターするコツ その4

エラーを嫌がらない！　206

23 文字列の操作　207

strクラスのメソッドの種類　207／文字列の変換　209／文字列の消去　210

文字列の内容チェック　212／文字列の探索　213

文字列の書式指定（formatメソッド）　214

文字列の書式指定（format関数）　216／文字列の書式指定（f文字列）　217

24 インポートと数学関数　219

モジュールのインポート　219／math モジュールの使い方　221

角度を持った線分の x 座標と y 座標を求める　223

25 グラフの描画　225

折れ線グラフを描画する　225／棒グラフを描画する　227

散布図を描画する　228

章末確認問題　230

6

第6章 関数の作成と利用 233

26 関数の作り方と使い方 234

オリジナルの関数を作る 234 ／ オリジナルの関数を使う 236
引数がない関数、戻り値がない関数 237 ／ タプルで複数の戻り値を返す 238

【コラム】プログラミングをマスターするコツ その5
バグの原因を探すことを楽しむ! 240

27 引数の形式 241

位置引数とキーワード引数 241 ／ デフォルト引数 242
タプル形式の可変長引数 245 ／ 辞書形式の可変長引数 246

28 変数のスコープ 248

ローカル変数 248 ／ グローバル変数 250 ／ グローバル宣言 252

29 ジェネレータ関数 255

ジェネレータ関数と yield 文 255 ／ 繰り返し処理の中で yield 文を使う 257
ジェネレータ関数の利点 258

30 再帰呼び出し 261

再帰呼び出しの仕組み 261 ／ 再帰呼び出しで階乗を求める 262

【コラム】プログラミングをマスターするコツ その6
疑問を解決するために、実験プログラムを作る! 265

章末確認問題 266

第7章 クラスの作成と利用 269

31 クラスの作り方と使い方 270

オリジナルのクラスを作る 270 ／ オリジナルのクラスを使う 272
インスタンス変数とインスタンスメソッド 274 ／ クラス変数 276
クラスメソッド 278

32 継承とオーバーライド 281

クラスの継承 281 ／ メソッドのオーバーライド 283
継承における cls.PI と Circle.PI の違い 287 ／ すべてのクラスのスーパークラス 289

もくじ 7

33 プロパティ 291

クラスのインスタンスが保持するデータの変更 291
プロパティで間接的にデータを読み書きする 293
リードオンリーのプロパティ 297

【コラム】プログラミングをマスターするコツ その7
気に入った教材は、何度も繰り返し学習する! 299

34 抽象クラスと抽象メソッド 300

汎化と継承 300 ／ 抽象クラスと継承 304
抽象クラスで約束事を守らせる 306

35 オブジェクトの代入とコピー 308

オブジェクトの代入 308 ／ オブジェクトのコピー 309
シャローコピーとディープコピー 310

章末確認問題 313

第8章 覚えておくべきその他の構文 315

36 リスト内包表記 316

既存のイテラブルから新たなリストを効率的に作る 316
if 文を使ったリスト内包表記 317
2 次元配列から 2 次元配列を作るリスト内包表記 319

37 例外処理 321

組み込み例外 321 ／ try 文で例外を処理する 322
例外の種類ごとに処理を分ける 325 ／ raise 文で例外を発生させる 327

38 関数オブジェクトと高階関数 329

関数オブジェクト 329 ／ 高階関数 330
filter 関数の引数に関数を指定する 332

39 ラムダ式と高階関数 334

ラムダ式で関数を定義する 334 ／ filter 関数の引数にラムダ式を指定する 336
sorted 関数の引数にラムダ式を指定する 338

40 その他の構文 341

数値データの表記 341 ／ 文字列データの表記 342

長いプログラムを途中で改行する方法　344

　章末確認問題　346

第9章　総仕上げ－試験問題のプログラムを読み取る　349

41　Pythonサンプル問題のプログラムを読み取る　350
　　　Pythonサンプル問題について　350 ／ プログラムの機能　350
　　　プログラムの全体構造　352 ／ parse関数の処理内容　354
　　　Markerクラスの処理内容　357 ／ draw関数の処理内容　358

第10章　練習問題・章末確認問題・サンプル問題の解答と解説　361

　巻末小冊子：Pythonサンプル問題

▶ はじめに
Pythonで午後試験を突破しよう!

▶ 本書の対象者は、はじめてプログラミングを学ぶ人です

　令和2年度の基本情報技術者試験から、午後試験で選択できるプログラミング言語の種類に、新たにPython(パイソン)が追加されました。Pythonは、デスクトップアプリケーション、Webアプリケーション、組み込みソフトウェアなど、様々な分野で利用できる汎用的なプログラミング言語です。さらに、最近注目を集めている人工知能や機械学習の分野でも、Pythonがよく使われています。

　このように説明すると、Pythonがとても敷居が高い言語のように感じられるかもしれませんが、そうではありません。Pythonは、構文がシンプルでわかりやすいので、はじめてプログラミングを学ぶ人に適しています。そのため、プログラミング教育の分野でも、Pythonがよく使われています。Pythonは、**敷居が低くて奥が深い言語**なのです。

　本書の対象者は、はじめてプログラミングを学ぶ人です。そもそもプログラムとは何かという根本的な説明から始めて、Pythonによるプログラミングの知識を少しずつ丁寧に説明していきます。本書の目標は、基本情報技術者試験に出題されるレベルのPythonのプログラムを読み取れるようになることです。プログラミング言語の問題は、午後試験の**25%**を占める大きな配点になっています。Pythonをマスターして、午後試験を突破しましょう。

▶ Pythonの出題範囲を知っておこう

　先ほど説明したように、Pythonは、敷居が低くて奥が深い言語です。それでは、基本情報技術者試験に出題されるレベルのPythonのプログラムを読み取れるようになるには、どの程度の知識があればよいのでしょうか? その答えは、試験の出題範囲を示した**シラバス**(情報処理技術者試験における知識・技能の細目)という資料を見ればわかります。

　このシラバスは、試験を実施している情報処理推進機構のWebページ(https://

www.ipa.go.jp/）から入手できます。以下に、シラバスに示された Python の出題範囲を示します。現時点では、わからないことばかりだと思いますが、ざっと目を通しておいてください。出題範囲が決まっていることを知れば、「これだけなのだ！」と安心できて、「がんばるぞ！」とやる気が出るからです。

▼ シラバスに示された Python の出題範囲

目標
- Python のプログラムの作成方法の基本を修得し、適用する。
- オブジェクトの生成方法、操作方法を修得し、適用する。
- 問題解決のために適した代表的な標準ライブラリ又は外部ライブラリを用いて、効率良くプログラミングを行う方法を修得し、適用する。
- 数値計算、テキスト処理、データ処理などを行うプログラムの作成方法を修得し、適用する。
- インタプリタであることの長所と短所を理解して利用する方法を修得し、適用する。

本書はこれらの内容を網羅しています

内容
(1) Python の基本的なプログラム
　Python の基本的なプログラムを作成する。
［修得項目］ インデントによるブロック表現、計算結果の表示、コメント、など

(2) 演算子を用いた式の表現
　四則演算や論理演算を用いた式を活用し、プログラムを実行モードや対話モードで利用する。
［修得項目］ 整数、浮動小数点、式の表現、四則演算子、代入演算子、比較演算子、論理演算子、代入文、など

(3) 要素をもつデータ型
　シーケンスなど、要素をもつデータ型を使ったプログラムを作成する。
［修得項目］ in、リスト、文字列、タプル、辞書、集合、イテレータ、添字、キー、スライス、リスト内包表記、など

(4) 選択型のプログラム
　条件式を使って条件分岐するプログラムを作成する。
［修得項目］ if 文、など

はじめに－Python で午後試験を突破しよう！　11

(5) 反復型のプログラム

反復型の制御文を使ったプログラムを作成する。

[修得項目] for文、while文、など

(6) 組込み関数

型、リスト、文字の入出力、ファイル操作などに関する組込み関数の利用場面を理解し、プログラムを作成する。

[修得項目] int、float、str、list、range、enumerate、zip、len、print、input、open、など

(7) 関数の定義

利用者の定義による関数を用いて構造化されたプログラムを作成する。

[修得項目] def文、return文、ジェネレータ、yield文、ラムダ式、再帰呼出し、デコレータ、など

(8) クラスとオブジェクト

クラスを定義し、オブジェクトを生成してプログラムを作成する。

[修得項目] クラス、オブジェクト、class文、継承、クラス変数、メソッド、特殊メソッド__init__、など

(9) 変数及び関数の値の取扱い

変数間の代入、オブジェクトの変更、関数の値の受渡しに注意し、プログラムを作成する。

[修得項目] 変数のスコープ、変更可能なオブジェクト、コピー、位置引数、キーワード引数、デフォルト引数、オブジェクトとしての関数、など

(10) ライブラリの活用

問題解決のために適した代表的な標準ライブラリ又は外部ライブラリを利用し、プログラムを作成する。

[修得項目] import文、モジュール、パッケージ、など

※出典：「基本情報技術者試験（レベル2）」シラバス（Ver.7.1）

基本情報技術者試験は、ITエンジニアの登竜門に位置付けられている試験なので、Pythonに関しても、基本的な知識だけが要求されます。シラバスの 目標 に注目してください。Pythonといえば、真っ先に人工知能や機械学習を思い浮かべるかもしれませんが、それらは【目標】に示されていません。数値計算、テキスト処理、データ処理などを行うプログラムを読み取れればよいのです。これらは、他のプログラミング言語の問題と同様です。

シラバスの 内容 には、具体的にどのような知識があればよいかが示されています。本書では、この【内容】を網羅して、さらに知っておくべき知識を追加して説明します。本書の学習が終わったら、再度この【内容】を見てください。きっと、わからないことが、なくなっているはずです。

繰り返しますが、試験の出題範囲は決まっています。出題範囲を学習すれば、試験に出題されるレベルのPythonのプログラムを読み取れるようになります。

擬似言語とPythonに違いがあることを知っておこう

基本情報技術者試験の午後試験で必須問題になっている「データ構造およびアルゴリズム」の分野では、擬似言語で記述されたプログラムが出題されます。擬似言語とPythonの構文は、似ている部分もありますが、異なる部分もあります。以下に両者の主な違いを示しますので、ざっと目を通しておいてください。現時点では、Pythonの構文がわからなくて当然ですが、擬似言語とPythonに違いがあることを知っておきましょう。Pythonの構文を学習したときに、「擬似言語と違うぞ？」と混乱しないようにするためです。

擬似言語とPythonの構文の主な違い

(1) 変数の宣言

擬似言語	Python
○データ型：変数名	（なし）

※ Pythonでは、変数を宣言せずに使います。

(2) 関数の定義

擬似言語	Python
○データ型：関数名（データ型：引数名，……） ・処理 ・return 戻り値	def 関数名（引数名，……）： 　処理 　return 戻り値

※ Pythonでは、関数の戻り値や引数にデータ型を指定しません。

(3) コメント

擬似言語	Python
/* コメント */	# コメント

※ Pythonでは、# 以降で改行までがコメントになります。

(4) 代入

擬似言語	Python
・変数 ← 値、計算式、関数の呼び出し	変数 = 値、計算式、関数の呼び出し

※ Python では、= で、右辺から左辺の変数への代入を表します。

(5) 関数の呼び出し

擬似言語	Python
・変数 ← 関数名 (引数名 , ……)	変数 = 関数名 (引数名 , ……)

※どちらも、右辺の関数の戻り値が、左辺の変数に代入されます。

(6) 分岐処理

擬似言語	Python

条件
・条件が真のときの処理
・条件が偽のときの処理
	`if` 条件 :
	    条件が真のときの処理
	`else:`
	    条件が偽のときの処理

※どちらも、条件が真なら上にある処理、偽なら下にある処理が行われます。

(7) 前判定繰り返し処理

擬似言語	Python
条件 ・処理	`while` 条件 : 処理

※どちらも、条件が真である限り処理が繰り返されます。

(8) 後判定繰り返し処理

擬似言語	Python
・処理 条件	（なし）

※ Python には、後判定繰り返し処理がありません。

14

(9) ループカウンタとなる変数を使った繰り返し処理

擬似言語	Python
■ 変数：初期値 , 条件 , 増分 ┃ ・処理 ■	for 変数 in イテラブル： 　処理

※ 擬似言語の変数はループカウンタですが、Python の変数にはイテラブルから取り出された
　データが格納されます。イテラブルに関しては、第4章で説明します。

(10) 算術演算子

演算	擬似言語	Python
加算	＋	+
減算	－	-
乗算	×	*
除算	÷	/
除算の商	÷	//
除算の余り	％	%

※擬似言語では、整数型で÷を使うと除算の商（除算の整数部分）が得られます。

(11) 比較演算子

演算	擬似言語	Python
等しい	＝	==
等しくない	≠	!=
より大きい	＞	>
以上	≧	>=
より小さい	＜	<
以下	≦	<=

※ Python では、等しいことを ==、等しくないことを != で表します。

(12) 論理演算子

演算	擬似言語	Python
論理積	and	and
論理和	or	or
論理否定	not	not

※条件を結び付けたり否定したりする論理演算子は、擬似言語と Python で同じです。

はじめに－Python で午後試験を突破しよう！　15

▶ プログラムと選択肢を見て穴埋めの練習をしよう

　基本情報技術者試験のプログラミング言語の問題は、出題者が作ったプログラムの内容を読み取るという内容であり、多くの場合にプログラムの穴埋め問題になっています。基本情報技術者試験の問題は、すべて選択問題なので、プログラムの穴埋めにも選択肢が示されています。以下に例を示します。

▼Pythonの問題の例（一部のみ示す）

```
def parse(s):
    return [(x[0],    c    ) for x in s.split(';')]

 cに関する解答群
    ア  int(x[1])       イ  int(x[1:])      ウ  int(x[:1])
    エ  int(x[2])       オ  int(x[2:])      カ  int(x[:2])
```

※出典：基本情報技術者試験 Python サンプル問題

　試験問題のプログラムを読み取れるようになるために、最も効率的で効果的な学習方法は、プログラムと選択肢を見て穴埋めの練習をすることです。そのために、本書では、穴埋め問題を数多く用意しています。
　本文の随所にある「練習問題」は、その部分で学んだことを確認するための穴埋め問題です。各章の末尾にある「章末確認問題」は、その章で学んだことを確認するための穴埋め問題です。プログラムの問題ではない場合も、すべて穴埋め問題にしてあります。問題の解答と解説は、第10章にあります。

▶ 総仕上げとして試験問題のプログラムを読んでみよう

　第1章〜第8章の学習が終わったら、総仕上げとして試験問題のプログラムを読んでみましょう。第9章で、Pythonのサンプル問題のプログラムを取り上げていますので、プログラムを読み取ることにチャレンジしてください。サンプル問題の全文は、本書に添付された別冊小冊子の中にあります（解答は第10章の最後にあります）。試験と同様に問題を解いてみたい場合は、第9章を読む前に、小冊子を利用してください。

実際にプログラムを作って動かしてみよう

　本書の第1章～第8章では、様々なサンプルプログラムと、その実行結果を示しています。したがって、本書を読めばプログラミングを紙上体験できます。ただし、実際に、自分の手でプログラムを作って、自分の目で動作を確認すれば、より一層理解が深まります。ぜひ、プログラムを作ってみてください。

　Pythonでプログラムを作るためには、専用の**ツール（プログラムを作るためのプログラム）**が必要になります。本書の付録で、ツールの入手方法とインストール方法を説明しています。第1章の後半で、プログラムの作成方法と実行方法を説明しています。本書では、以下のツールを使用しています。これらは、無償で入手できます。

▼本書で使用するツール

- **Anaconda** ……Pythonインタプリタと主要なライブラリをセットにしたもの
- **Notepad++** …テキストエディタ（プログラムを記述するツール）

第 1 章
プログラミングとPythonの超々入門

01 ▶ プログラムとは何か？

- ハードウェアは、「入力装置」「記憶装置」「演算装置」「出力装置」「制御装置」である。
- プログラムの命令の種類は、「入力せよ」「記憶せよ」「演算せよ」「出力せよ」である。
- プログラマ脳には、「処理の視点」「流れの視点」「部品化の視点」がある。

▶ ハードウェアとソフトウェアの関係

　Pythonの学習を始める前に、根本的な基礎知識として、そもそもプログラムとは何かを知っておきましょう。コンピュータは、「ハードウェア」と「ソフトウェア」から構成されています。ハードウェアとは、コンピュータを構成する装置のことであり、ソフトウェアとは、コンピュータで実行するプログラムのことです。

　たとえば、一般的なパソコンでは、パソコン本体、キーボード、液晶ディスプレイなどがハードウェアであり、ワープロ、表計算ソフト、Webブラウザなどがソフトウェアです。コンピュータを利用するには、ハードウェアとソフトウェアの両方が必要です。どちらか一方だけでは役に立ちません。

　ハードウェア（hardware）は、「硬いもの」という意味です。手で触れることのできる装置を、硬いものと表現しているのです。ソフトウェア（software）は、「軟らかいもの」という意味です。手で触れることのできないプログラムを、軟らかいものと表現しているのです。

　ハードウェアとソフトウェアの関係は、ハードウェアという土台の上に、ソフトウェアが乗っているようなイメージです。これを自動車の運転に例えるなら、自動車がハードウェアで、それを動作させる運転手がソフトウェアです。つまり、ソフトウェア（プログラム）は、ハードウェアを動作させる運転手のようなものなのです。

▼ハードウェアという土台の上にソフトウェアが乗っている

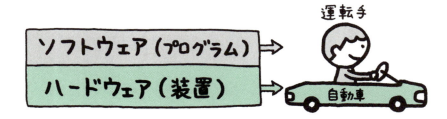

自動車の仕組みを知らなければ運転ができないように、ハードウェアの仕組み
を知らなければソフトウェア（プログラム）を作れません。そこで、これ以降では、
もう少し詳しくハードウェアの仕組みを説明します。

▶ 🦾 **練習問題**

　以下の文章の ［　　　　　］ に適切な語句を入れてください。

　ハードウェアは、コンピュータを構成する ［　a　］ であり、ソフトウェアは、
コンピュータで実行する ［　b　］ です。自動車の運転に例えるなら、［　c　］
がハードウェアで、それを動作させる ［　d　］ がソフトウェアです。

■a〜dに関する解答群
ア 自動車　　　**イ** 運転手　　　**ウ** プログラム　　　**エ** 装置

▶ コンピュータの五大装置の機能

　コンピュータには、様々な種類がありますが、どのようなコンピュータであっ
ても、その内部は「入力装置」「記憶装置」「演算装置」「出力装置」「制御装置」という
5つの装置から構成されていて、これらを「コンピュータの五大装置」と呼びます。
つまり、コンピュータのハードウェアは、5つの装置から構成されているのです。
これら5つの装置の機能を知ることが、プログラムを作るための重要な基礎知識に
なります。

　それぞれの装置の機能を説明しましょう。入力装置は、コンピュータの外部から
内部にデータを取り込みます。記憶装置は、コンピュータの内部にデータを格納し
ます。演算装置は、コンピュータの内部に格納されたデータに何らかの加工を加え
ます。出力装置は、コンピュータの内部から外部にデータを送り出します。そして、
制御装置は、プログラムの内容を解釈・実行して、他の4つの装置を動作させます。
　次ページは、コンピュータの五大装置の関係を示したものです。制御装置に他の
4つの装置が接続されているのは、制御装置からの指示によって、他の4つの装置
が動作するからです。

01 ▶ プログラムとは何か　21

▼制御装置からの指示で他の4つの装置が動作する

練習問題

以下の文章の □ に適切な語句を入れてください。

　□ a □ 装置は、コンピュータの外部から内部にデータを取り込みます。
□ b □ 装置は、コンピュータの内部にデータを格納します。□ c □ 装置は、コンピュータの内部に格納されたデータに何らかの加工を加えます。
□ d □ 装置は、コンピュータの内部から外部にデータを送り出します。そして、
□ e □ 装置は、プログラムの内容を解釈・実行して、他の4つの装置を動作させます。

■a～eに関する解答群
　ア　制御　　　イ　入力　　　ウ　出力　　　エ　演算　　　オ　記憶

パソコンにおけるコンピュータの五大装置

　コンピュータの五大装置の具体例を見てみましょう。たとえば、パソコンでは、キーボードやマウスが、入力装置です。メモリやディスク装置（ハードディスク装置や光ディスク装置など）が、記憶装置です。メモリを「主記憶装置」と呼び、ディスク装置を「補助記憶装置」と呼んで、両者を区別する場合もあります。液晶ディスプレイやプリンタが、出力装置です。そして、**CPU**[※]が、演算装置と制御装置を兼務しています。

　一般的なデスクトップパソコンでは、パソコン本体の内部にCPU、メモリ、ディスク装置があり、外部にキーボード、マウス、液晶ディスプレイ、プリンタがあります。これらの装置を、入力装置、記憶装置、演算装置、出力装置、制御装置に区別できるようになってください。五大装置を意識することがプログラムを作るときに、とても重要だからです。

※ Central Processing Unit ＝「中央処理装置」という意味で、「プロセッサ」とも呼びます。

▼デスクトップパソコンにおけるコンピュータの五大装置

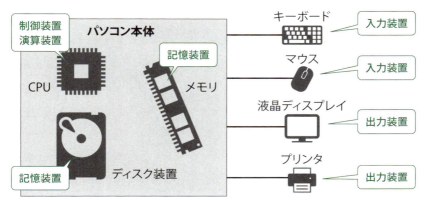

練習問題

以下の文章の ☐ に適切な語句を入れてください（※dとeは順不同）。

パソコンでは、キーボードやマウスが、 a 装置です。メモリやディスク装置が、 b 装置です。液晶ディスプレイやプリンタが、 c 装置です。そして、CPUが、 d 装置と e 装置を兼務しています。

■a〜eに関する解答群
　ア　制御　　イ　入力　　ウ　出力　　エ　演算　　オ　記憶

ハードウェアがわかればプログラムとは何かがわかる

　コンピュータの五大装置は、ハードウェアの知識ですが、ハードウェアがわかれば、ソフトウェアとは何か、つまりプログラムとは何かがわかります。
　プログラムは、ハードウェアを動作させる命令（「〜せよ」を意味する言葉）を書き並べた文書です。様々な命令がありますが、大きく分けると「**入力せよ**」「**記憶せよ**」「**演算せよ**」「**出力せよ**」に分類できます。なぜなら、コンピュータのハードウェアが、入力装置、記憶装置、演算装置、出力装置、制御装置から構成されているからです。「入力せよ」が入力装置を、「記憶せよ」が記憶装置を、「演算せよ」が演算装置を、「出力せよ」が出力装置を、それぞれ動作させます。制御装置は、プログラムの内容を解釈・実行するものなので、「制御せよ」という命令はありません。

01 ▶ プログラムとは何か

▼ハードウェアとプログラムの命令の対応

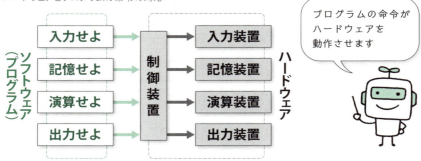

　つまり、プログラムとは、「入力せよ」「記憶せよ」「演算せよ」「出力せよ」という命令を書き並べた文書なのです。この文書を記述するための言語が、プログラミング言語です。プログラミング言語としてPythonを使うなら、Pythonの構文で、「入力せよ」「記憶せよ」「演算せよ」「出力せよ」を表す命令を記述します。あとで説明しますが、「演算せよ」に「加算せよ」「減算せよ」「乗算せよ」「除算せよ」などがあるように、それぞれの命令にはいくつかの種類があります。ただし、大きく分けると「入力せよ」「記憶せよ」「演算せよ」「出力せよ」に分類できるのです。

> **練習問題**
>
> 　以下の文章の □ に適切な語句を入れてください（※dとeは順不同）。
>
> 　プログラムは、ハードウェアを動作させる「〜せよ」という命令を書き並べた文書です。「入力せよ」が [a] 装置を、「記憶せよ」が [b] 装置を、「演算せよ」が [c] 装置を、「出力せよ」が [d] 装置を、それぞれ動作させます。[e] 装置は、プログラムの内容を解釈・実行するものなので、「制御せよ」という命令はありません。
>
> ■a〜eに関する解答群
> 　ア　制御　　　イ　入力　　　ウ　出力　　　エ　演算　　　オ　記憶

▶プログラマ脳の視点

　プログラムを作る人を、「**プログラマ**」と呼びます。プログラマには、プログラマならではの感覚や考え方があり、それを「**プログラマ脳**」と呼ぶことにしましょう。

以下に示したように、プログラマ脳には、「処理」「流れ」「部品化」という3つの視点があります。これらは、基本情報技術者試験に採用されているプログラミングの言語のPython、C言語、Java、アセンブラ言語、および擬似言語で、ほとんど同じです[※]。

▼プログラマ脳（プログラマならではの感覚や考え方）

- **処理の視点** …… 「入力」「演算」「出力」の**3つの処理を考える**
- **流れの視点** …… 「順次」「分岐」「繰り返し」の**3つの流れを考える**
- **部品化の視点** … 「関数」や「クラス」への**部品化を考える**

処理の視点では、プログラムを作るときに「何を入力すればよいか？」「どのような演算をすればよいか？」「何を出力すればよいか？」と考えます。
流れの視点では、プログラムの処理を進めるときに「順次（まっすぐ進む）か？」「分岐するか？」「繰り返すか？」と考えます。
部品化の視点では、プログラムをいくつかの部品に分けるときに「どのような関数を作ればよいか？」「どのようなクラスを作ればよいか？」と考えます。

▼プログラマ脳の3つの視点

※ クラスがあるのはPythonとJavaだけですが、他はどの言語でも同じです。

第1章では、これ以降で、プログラマ脳の「処理の視点」「流れの視点」「部品化の視点」を詳しく説明します。第2章〜第8章では、それらをPythonの構文でどのように記述するのかを説明します。したがって、第1章の内容をきちんと学習すれば、第2章〜第8章の内容を理解しやすくなります。

> **練習問題**
>
> 以下の文章の 　　　　 に適切な語句を入れてください。
>
> 　プログラマ脳の処理の視点では、プログラムを作るときに 　a　 と考えます。流れの視点では、処理を進めるときに 　b　 と考えます。部品化の視点では、プログラムを部品に分けて作るときに、 　c　 と考えます。
>
> ■a〜cに関する解答群
> 　ア「どのような関数を作ればよいか？」「どのようなクラスを作ればよいか？」
> 　イ「何を入力すればよいか？」「どのような演算をすればよいか？」「何を出力すればよいか？」
> 　ウ「順次か？」「分岐するか？」「繰り返すか？」

02 処理の種類

POINT!
- 「記憶」は当たり前のこととして、「入力」「演算」「出力」を考える。
- 与えられたテーマから「入力」「演算」「出力」を見出す練習をする。

▶ 入力、演算、出力の3つの処理を考える

　プログラム脳の「処理」の視点を詳しく説明しましょう。プログラムは、「入力せよ」「記憶せよ」「演算せよ」「出力せよ」という命令を書き並べた文書です。ここで、疑問に思うことがあるでしょう。プログラム脳の処理の視点で考えることが、「入力」「演算」「出力」の3つであり、そこに「記憶」がないのはなぜか？　ということです。実は、プログラム脳では「記憶」も考えているのですが、当たり前のこととして意識していないのです。

　データを入力したら、そのデータを記憶します。演算を行うときには、記憶されているデータを演算して、その結果を記憶します。データを出力するときには、記憶されているデータを出力します。このように、「記憶」は、常に付いて回ることなので、当たり前のこととして、プログラム脳では、「入力」「演算」「出力」の3つを考えるのです。ただし、厳密にいうと「入力と記憶」「演算と記憶」「出力と記憶」を考えています。

▶ 記憶は当たり前のこととして、
　入力、演算、出力の3つを考える

「入力と記憶」　　　　　「入力」
「演算と記憶」　　「演算」
「出力と記憶」　　　　　「出力」

🏋 練習問題

以下の文章の　　　　　に適切な語句を入れてください（※b、c、dは順不同）。

処理の視点のプログラム脳では、　a　は、常に付いて回ることなので、当たり前のこととして、　b　、　c　、　d　の3つを考えます。

■a〜dに関する解答群
　ア　制御　　　イ　入力　　　ウ　出力　　　エ　演算　　　オ　記憶

02 ▶ 処理の種類　　27

▶ 与えられたテーマから入力、演算、出力の処理を見出す

　自分でプログラムを作るときも、他人が書いたプログラムを読み取るときも、「入力」「演算」「出力」を見出せなければなりません。これは、プログラミング言語の構文を覚える前に習得しておくべきことです。シンプルなテーマで、「入力」「演算」「出力」を見出す練習をしておきましょう。以下にテーマを示します。

> ▶ テーマ
> 三角形の面積を求めるプログラムを作成してください。

▶ 三角形の面積の求め方

三角形の面積 ＝ 底辺 × 高さ ÷2

　まだ、Pythonの構文を一切説明していませんので、通常の日本語で、「入力」「演算」「出力」を見出してください。プログラマ脳は、以下のように働くでしょう。

▼「入力」「演算」「出力」の処理を見出すときのプログラマ脳の働きの例

プログラマ脳から見出された「入力」「演算」「出力」を整理すると、以下のようになります。とてもシンプルな例でしたが、与えられたテーマから「入力」「演算」「出力」を見出すという感覚をつかんでいただけたでしょう。

▼プログラマ脳から見出された「入力」「演算」「出力」

入力	……	底辺、高さ
演算	……	面積 ＝ 底辺 × 高さ ÷ 2
出力	……	面積

練習問題

以下の文章の ▢ に適切な語句を入れてください（※aとbは順不同）。

「長方形の面積を求めるプログラムを作成してください」というテーマから「入力」「演算」「出力」を見出すと、「入力」は a と b 、「演算」は c 、「出力」は d になります。

▶長方形の面積の求め方

長方形の面積 ＝ 底辺 × 高さ

■a〜dに関する解答群

ア　面積　　イ　高さ　　ウ　底辺　　エ　面積 ＝ 底辺×高さ

必要な「入力」は？
どんな「演算」で？
何を「出力」する？

02 ▶ 処理の種類　29

流れの種類

- フローチャートから「順次」「分岐」「繰り返し」の流れを感じる。
- 与えられたテーマから処理の流れを見出す練習をする。

▶ 順次、分岐、繰り返しの3つの流れを考える

　プログラマ脳の「**流れ**」の視点を詳しく説明しましょう。プログラムは、コンピュータに行わせる命令を書き並べた文書です。複数の行から構成されたプログラムでは、文書を読むように、上から下に向かって命令が解釈・実行されていきます。このことに対して「**処理が流れる**」という感覚を持ってください。

　処理の流れの種類には、「**順次**」「**分岐**」「**繰り返し**」の3つがあります。これらの流れを、プログラムの設計図としてよく使われる「**フローチャート**※」で図示すると、以下のようになります。それぞれのフローチャートに、薄い矢印で示した処理の流れを感じてください。

▼フローチャートで図示した処理の流れの例

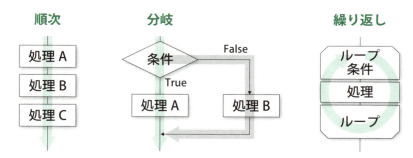

順次

　順次は、上から下にまっすぐ進む流れです。フローチャートでは、**四角形**で処理を表し、四角形を結ぶ線で流れを表します。上から下の流れは自然なものなので、線の先に矢印を描く必要はありません。この順次のフローチャートでは、「処理A」→「処理B」→「処理C」の順に処理が流れます。

※　フローチャート（flow chart）は、「流れ図」とも呼ばれます。

分岐

　分岐のフローチャートでは、**ひし形で表された条件が**True なら「処理A」に分岐し、False なら「処理B」に分岐します。「**真**」を意味する True と、「**偽**」を意味する False は、条件の判定結果を示す言葉です。Python にも True と False というキーワードがあるので、慣れてもらうために同じ言葉を使っています。このフローチャートでは、上から下ではなく、横方向の流れがあります。この場合には、処理の流れを表す線の先に矢印を描きます。流れの方向をわかりやすくするためです。

　分岐のフローチャートでは、処理の流れが「処理A」か「処理B」のいずれかに分岐したあとで、1つに合流していることに注目してください。多くの場合に、プログラムにおける分岐は、分岐したあとで合流します。このことから、この流れを分岐ではなく「**選択**」と呼ぶ場合もあります。「条件に応じて処理Aか処理Bに分岐する」は「条件に応じて処理Aか処理Bを選択する」と考えることもできます。

繰り返し

　繰り返しのフローチャートでは、繰り返す処理を、**ハンバーガの上と下のような形状の図記号**で囲みます。この図記号には、ペアであることがわかるように「ループ[※]」と「ループ」のように、同じ名前（名前は何でも構いません）を書き添えます。さらに、上下のいずれかの図記号に、繰り返しの条件を書き添えます。「ハンバーガの上の図記号」→「処理」→「ハンバーガの下の図記号」と流れたら、「ハンバーガの上の図記号」に流れが戻ります。これによって、処理が繰り返されます。

　実際のプログラムでは、目的に応じて「順次」「分岐」「繰り返し」が様々に組み合わされて全体の流れが作られます。「順次」だけの場合もあれば、「順次」の次に「分岐」がある場合も、「繰り返し」の中に「分岐」がある場合もあります。

💪 練習問題

　以下の文章の 　　　　 に適切な語句を入れてください（※ b と d は順不同）。

　プログラムの処理の流れには、上から下にまっすぐ進む　 a 　、条件に応じて流れが分かれる　 b 　、条件に応じて処理を繰り返す　 c 　の3種類があります。　 b 　のことを　 d 　と呼ぶ場合もあります。

■a〜dに関する解答群

ア 選択　　**イ** 繰り返し　　**ウ** 分岐　　**エ** 順次

※ ループ（loop）＝「繰り返し」という意味です。

▶ 与えられたテーマから処理の流れを見出す

　自分でプログラムを作るときも、他人が書いたプログラムを読み取るときも、処理の流れを見出せなければなりません。これは、処理を見出すことと同様に、プログラミング言語の構文を覚える前に習得しておくべきことです。

　シンプルなテーマで、流れを見出す練習をしておきましょう。以下にテーマを示します。これは、処理を見出す例を示したときと同じテーマです。同じテーマを、違う視点で考えてください。

> ▶ **テーマ**
> **三角形の面積を求めるプログラムを作成してください。**

　まだ、Pythonの構文を一切説明していませんので、通常の日本語で、処理の流れを考えてください。プログラマ脳は、以下のように働くでしょう。「まず、これをして」「次に、これをして」……、このように処理の順番を考えることが、処理の流れを見出すときのプログラマ脳です。

▼処理の流れを見出すときのプログラマ脳の働きの例

　プログラマ脳から見出された処理の流れを整理すると、次のようになります。ここでは、順次だけでプログラム全体の流れが作られています。とてもシンプルな例でしたが、与えられたテーマから処理の流れを見出すという感覚をつかんでいただけたでしょう。

▼プログラマ脳から見出された処理の流れ

底辺を入力する
▼
高さを入力する
▼
面積 = 底辺 × 高さ ÷ 2 という計算をする
▼
面積を表示する

練習問題

以下の文章の □ に適切な語句を入れてください（※aとbは順不同）。

「長方形の面積を求めるプログラムを作成してください」というテーマから処理の流れを見出すと a → b → c → d になります。

▶ 長方形の面積の求め方

長方形の面積 = 底辺 × 高さ

■ a～dに関する解答群
 ア 面積 = 底辺×高さという計算をする
 イ 面積を表示する
 ウ 底辺を入力する
 エ 高さを入力する

どういう順番で処理の流れを見出す？

03 ▶ 流れの種類

分岐と繰り返しの流れを見出す

　複数の行から構成されたプログラムは、基本的に上から下に向かった順次の流れで、命令が解釈・実行されていきます。プログラマ脳でも、基本的に上から下に向かった順次の流れを考えます。順次は、自然な流れです。それに対して、分岐と繰り返しは、それらが必要とされる場面だけで使われる特殊な流れです。

　分岐と繰り返しが必要とされる場面の例として、やや複雑なテーマで、流れを見出す練習をしておきましょう。以下のテーマの中には、「分岐」や「繰り返し」という言葉が使われていませんが、それらをプログラマ脳で見出してください。

▶ **テーマ**
ユーザーとコンピュータが、1対1でジャンケンをするゲームプログラムを作ります。ユーザーは、キー入力で手を選びます。コンピュータは、乱数で手を選びます。勝敗を判定し、結果を「勝ち」「負け」「あいこ」のいずれかで画面に表示します。「あいこ」の場合は、再勝負とします。

　このテーマを見て、プログラマ脳は、以下のように働くでしょう。実際にプログラムを作るときには、「勝敗を判定する」という処理の内容が、いくつかの「順次」や「分岐」を組み合わせた流れになりますが、ここでは大雑把な流れを示しています。

▼じゃんけんゲームの処理の流れを見出すときのプログラマ脳の働きの例

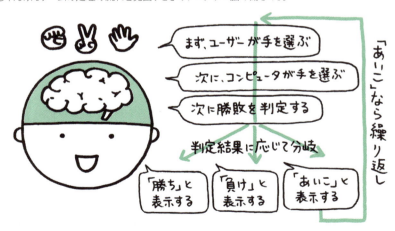

ここで注目してほしいのは、テーマの中にある、"結果を「勝ち」「負け」「あいこ」のいずれかで画面に表示します"という部分を「**分岐**だ」と感じられたことと、"「あいこ」の場合は、再勝負とします"という部分を「**繰り返し**だ」と感じられたことです。「分岐」や「繰り返し」という言葉が使われていなくても、それらを見出せるのがプログラマ脳です。

> **練習問題**
>
> 以下の文章の □ に適切な語句を入れてください。
>
> 年齢が20歳以上なら「成人です」、そうでないなら「未成年です」と表示する処理の流れは、□ a □ です。年齢がマイナスなら再入力にする処理の流れは、□ b □ です。
>
> ■a、bに関する解答群
> 　**ア**　順次　　　**イ**　分岐　　　**ウ**　繰り返し

処理の流れが分かれる場面はどこ？
処理を繰り返す場合はどれ？

プログラマ脳で見出そう！

04 プログラム部品の形式

- 単独の機能の小さな部品は「関数」、複数の機能の大きな部品は「クラス」にする。
- 「関数」のイメージは「機械」で、「クラス」のイメージは「物や生き物」である。
- 与えられたテーマから「関数」と「クラス」を作る練習をする。

▶プログラム部品の形式と選び方

　プログラマ脳の「部品化」の視点を詳しく説明しましょう。プログラム全体は、いくつかの部品に分けて作成することができます。どのような形式で部品を作れるかは、プログラミング言語によって決まっています。Pythonでは、「関数」または「クラス」という形式で、部品を作ることができます。これらは、どちらも一般的なプログラム部品であり、他の多くのプログラミング言語でも同様の部品を作れます。

　プログラム全体をいくつかの部品に分けようと思ったときに、関数またはクラスという選択肢があるのです。関数とクラスそれぞれの特徴は、あとで説明しますので、はじめにプログラム部品の形式を選ぶときのプログラマ脳の働きを知っておいてください。ポイントは、2つあります。1つは

「単独の機能を持った小さな部品を作りたいなら関数を選び、複数の機能を持った大きな部品を作りたいならクラスを選ぶ」

です。もう1つは、

「機械のような部品を作りたいなら関数を選び、物や生き物のような部品を作りたいならクラスを選ぶ」

です。

▶プログラム部品の形式を選ぶときのプログラマ脳の働きの例

> **練習問題**
>
> 以下の文章の ▢ に適切な語句を入れてください。
>
> 　プログラム部品の形式を選ぶときのポイントが2つあります。1つは、「単独の機能を持った ▢ a ▢ を作りたいなら関数を選び、複数の機能を持った ▢ b ▢ を作りたいならクラスを選ぶ」です。もう1つは、「▢ c ▢ のような部品を作りたいなら関数を選び、▢ d ▢ のような部品を作りたいならクラスを選ぶ」です。
>
> ■a〜dに関する解答群
> 　**ア**　機械　　**イ**　物や生き物　　**ウ**　大きな部品　　**エ**　小さな部品

関数のイメージをつかむ

　関数の特徴を説明しましょう。関数は、1つの機能だけを持った小さな部品です。関数は、外部から渡されたデータを使って、内部に用意された処理を行い、その結果のデータを外部に返します。関数に外部から渡されるデータを「引数（ひきすう）」と呼び、関数が結果として返すデータを「戻り値（もどりち）」と呼びます。そして、関数を使って処理を行うことを「関数を呼び出す[※1]」といいます。

　以下に関数のイメージを示します。引数を「材料」、戻り値を「製品」にたとえれば、関数は材料を加工して製品を作り出す「機械」のようなものです。関数は、英語でfunctionであり、日本語に直訳すると「機能」です。1つの機能を持った機械が、関数のイメージです[※2]。

▼関数のイメージは、1つの機能を持った機械である

※1　関数を使うことを英語でcallというので、それを直訳して日本語では「呼び出す」といいます。
※2　関数の機能によって、引数がない場合も、戻り値がない場合もあります。

> 💪 **練習問題**
>
> 以下の文章の [　　　] に適切な語句を入れてください。
>
> 関数は、外部から渡された [a] を使って、内部に用意された [b] を行い、その結果として [c] を外部に返します。関数を使って処理を行うことを「関数を [d]」といいます。
>
> ■a～dに関する解答群
> 　ア　呼び出す　　　イ　処理　　　ウ　戻り値　　　エ　引数

クラスのイメージをつかむ

　クラスの特徴を説明しましょう。関数が1つの機能だけを持った小さな部品であるのに対し、クラスは、複数のデータと複数の処理を持った大きな部品です。クラスが持つ処理は、関数とは呼ばずに、「**メソッド**[※1]」と呼びます。関数とメソッドの大きな違いは、関数が外部から渡されたデータ(引数)を使って処理を行うのに対し、メソッドはクラスが内部に保持しているデータを使って処理を行うことです[※2]。

　以下にクラスのイメージを示します。メソッドを呼び出してクラスが内部に保持しているデータを処理させることは、物や生き物に「あなたが持っているデータを処理してください」という依頼をしているようです。このことから、クラスは、現実世界の物や生き物をプログラムで表現したものだといえます。クラスは、英語で **class** であり、物や生き物の「部類」や「種類」という意味があります。

▶ クラスのイメージは、複数のデータと複数の処理を持った物や生き物である

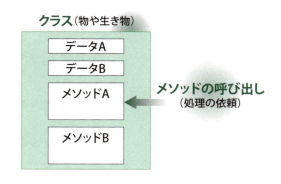

※1　メソッド (method) = 「やり方」という意味です。
※2　機能によって、引数を渡して処理するメソッドもあります。

練習問題

以下の文章の [＿＿＿＿] に適切な語句を入れてください。

関数とメソッドの大きな違いは、関数が [a] から渡されたデータ（引数）を使って処理を行うのに対し、メソッドは [b] が [c] に保持しているデータを使って処理を行うことです。

■a～cに関する解答群

ア 関数　　**イ** クラス　　**ウ** 内部　　**エ** 外部　　**オ** メソッド

関数とクラスを作るときに考えること

プログラム部品の形式として、関数またはクラスのどちらかを選んだら、それをどのように作るかを考えます。関数を選んだ場合は、自分の考えで「関数名」「引数」「戻り値」を決めます。クラスを選んだ場合は、自分の考えで「クラス名」「データ名」（クラスが内部に保持するデータ名）」「メソッド名」を決めます。

シンプルなテーマで、関数とクラスを作る練習をしておきましょう。

▶ **テーマ**
「三角形の面積を求める」という機能を持ったプログラム部品を作ってください。

同じ機能のプログラム部品を、関数として作ることも、クラスとして作ることもできます。

「面積を求めるという単独の機能を持った小さな部品だから関数だ」
と考えることも、

「三角形という物を表す部品を作りたいからクラスだ」
と考えることもできるからです。

次ページに、それぞれのプログラマ脳の働きを示します。ここでは、関数名やクラス名などを日本語にしていますが、Pythonでプログラムを作るときには、英語にします。

04 ▶ プログラム部品の形式　39

▼三角形の面積を求める機能を持つ「関数」を作るときのプログラマ脳の働きの例

▼三角形の面積を求める機能を持つ「クラス」を作るときのプログラマ脳の働きの例

　関数を作るときのプログラマ脳の働きは、処理の視点で「入力」「演算」「出力」を見出すときのプログラマ脳の働きに似ています。その理由は、関数の引数は関数への入力であり、関数の戻り値は関数からの出力だからです。演算は、関数の内部で行われる処理です。

練習問題

以下の文章の　　　　　　に適切な語句を入れてください（※a、b、cおよびd、e、fは順不同）。

プログラム部品の形式として、関数を選んだ場合は、自分の考えで　a　、　b　、　c　を決めます。クラスを選んだ場合は、自分の考えで　d　、　e　、　f　を決めます。

■a～fに関する解答群
- ア　メソッド名
- イ　関数名
- ウ　クラス名
- エ　引数
- オ　戻り値
- カ　データ名（クラスが保持するデータ名）

05 プログラムの作成と実行方法

POINT!
- 「Python プログラムの作成と実行に必要なツールの種類を知る。
- 実行モードでプログラムの作成と実行を行う方法を知る。
- 対話モードでプログラムの作成と実行を行う方法を知る。

▶ Python プログラムの作成と実行に必要なもの

　ここまでの説明で、プログラミングの基礎知識を習得することができました。次の第2章からは、いよいよPythonの構文の説明が始まります。様々なサンプルプログラムを示しますので、お手元にパソコンがあれば、実際にプログラムを作って実行し、動作を確認してください。自分の手でプログラムを作り、自分の目でプログラムの実行結果を確認すれば、理解が大いに深まるからです。そのための準備として、Pythonでプログラムを作成する方法と、プログラムを実行する方法を説明します。ここでは、Windowsパソコンを使うことを想定しています。

　プログラムの作成と実行には、専用の**ツール**[1]が必要になります。Pythonのツールには、いくつかの種類がありますが、ここでは、「Anaconda」と「Notepad++」を使うことにします。Anacondaは、「**Pythonインタプリタ**[2]」と主要な「**ライブラリ**[3]」をセットにしたものです。Notepad++は、プログラムを記述するときに使う**テキストエディタ**[4]です。本書の付録（→p.402）に示した手順にしたがって、インターネットからAnacondaとNotepad++を入手して[5]、実習用のパソコンにインストールしてください。

▼ 本書で使用するプログラミングのツール

- **Anaconda** ……Pythonインタプリタと主要なライブラリをセットにしたもの
- **Notepad++** …テキストエディタ

---

[1]「ツール」とは、プログラムの作成や実行を行うためのプログラムのことです。
[2] インタプリタは、プログラムを実行するツールです。
[3] ライブラリは、様々な場面で利用できる関数やクラスを集めたものです。
[4] テキストエディタは、文書作成ツールであり、簡易ワープロのようなものです。
[5] AnacondaとNotepad++は、どちらも無償で入手できます。

テキストエディタでプログラムを記述し、それを文書ファイルとして保存します。このファイルを「**ソースファイル**※1」と呼びます。わかりやすいように、実習用のフォルダを作成して、そこにソースファイルを保存しましょう。ここでは、Windowsのエクスプローラを使って、パソコンの C ドライブの直下に「**gihyo**※2」という名前のフォルダを作成して、そこにソースファイルを保存することにします。

▶ 💪練習問題

以下の文章の　　　　　　に適切な語句を入れてください。

　　　a　　は、Python インタプリタと主要なライブラリをセットにしたツールです。　　b　　は、プログラムを記述するときに使うテキストエディタです。テキストエディタでプログラムを記述して文書ファイルとして保存したものを　　c　　と呼びます。

■a～cに関する解答群
　ア　ソースファイル　　　**イ**　エクスプローラ
　ウ　Notepad++　　　　　　**エ**　Anaconda

▶ Python の実行モード（ソースファイルの作成）

　Python でプログラムを実行する方法には、「**実行モード**」と「**対話モード**」があります。**実行モード**では、あらかじめソースファイルを作成しておき、その内容をPython インタプリタで一気に実行します。**対話モード**では、Python インタプリタを起動した状態で、1 行ずつプログラムを入力して、1 行ずつ実行します。

　まず、実行モードで、プログラムを実行してみましょう。ここでは、画面に「hello, world」と表示するだけのプログラムを作ります。このプログラムは、何の役にも立ちませんが、はじめて作るプログラムとして定番のものです。プログラムの内容は、以下の 1 行だけです。

▼画面に「hello world」と表示するだけのプログラム

```
print("hello, world")
```

※1 ソースファイル（source file）＝「源のファイル」という意味です。
※2 gihyo は、技術評論社の略称です。

Pythonには、あらかじめいくつかの関数やクラスが用意されています。print関数は、あらかじめ用意されている関数のひとつであり、引数で指定されたデータを画面に表示する機能を持っています。ここでは、引数に "hello, world" という文字列を指定しています。文字列は、**ダブルクォーテーション**（ " ）または、**シングルクォーテーション**（ ' ）で囲みます。

　実行モードでプログラムを実行する場合には、その準備段階として、テキストエディタでプログラムを記述し、拡張子を「**.py**」とした任意のファイル名のソースファイルとして保存しておきます。この「.py」は、Pythonを意味しています。ここでは、「sample101.py」というファイル名で、「**C:¥gihyo**」というフォルダに保存することにします[※]。

Notepad++を起動して、

`print("hello, world")`

と入力してください。プログラムは、半角英数記号で入力するので、全角入力モードになっていないことを確認してから入力してください。

▼テキストエディタでプログラムを入力する

　プログラムを入力できたら、Notepad++の［ファイル］メニューから［名前を付けて保存］を選び、保存場所として「C:¥gihyo」を指定し、［ファイル名］に「sample101.py」と入力し、［ファイルの種類］に「Python file(*.py, *.pyw)」を選択して、［保存］ボタンをクリックしてください。これで、ソースファイルが完成しました。

※ 本文で示すサンプルプログラムや練習問題のプログラムは、「sample 章番号通し番号 .py」というファイル名にしています。

05 ▶ プログラムの作成と実行方法

▼名前を付けてソースファイルを保存する

練習問題

以下の文章の ☐ に適切な語句を入れてください。

実行モードでプログラムを実行する場合には、その準備段階として、☐ a ☐ でプログラムを記述し、拡張子を ☐ b ☐ とした任意のファイル名の ☐ c ☐ として保存しておきます。

■a～cに関する解答群
　ア　ソースファイル　　　イ　テキストエディタ　　　ウ　.py　　　エ　.txt

▶ Pythonの実行モード（プログラムの実行）

　Anacondaをインストールすると、Windowsのスタートメニューに「Anaconda3 (64-bit)」というフォルダが作られ※、その中に「Anaconda Prompt (anaconda3)」というアイコンがあるはずです。それを選んで起動してください。

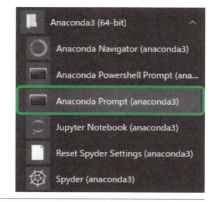

▶ Anaconda Prompt(anaconda3)を起動する

※ 本書では、64ビット版のWindowsのAnacondaを使っているので、フォルダ名に64-bitと表示されます。

「Anaconda Prompt(anaconda3)」というタイトルの**コマンドプロンプト**[※1]が表示されます。初期状態で、

```
(base) C:¥Users¥ユーザー名>
```

と表示されていますが、これは**カレントディレクトリ**[※2]が、**C:¥Users¥ユーザー名**であることを示しています。「**ユーザー名**」の部分には、Windowsパソコンのユーザー名が表示されます。

　ここでは、C:¥gihyoというディレクトリにソースファイルを保存しているので、

```
cd ¥gihyo
```

とキー入力して Enter キーを押し、カレントディレクトリをC:¥gihyoに変更します。cdと¥gihyoの間に、スペースを1個入れることに注意してください。**cd**は、**change directory**という意味で、あらかじめコマンドプロンプトに用意されている**コマンド**[※3]のひとつです。

　コマンドプロンプトの表示が

```
(base) C:¥gihyo>
```

になっていれば、カレントディレクトリをC:¥gihyoに変更できています。もしも、¥gihyoではないディレクトリにソースファイルを保存した場合は、cdスペース1個のあとに、そのディレクトリ名を指定してください。

▶カレントディレクトリを¥gihyoに変更する

　それでは、実行モードによるプログラムの実行です。コマンドプロンプトで

```
python sample101.py
```

と入力して Enter キーを押してください。pythonとsample101.pyの間に、スペー

※1　コマンドプロンプトは、黒い画面に文字で命令を打ち込むウインドウです。
※2　カレントディレクトリは、現在の操作対象のディレクトリのことです。コマンドプロンプトでは、フォルダのことをディレクトリと呼びます。先頭の(base)は、Anacondaのデフォルトの環境であることを示しています。
※3　コマンド（command）＝「命令」という意味です。

05 ▶ プログラムの作成と実行方法

スを1個入れることに注意してください。これによって、Pythonインタプリタを起動してsample101.pyを実行できます。実行結果として、コマンドプロンプトに

```
hello, world
```

と表示されるはずです。

▶ Pythonインタプリタを起動してsample101.pyを実行する

以上のように、実行モードでは、Anaconda Prompt(anaconda3)というコマンドプロンプトで、

```
python ソースファイル名 .py
```

と入力して[Enter]キーを押すことで、プログラムを実行できます。引き続き、他のプログラムを実行したい場合は、コマンドプロンプトを起動したままにしておいてください。そうでない場合は、ウインドウの右上の[×]ボタンをクリックして、コマンドプロンプトを閉じてください。

▶ 練習問題

以下の文章の ☐ に適切な語句を入れてください。

実行モードによるプログラムの実行では、コマンドプロンプトで [a] と入力して[Enter]キーを押します。これによって、[b] を起動してプログラムを実行できます。

■a、bに関する解答群
- ア　python ソースファイル名
- イ　テキストエディタ
- ウ　python ソースファイル名.py
- エ　pythonインタプリタ

▶Pythonの対話モード（プログラムの入力と実行）

　今度は、**対話モード**で、プログラムを実行してみましょう。ここでは、これまでと同様に、画面に「hello, world」と表示するだけのプログラムを作ります。対話モードでは、Pythonインタプリタを起動したままの状態にして、1行ずつプログラムを入力して、その場で1行ずつ実行します。まるで、プログラマとPythonインタプリタが、Pythonという言語で話をしているようなので、対話モードと呼ぶのです。対話モードでは、テキストエディタでソースファイルを作りません。

　インタプリタ（**interpreter**）とは、「**通訳**」という意味です。Pythonインタプリタは、Pythonという言語で記述されたプログラムを、「**マシン語**」に通訳して、コンピュータのハードウェアに伝えるのです。マシン語は、電気信号のONとOFFを1と0の数値で表したものであり、コンピュータの制御装置であるCPUが直接理解できる言語です。

▼PythonインタプリタはPython言語をマシン語に通訳してCPUに伝える

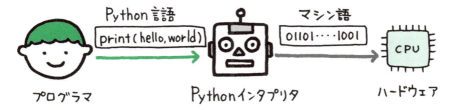

　長いプログラムの場合は、テキストエディタでソースファイルを作成する実行モードが便利でしょう。ソースファイルの内容を十分に確認してから実行できるからです。短いプログラムの場合は、その場ですぐに実行できる対話モードが便利でしょう。ソースファイルを作る手間が省けるからです。ここでは、

`print("hello, world")`

という1行だけのプログラムを実行するので、実行モードより対話モードのほうが便利だと感じるでしょう。

　それでは、対話モードによるプログラムの実行です。先ほど実行モードで説明したときと同じ手順で、Anaconda Prompt(anaconda3)を起動して、コマンドプロ

ンプトのカレントディレクトリを

`(base) C:¥gihyo>`

に変更してください。ここから先の手順が、実行モードと異なります。コマンドプロンプトで、

`python`

とだけ入力して Enter キーを押してください。これによって、Pythonインタプリタが起動したままの状態になり、

`>>>`

が表示されます。「>>>」は、Pythonインタプリタが、プログラムの入力を待っている状態（**対話モード**）であることを示します。

▼pythonインタプリタを起動するとプログラムの入力待ち状態になる

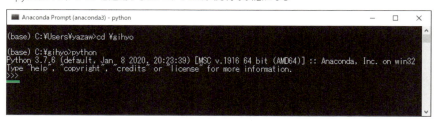

「>>>」という表示のあとに

`print("hello, world")`

というプログラムを入力して、Enter キーを押してください。print("hello, world")が実行されて、画面に

`hello, world`

と表示されます。このように、対話モードでは、プログラムを入力して Enter キーを押すと、すぐに実行されます。

▼プログラムを入力して Enter キーを押すとすぐに実行される

対話モードを終了するときは、コマンドプロンプトの「**>>>**」という表示のあとで

`exit()`

と入力して Enter キーを押します。**exit関数**(エグジット)は、あらかじめ用意されている関数のひとつであり、Pythonインタプリタを終了します。

▼exit()と入力して Enter キーを押すとPythonインタプリタが終了する

Pythonインタプリタを終了すると、コマンドプロンプトの表示は、

`(base) C:¥gihyo>`

に戻ります。引き続き、実行モードまたは対話モードで他のプログラムを実行したい場合は、コマンドプロンプトを起動したままにしておいてください。そうでない場合は、ウインドウの右上の[×]ボタンをクリックして、コマンドプロンプトを閉じてください。

05 ▶ プログラムの作成と実行方法　49

第2章以降で示すサンプルプログラムでは、実行モードと対話モードのいずれかを使っています。実行モードの場合は、ソースファイルの内容と実行結果を示します。対話モードの場合は、「>>>」に続けて入力するプログラムと実行結果を示します。対話モードの「>>>」はPythonインタプリタによって表示されるものであり、入力するのは「>>>」以降のプログラムであることに注意してください。

▼本書の対話モードの実行結果の表示に関する注意

```
>>> print("hello, world")
hello, world
```

「>>>」以降のプログラムを入力して[Enter]キーを押します。

先頭に「>>>」がない行は、プログラムの実行結果です。

練習問題

以下の文章の ◻ に適切な語句を入れてください。

対話モードによるプログラムの実行では、コマンドプロンプトで、◻ a ◻ とだけ入力して[Enter]キーを押します。Pythonインタプリタが起動したままの状態になり ◻ b ◻ が表示されたら、そのあとにプログラムを入力して、[Enter]キーを押します。これによって、プログラムが ◻ c ◻ 実行されます。

■a〜cに関する解答群
　ア　すぐに　　　イ　あとで　　　ウ　python　　　エ　>>>

実際にプログラムを入力して実行して、動作を確認しよう！

理解が深まるよ！

第1章 ▶ 章末確認問題

処理の種類の確認問題

確認ポイント
- プログラマ脳の「処理」の視点 (p.27)
- 与えられたテーマから「入力」「演算」「出力」を見出す (p.28)

問題

以下の文章の □ に適切な語句を入れてください。

「台形の面積を求めるプログラムを作成してください」というテーマから「入力」「演算」「出力」を見出すと、「入力」は a 、「演算」は b 、「出力」は c になります。

▼ 台形の面積の求め方

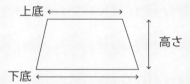

台形の面積＝(上底＋下底)× 高さ ÷2

a～cに関する解答群

ア　面積　　イ　面積＝(上底＋下底)×高さ÷2
ウ　上底、下底、高さ

流れの種類の確認問題

確認ポイント
- プログラマ脳の「流れ」の視点 (p.30)
- 与えられたテーマから「順次」「分岐」「繰り返し」を見出す (p.34)

問題

以下の文章の   に適切な語句を入れてください。

「クイズを行うプログラムを作ります。問題と選択肢を表示し、キー入力で選択肢を選びます。正解の場合は "○" を表示し、不正解の場合は "×" を表示します。不正解の場合は、再度キー入力で選択肢を選びます」というテーマの中から「流れ」を見出すと、 a が順次、 b が分岐、 c が繰り返しです。

a〜cに関する解答群

　ア　正解の場合は "○" を表示し、不正解の場合は "×"を表示します

　イ　不正解の場合は、再度キー入力で選択肢を選びます

　ウ　問題と選択肢を表示し、キー入力で選択肢を選びます

プログラム部品の形式の確認問題

確認ポイント

・プログラマ脳の「部品化」の視点 (p.36)

・与えられたテーマから「関数」と「クラス」を作る (p.39)

問題

以下の文章の   に適切な語句を入れてください。

「台形の面積を求める」という機能を持ったプログラム部品を、関数として作る場合には、関数名は a 、引数は b 、戻り値は c になります。同じ機能のプログラム部品を、クラスとして作る場合には、クラス名は d 、内部に保持するデータは b 、メソッドは e になります。

a〜eに関する解答群

　ア　台形　　**イ**　上底、下底、高さ　　**ウ**　面積を求める

　エ　台形の面積を求める　　　　　　　**オ**　面積

第2章
Python プログラミングの基礎

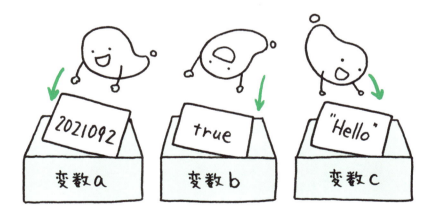

06 ▶ 変数、関数、算術演算子

- Pythonの構文は、「英語だ」「数式だ」と思えば、すんなりと理解できる。
- 変数で「記憶」を表し、関数で「入力」と「出力」を行い、演算子で「演算」を行う。
- Pythonには、除算に関して3種類の演算子がある。
- 複合代入演算子を使うと、演算と代入を短く効率的に記述できる。

▶「英語だ」「数式だ」と思ってプログラムを見る

　第2章からは、いよいよPythonの構文の説明を始めます。様々な構文を学んでいくことになりますが、大前提として知っておいてほしいことがあります。それは、ほんとんどのプログラミング言語は、英語と数式をミックスしたような構文を採用しているということです。これは、Pythonでも同様です。

　Pythonで記述されたプログラムを見たときに、「英語だ」「数式だ」という意識を持つことは、とても重要です。なぜなら、使用されている単語も、それらを並べる順序も、「英語だ」「数式だ」と思えば、すんなりと理解できるからです。もしも、プログラムの中に知らない単語や構文があっても、「英語だ」「数式だ」と思えば、何となく意味がわかるはずです。

　以下に、Pythonのプログラムの例（sample201.py）を示します。「英語だ」「数式だ」と思って内容を見てください。Pythonの構文を知らなくても、何となく意味がわかるでしょう。たぶん、**bottom = 10**は、「bottomを10にする」という意味でしょう。**height = 5**は、「heightを5にする」という意味でしょう。日本語に訳すと、bottomは「底」で、heightは「高さ」で、areaは「面積」なので、**area = bottom * height / 2**は、「底辺×高さ÷2という演算を行って三角形の面積を求める」という意味でしょう。printは、「印刷する」という意味なので、**print(area)**は、「面積を画面に表示する」という意味でしょう。実は、その解釈で、すべて合っています。

▼Pythonのプログラムの例（sample201.py）

```
bottom = 10
height = 5
area = bottom * height / 2
print(area)
```

　次ページに、プログラムの実行結果を示します。画面に25.0と表示されています。

ここでは、「底辺」が10で、「高さ」が5なので、「底辺×高さ÷2」が25.0になったのです。

▼Pythonのプログラムの例の実行結果（実行モード）

```
(base) C:\gihyo>python sample201.py
25.0
```

！notice

　この例のように、本書の本文や練習問題では、様々なプログラムを示しますが、そのほとんどは、Pythonの構文を説明するためのサンプルプログラムであり、何かの役に立つものではないことをご了承ください。

練習問題

　以下の文章の _____ に適切な語句を入れてください（※aとbは順不同）。

　Pythonで記述されたプログラムを見たときに、「 a 」だ、「 b 」だ、という意識を持つことは、とても重要です。なぜなら、使用されている「 c 」も、それらを並べる「 d 」も、「 a 」だ、「 b 」だ、と思えば、すんなりと理解できるからです。

■a〜dに関する解答群

ア 数式　　**イ** 順序　　**ウ** 英語　　**エ** 単語

▶ 変数への代入と関数の呼び出し

　最初に説明する構文は、「変数」と「関数」です。変数は、データの入れ物に名前を付けたものです。関数は、単独の機能を持つプログラム部品に名前を付けたものです。変数と関数の名前は、1文字でも複数文字でも構いません。

　第1章で、プログラマ脳の処理の視点において、「記憶」は、常に付いて回ることなので、当たり前のこととして、「入力」「演算」「出力」の3つを考える、と説明しました。この当たり前の「記憶」を表現しているのが、変数なのです。変数にはデータが記憶されるので、「入力」「演算」「出力」の処理の中で変数を使うことで、「記憶」が常に付いて回ることになります。

06 ▶ 変数、関数、算術演算子　　55

次は、変数と関数を使った構文です。中学の数学の時間に、y ＝ f(x) という構文で関数を習ったでしょう。この構文は、Pythonでもそのまま採用されていて、「**変数xに格納されたデータを引数として、関数fを呼び出し、その戻り値を変数yに代入せよ**」を意味します。「**代入**」とは、変数に値を格納することです[※1]。Pythonでは、**＝（イコール1個）で、右辺から左辺への代入を表します**[※2]。代入によって、**変数への記憶が行われます**。

▼Pythonにおける y ＝ f(x) の意味

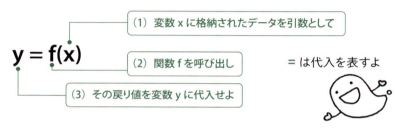

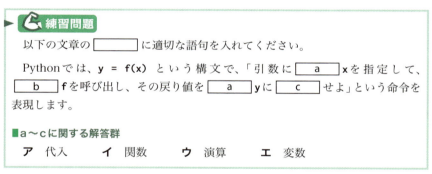

練習問題

以下の文章の ◻ に適切な語句を入れてください。

Pythonでは、y ＝ f(x) という構文で、「引数に ◻a◻ xを指定して、◻b◻ fを呼び出し、その戻り値を ◻a◻ yに ◻c◻ せよ」という命令を表現します。

■a〜cに関する解答群
　ア　代入　　　イ　関数　　　ウ　演算　　　エ　変数

入力と出力を行う関数

第1章で、プログラムの命令の種類が、「**入力せよ**」「**記憶せよ**」「**演算せよ**」「**出力せよ**」であることを説明しました。これらのうち「記憶せよ」は、先ほどの説明で、変数への代入で行われることがわかりました。残りの「**入力せよ**」と「**出力せよ**」は、**関数**によって行われます（「演算せよ」に関しては、あとで説明します）。

Pythonでは、入力や出力を行うために、あらかじめ様々な関数が用意されてい

[※1] 本書では、「代入」のことを「格納」と呼ぶ場合もあります。
[※2] 等しいことは、== （イコール2個）で表します。

ます。代表的なものは、キー入力を行う input 関数と、画面に出力を行う print 関数です。それぞれの基本構文を以下に示します※。

▶input 関数の基本構文

```
変数 = input("文字列")
```

▶print 関数の基本構文

```
print(データ)
```

---

input 関数は、引数に指定された文字列を画面に表示し、ユーザーがキー入力したデータを戻り値として返します。たとえば、引数に「"名前を入力してください:"」という文字列を指定すれば、それが画面に表示されるので、ユーザーは名前をキー入力することがわかります。キー入力された名前が、戻り値として返されます。

print 関数は、引数に指定されたデータを画面に表示します。print 関数は、戻り値として、None を返しますが、これを受け取る必要はないので、「変数 = print(データ)」のようにして、左辺の変数への代入を行う必要はありません。None は、「無」を意味する予約語です。予約語に関しては、あとで説明します。

Python のプログラムは、すべて半角英数記号で記述します。ただし、文字列データと、あとで説明するコメントは、漢字や仮名などの全角文字で記述することができます。

▶ 🦾 練習問題

以下の文章の ⬚ に適切な語句を入れてください。

⬚ a ⬚ 関数は、⬚ b ⬚ に指定された文字列を画面に表示し、キー入力された文字列を ⬚ c ⬚ として返します。⬚ d ⬚ 関数は、⬚ b ⬚ に指定されたデータを画面に表示します。

■a〜dに関する解答群

　ア　print　　　イ　input　　　ウ　引数　　　エ　戻り値

※ ここで、基本構文と断っているのは、引数の指定にいくつかのバリエーションがあるからです。バリエーションに関しては、第 5 章で説明します。

06 ▶ 変数、関数、算術演算子　　57

▶ 演算子と演算式

「入力せよ」「記憶せよ」「演算せよ」「出力せよ」のうち、残るは「演算せよ」だけです。「**演算せよ**」は、数学と同様に、＋や－などの記号で表し、これらを「**演算子**」と呼びます。たとえば、加減乗除の四則演算は、＋（プラス）、－（マイナス）、＊（アスタリスク）、／（スラッシュ）で表します。

> ❗️**notice**
>
> プログラムは、半角英数記号で記述するので、乗算が全角文字の「×」ではなく半角文字の ＊ であることと、除算が全角文字の「÷」ではなく半角文字の ／ であることに注意してください。

演算子を使ってデータの演算処理を記述したものを「**演算式**」と呼びます。演算式が実行されると、演算式の全体が演算結果の値に置き換わります。たとえば、変数aに10が代入され、変数bに20が代入されている場合には、**a＋b** という演算式は、10＋20の演算結果である30に置き換わります。この演算結果は、

```
ans = a + b
```

という構文で左辺の変数ans[※]に**代入**することや、

```
print(a + b)
```

という構文で、print関数に**引数**として渡すことなどができます。

演算式の中で、複数の演算子が使われている場合は、数学と同様に、乗算と除算が、加算と減算より優先されます。もしも、加算や減算を優先させたい場合には、これも数学と同様に、優先させる部分を（ と ）で囲みます。以下に演算式の例を示します。

▼ 演算式の例

$$ans = \underset{\dashbox{}}{a + b} \longrightarrow$$ a + bの演算結果が ans に代入される

$$print(\underset{\dashbox{}}{a + b}) \longrightarrow$$ a + bの演算結果が print 関数に渡される

$$ans = a + \underset{\dashbox{}}{b * c} \longrightarrow$$ b * c が先に演算される

$$ans = \underset{\dashbox{}}{(a + b)} * c \longrightarrow$$ (a + b) が先に演算される

※ ans という変数名は、answer ＝「答え」という意味で命名しました。

練習問題

以下の文章の ＿＿＿＿ に適切な語句を入れてください。

変数a、b、cの値が、1、2、3であるとき、ans = a + b * cを実行すると変数ansの値は ＿a＿ になり、ans =（a + b）* c を実行すると変数ansの値は ＿b＿ になります。

■a、bに関する解答群

ア 6　　**イ** 7　　**ウ** 8　　**エ** 9

算術演算子

加減乗除の四則演算を行う演算子を「**算術演算子**」と呼びます。Pythonには、基本的な加減乗除の他にも、いくつかの算術演算子があります。以下にまとめて示します。

▼算術演算子の種類と機能

演算子	機能	演算式の例	演算結果
+	加算	5 + 2	7
-	減算	5 - 2	3
*	乗算	5 * 2	10
/	除算	5 / 2	2.5
//	除算の商	5 // 2	2
%	除算の余り	5 % 2	1
**	べき乗	5 ** 2	25

※ - は、マイナス符号としても使われます。

算術演算子の種類と機能を確認するには、Pythonの対話モードで、それぞれの演算を行ってみるとよいでしょう。次ページに例を示します。対話モードでは、たとえば **5 + 2** という演算式を入力して Enter キーを押すと、演算結果が表示されます。**print(5 + 2)** とする必要は、ありません[1]。# 以降は、「**コメント**[2]」です。

※1 Python の実行モードでは、print(5 + 2) とする必要があります。
※2 コメントは、プログラムの中に任意に記述する説明文です。

06 ▶ 変数、関数、算術演算子　59

> **notice**
>
> 本書では、対話モードでも実行モードでも、プログラムおよびプログラムの実行結果にコメントで説明を示していますが、実際にプログラムを実行するときには、コメントの部分を入力する必要はありません。

▼算術演算子の機能を確認するプログラム (対話モード)

```
>>> 5 + 2           # 5に2を加える
7                   # 演算結果が表示される
>>> 5 - 2           # 5から2を引く
3                   # 演算結果が表示される
>>> 5 * 2           # 5に2を掛ける
10                  # 演算結果が表示される
>>> 5 / 2           # 5を2で割る
2.5                 # 演算結果が表示される
>>> 5 // 2          # 5を2で割った商を求める
2                   # 演算結果が表示される
>>> 5 % 2           # 5を2で割った余りを求める
1                   # 演算結果が表示される
>>> 5 ** 2          # 5を2乗する
25                  # 演算結果が表示される
```

　除算に関して3種類の演算子があることに注意してください。

　/ は、通常の除算であり、演算結果は小数点以下まで得られます。たとえば、**5 / 2** は、**2.5** になります。

　// は、除算の商を求めるものであり、演算結果の整数部分が得られます。たとえば、**5 // 2** は、2.5の整数部分の**2**になります。

　% は、除算の余りを求めるものであり、演算結果の余りの部分が得られます。たとえば、**5 % 2** は、5を2で割った余りの**1**になります。

練習問題

以下の文章の [　　　] に適切な語句を入れてください。

Pythonには、除算に関して3種類の演算子があります。たとえば、**7 / 2**の演算結果は [　a　] になり、**7 // 2**の演算結果は [　b　] になり、7 % 2の演算結果は [　c　] になります。

■a〜cに関する解答群

ア 1　　**イ** 3　　**ウ** 3.5　　**エ** 4.0

複合代入演算子

Pythonの構文には、プログラムを短く効率的に記述するためのものが、いくつかあります。このような構文は、趣味でプログラムを作るだけなら、知らなくても何ら問題ありません。ただし、試験問題のプログラム（他人が作ったプログラム）を読むなら、知っておく必要があります。短くて効率的な構文が使われる場合があるからです。そのひとつが、ここで説明する「複合代入演算子」です。

たとえば、「変数aに5を足し、その演算結果を変数aに代入する」という処理は、

```
a = a + 5
```

というプログラムになります。このままでも、間違いではありませんが、複合代入演算子を使うと、同じ処理を

```
a += 5
```

と短く効率的に記述できます。+= の部分が複合代入演算子です。

変数 演算子 = データ

という構文を使って、左辺の変数とデータで演算を行い、その結果を同じ変数に代入するのです。**a += 5** は、「変数aに、足すもの（＋）、は（＝）、5です」と読むとわかりやすいでしょう。

次ページに、算術演算子で複合代入演算子を使った例を示します。複合代入演算子は、算術演算子だけでなく任意の演算子で使え、「変数 = 変数 演算子 データ」を「変数 演算子＝データ」と短く効率的に記述できます。

06 ▶ 変数、関数、算術演算子　　61

▼算術演算子における複合代入演算子の例

演算子	複合代入演算子を使わない場合	複合代入演算子を使った場合
+	a = a + 5	a += 5
-	a = a - 5	a -= 5
*	a = a * 5	a *= 5
/	a = a / 5	a /= 5
//	a = a // 5	a //= 5
%	a = a % 5	a %= 5
**	a = a ** 5	a **= 5

　対話モードで、+= という複合代入演算子を使ってみましょう。以下では、**a = 2**
で変数aに2を代入してから、**a += 5** を行っています。これによって、変数aの値
が7になります。対話モードでは、a とだけ入力して Enter キーを押すと、変数a
の値が表示されます。print(a) とする必要がないので便利です[※]。

▼複合代入演算子の機能を確認するプログラム（対話モード）

```
>>> a = 2          # 変数 a に 2 を代入する
>>> a += 5         # 変数 a に 5 を加算する
>>> a              # 変数 a の値を表示する
7
```

練習問題

以下の文章の　　　　　に適切な語句を入れてください。

　a = a * 100 を複合代入演算子で表すと　　a　　になります。このように、
複合代入演算子を使うと、「変数 = 変数 演算子 データ」を「　　b　　」と短く効
率的に記述できます。

■a、bに関する解答群

　ア　a *= 100　　　　**イ　a =* 100**
　ウ　変数 演算子= データ　　　　**エ　変数 =演算子 データ**

※ 実行モードでは、print(a) とする必要があります。

07 予約語、命名規約、コメント

- 自分で作る変数名、関数名、クラス名に、Pythonの予約語を使うことはできない。
- 自分で作る変数名、関数名、クラス名は、Pythonの命名規約に従うべきである。
- Pythonでは、#のあとから改行までがコメントとみなされる。

▶ Pythonの予約語

　変数を使うときには、自分で変数名を決めます。プログラム部品として関数やクラスを作るときには、自分で関数名やクラス名を決めます[※]。これらの名前は、自由に決めることができますが、Pythonの「予約語」を使うことはできません。予約語とは、Pythonの構文において、あらかじめ意味が決められている言葉です。以下にPythonの予約語を示しますので、ざっと目を通しておいてください。

▼Pythonの予約語

and	as	assert	async	await	break	class
continue	def	del	elif	else	except	False
finally	for	from	global	if	import	in
is	lambda	None	nonlocal	not	or	pass
raise	return	try	True	while	with	yield

　予約語であるand、as、assertなどは、自分で作る変数名、関数名、クラス名に使うことができません。そうなると、「すべての予約語を覚えておかなければなければならないのか？」と思うかもしれませんが、その必要はありません。本書の学習を終了する頃には、ほとんどの予約語の意味がわかり、自分で作る変数名、関数名、クラス名に予約語を使うことを、自然と避けるようになるからです。もしも、予約語を使ってしまっても、プログラムの実行時にエラーメッセージが表示されるので、それに気付きます。

※ 関数の作り方は第6章で、クラスの作り方は第7章で説明します。

> ▶ 💪 **練習問題**

以下の文章の ⬜⬜⬜ に適切な語句を入れてください。

Pythonのプログラムにおいて、あらかじめ意味が決められている言葉を ⬜ a ⬜ と呼びます。自分で作る変数名、関数名、クラス名に ⬜ a ⬜ を使うと、プログラムの実行時に ⬜ b ⬜ が表示されます。

■a、bに関する解答群

ア エラーメッセージ　　**イ** データの値　　**ウ** 予約語　　**エ** マシン語

▶ Pythonの命名規約

　Pythonの予約語でない言葉であれば、自分で作る変数名、関数名、クラス名に自由に使うことができます。ただし、プログラミング言語には、その言語ならではの「**命名規約**」というものがあります。これは、自分で名前を付けるときに守るべきルールのことです。このルールを守らなくても、プログラムの実行時にエラーにはなりませんが、その言語らしさがなくなります。Pythonには、Pythonの命名規約があり、C言語やJavaなどの他の言語にも、それぞれの命名規約があります。以下に、Pythonの主な命名規約を示します。

▼Pythonの主な命名規約

命名対象	命名規約	命名の例
変数名 関数名 メソッド名	・すべて小文字にする ・複数単語はアンダースコアで区切る	`total` `total_point`
定数名	・すべて大文字にする ・複数単語はアンダースコアで区切る	`MAX` `MAX_SIZE`
クラス名	・先頭を大文字にする ・複数単語は区切りを大文字にする	`Triangle` `EquilateralTriangle`

　変数名、関数名、メソッド名の命名規約は、どれも同じです。基本的にすべて小文字にして、複数の単語を組み合わせた名前にする場合は、アンダースコア（ _ ）で区切ります。たとえば、**total** と **point** という単語を組み合わせた変数名は、**total_point** にします。

64

「定数」は、値を変更しないデータに名前を付けたものです。Pythonには、変数と定数を区別する構文はありませんが、名前をすべて大文字で記述することで定数であることを示します。たとえば、total = 100のtotalは、すべて小文字なので変数です。MAX = 100のMAX（マックス）は、すべて大文字なので定数です。定数名の場合も、たとえば、MAXとSIZE（サイズ）という単語を組み合わせるなら、アンダースコアで区切ってMAX_SIZE（マックス サイズ）にします。

クラス名は、Triangle（トライアングル）のように先頭を大文字にします。複数の単語を組み合わせたクラス名は、区切りを大文字にします。たとえば、EquilateralとTriangleという単語を組み合わせたクラス名は、EquilateralTriangle（イクイラテラル・トライアングル）※にします。

💪 練習問題

以下の文章の ▢ に適切な語句を入れてください（※b、c、dは順不同）。Rectangleは、「四角形」という意味です。

Pythonの命名規約では、▢ a ▢ は、**MIN**（ミン）のようにすべて大文字にします。▢ b ▢ ▢ c ▢ ▢ d ▢ は、**sum**（サム）のようにすべて小文字にします。▢ e ▢ は、**Rectangle**（レクタングル）のように先頭を大文字にします。

■a〜eに関する解答群
ア 変数名　**イ** 定数名　**ウ** 関数名　**エ** クラス名　**オ** メソッド名

▶ コメント

「コメント」とは、プログラムの中に任意に記述する説明文です。Pythonコンパイラは、コメントの内容を無視するので（プログラムとして解釈・実行しないので）、コメントには何を書いても構いません。Pythonでは、# という記号がコメントの開始を表し、# のあとから改行までがコメントとみなされます。プログラムにコメントを記述すると、プログラムの内容がわかりやすくなります。試験問題のコメントは、制限時間内にプログラムを読み取るためのヒントになっています。

コメントは、プログラムの命令のあとに記述することも、コメントだけの行を記

※ Equilateral Triangle＝「正三角形」という意味です。

07 ▶ 予約語、命名規約、コメント　65

述することもできます。以下は、第2章の冒頭で示したPythonプログラムの例で、命令のあとにコメントを記述した例です。# は半角文字ですが、# 以降では全角文字を使えます。見栄えをよくするために、# のあとに半角スペースを1個入れていますが、この半角スペースはなくても構いません。

▼命令のあとにコメントを記述した例

```
bottom = 10                    # 三角形の底辺を 10 にする
height = 5                     # 三角形の高さを 5 にする
area = bottom * height / 2     # 三角形の面積を求める
print(area)                    # 三角形の面積を表示する
```

　以下は、同じプログラムで、コメントだけの行を記述した例です。この場合には、コメントの行のあとに、そのコメントに対応した命令を記述し、次のコメントとの間に空の行（改行だけの行）を入れると、プログラムが見やすくなります。

▼コメントの行だけを記述した例

```
# 三角形の底辺を 10 にする
bottom = 10

# 三角形の高さを 5 にする
height = 5

# 三角形の面積を求める
area = bottom * height / 2

# 三角形の面積を表示する
print(area)
```

　擬似言語では、/* と */ で囲むことでコメントを表し、複数行をまとめてコメントにすることもできます。これと同様のことをPythonで行う場合には、"""（ダブルクォーテーション3つ）または '''（シングルクォーテーション3つ）で囲みます。ただし、これらは、実際にはコメントのための構文ではなく、""" または ''' で囲まれた文字列は、文字列の内容を途中で改行できるので、それを複数行のコメントを囲むことに利用したものです。

▼複数行を囲むコメントの例

```python
"""
以下は、三角形の面積を求めるプログラムです。
ここでは、底辺を 10、高さを 5 としています。
実行すると、面積として 25.0 が表示されます。
"""
bottom = 10
height = 5
area = bottom * height / 2
print(area)
```

練習問題

以下の文章の ☐ に適切な語句を入れてください（※cとdは順不同）。

Python では、 a という記号がコメントの開始を表し、 a のあとから b までがコメントになります。複数行をコメントにする場合は、 c または d で囲みます。

■a～dに関する解答群

ア 改行 イ # ウ """ エ '''

column ▶ プログラミングをマスターするコツ その1

英語と数式だと思って、プログラムを音読する！

プログラミング言語は、人間の考えを表現する言語です。言語は、書くだけでなく、読むこともできます。声を出す必要はありませんが、プログラムを打ち込むときに、プログラムの内容を音読するようにしてください。読めば、単語や構文の理解が深まります。読みながら打ち込めば、スペルミスも減ります。読み方に決まりはないので、英語と数式だと思って、自己流で読んでください。

たとえば、print("hello, world") なら、筆者は「プリント、ハロー、ワールド」と音読しながら打ち込みます。そうすれば、この構文で「プリント、ハロー、ワールド」という処理（画面にハローワールドと表示する処理）が行われることを覚えられます。print のスペルも間違わないでしょう。カッコやダブルクォーテーションを読まないのは、筆者の自己流です。

07 ▶ 予約語、命名規約、コメント 67

データ型の種類

- Pythonには、「整数型」「実数型」「文字列型」「論理型」などのデータ型がある。
- Pythonの変数は、宣言せずに使え、あらゆるデータを代入できる。
- Pythonの変数には、データの識別情報が代入されるようになっている。
- id関数で、データの識別情報を確認できる。

▶ Pythonのデータ型の種類

擬似言語では、

○整数型：A
○実数型：B

のように、データ型を指定して変数を宣言してから、

・A ← 123
・B ← 4.56

のように、変数にデータを代入します。それに対してPythonでは、変数を宣言せずに、いきなり次のように、変数にデータを代入できます。

```
a = 123
b = 4.56
```

これは、Pythonには、データ型がないということなのでしょうか？

そうではありません。Pythonには、「**整数型**」「**実数型（浮動小数点数型）**」「**文字列型**」「**論理型（真偽値型）**」などのデータ型があります。整数型は、小数点以下がない数値データです。実数型は、小数点以下がある数値データです。文字列型は、文字が並んだデータです。論理型は、**True**または**False**のいずれかの値を持つデータです。TrueとFalseは、「**真**」と「**偽**」を意味するPythonの予約語です。

次ページに示すのは、右辺に指定された様々なデータ型のデータを、左辺の変数に代入するプログラムの例です。
変数aには、**123**という**整数型**のデータを代入しています。

変数 b には、**4.56** という**実数型**のデータを代入しています。

変数 c には、**"hello"** という**文字列型**のデータを代入しています。

変数 d には、**True** という**論理型**のデータを代入しています。

このプログラムは、データを変数に代入しているだけなので、実行しても何も表示されません。このように、変数を宣言せずに使え、変数に様々なデータ型のデータを代入できる仕組みは、あとで説明します。

▼ 様々なデータ型を変数に代入するプログラム（対話モード）

```
>>> a = 123          # 変数 a に整数型の 123 を代入する
>>> b = 4.56         # 変数 b に実数型の 4.56 を代入する
>>> c = "hello"      # 変数 c に文字列型の "hello" を代入する
>>> d = True         # 変数 d に論理型の True を代入する
```

> **練習問題**
>
> 以下の文章の　　　　　に適切な語句を入れてください。
>
> Python のデータ型には、小数点以下がない数値データの　　a　　、小数点以下がある数値データの　　b　　、文字が並んだデータの　　c　　、True または False のいずれかの値を持つデータの　　d　　などがあります。
>
> ■a～dに関する解答群
>
> **ア**　実数型　　　**イ**　論理型　　　**ウ**　文字列型　　　**エ**　整数型

Python の変数には何でも代入できる

変数を宣言せずに使え、変数に様々なデータ型のデータを代入できるのは、Python では、変数に、データの値ではなく、データの**識別情報**（データのID に相当する情報）が代入されるようになっているからです。この識別情報は、データ型の種類に関わらず同じ形式なので、データ型を指定して変数を宣言することが不要なのです。したがって、変数には、整数データ、実数データ、文字列データ、論理値データなど、何でも代入できます。

ただし、何でも代入できるのは、見かけ上であって、実際には、整数データの識別情報、実数データの識別情報、文字列データの識別情報、論理値データの識別情報が、代入されています。

▼Pythonの変数には、データの識別情報が代入される

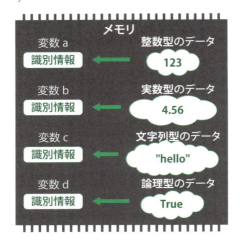

ふだんPythonでプログラミングするときには、データの識別情報を意識する必要は、ほとんどありません。a = 123 という処理を見て、「変数aに123が代入される」と考えて問題ないのです。なぜなら、print(a)で画面に表示されるのは、123というデータの値であり、123というデータの識別情報ではないからです。ただし、「変数には識別情報が入っている」という知識があると、Pythonのプログラムに関する疑問が解決することが多々あります。識別情報を確認する方法と、疑問が解決する例は、このあと説明します。

練習問題

以下の文章の [　　　] に適切な語句を入れてください。

　変数を宣言せずに使え、変数に様々なデータ型のデータを代入できるのは、Pythonでは、変数に、データの [a] ではなく、データの [b] が代入されるようになっているからです。この [b] は、[c] 形式になっています。

■a〜cに関する解答群
　ア　データ型に関わらず同じ　　イ　データ型によって異なる
　ウ　識別情報　　　　　　　　　エ　値

id 関数でデータの識別情報を確認する

　Pythonにあらかじめ用意されている id 関数を使って、データの識別情報を確認することができます。id関数は、引数に指定されたデータの識別情報を返します。

　以下は、変数a、b、c、dに、整数型データの123、実数型データの4.56、文字列型データの"hello"、論理型データのTrueを代入してから、それぞれの変数に代入された識別情報をid関数で取得して、画面に表示するプログラムです。140728466911440や2138891512432などの数値が、データの識別情報です[※1]。これらを見ると、識別情報が、データ型の種類に関わらず、同じ形式（桁数が大きな整数値）であることがわかります。

▼データの識別情報を見るプログラム（対話モード）

```
>>> a = 123             # 変数 a に整数型の 123 を代入する
>>> b = 4.56            # 変数 b に実数型の 4.56 を代入する
>>> c = "hello"         # 変数 c に文字列型の "hello" を代入する
>>> d = True            # 変数 d に論理型の True を代入する
>>> id(a)               # 変数 a の識別情報を確認する
140728466911440         # 識別情報が表示される
>>> id(b)               # 変数 b の識別情報を確認する
2138891512432           # 識別情報が表示される
>>> id(c)               # 変数 c の識別情報を確認する
2138893084528           # 識別情報が表示される
>>> id(d)               # 変数 d の識別情報を確認する
140728466385232         # 識別情報が表示される
```

　「変数には識別情報が入っている」という知識があると、疑問が解決する例を示しましょう。

　次ページに示すのは、Pythonのリスト[※2]を、変数aに代入するプログラムです。リストは、擬似言語の配列に相当するもので、[と] の間に複数のデータをカンマで区切って並べます。ここでは、文字列データをカンマで区切って並べています。

　これを見て、「どうして複数のデータを1つの変数aに代入できるのだろか？」と疑問に思うでしょう。その答えは、「複数のデータのリスト全体に付けられた1つの識別情報が、変数aに代入されるから」です。次ページのプログラムでは、id関

※1　識別情報として表示される数値は、プログラムの実行タイミングによって異なります。
※2　リストに関しては、第4章で説明します。

数を使って、変数aの識別情報も表示しています。

▼リストを変数に代入するプログラム（対話モード）

```
>>> a = ["apple", "grape", "banana"]    # 変数a に文字列のリストを代入する
>>> id(a)                                # 変数a の識別情報を確認する
2138893188360                            # 識別情報が表示される
```

練習問題

以下の文章の ☐ に適切な語句を入れてください。

　☐ a ☐ を使うと、引数に指定したデータの識別情報を得ることができます。複数のデータが並んだリストを、1つの変数に代入できるのは、複数のデータのリスト全体に付けられた ☐ b ☐ が、変数に代入されるからです。

■a、bに関する解答群
- ア　type関数
- イ　id関数
- ウ　複数の識別情報
- エ　1つの識別情報

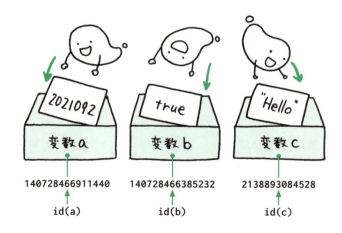

id関数を使うと、変数に代入された識別情報を得られるんだね

09 ▶ データ型の変換

- input 関数の戻り値は、文字列型なので、算術演算するときに変換が必要になる。
- int 関数や float 関数を使うと、数字列を数値に変換できる。
- str 関数を使うと、数値を文字列に変換できる。
- 数値を文字列に変換すると、+ 演算子で他の文字列と結合できる。

▶ データ型の変換が必要な場面

「キー入力した2つの数値を加算し、その結果を画面に表示する」というプログラムを作ってみましょう。これまでに説明した input 関数でキー入力を行い、= で変数に代入を行い、+ で加算を行い、print 関数で画面に表示を行います。キー入力した2つの数値は、**変数a**と**b**に代入し、それらの加算結果は、**変数ans**に代入することにしましょう。実行モードで実行することにして、以下のプログラム（sample202.py）を作成しました。

▼2つの数値の加算結果を表示するつもりのプログラム（sample202.py）

```
a = input("1つ目の数値：")
b = input("2つ目の数値：")
ans = a + b
print(ans)
```

以下に、プログラムの実行結果の例を示します。「100」と「200」をキー入力したので、それらの加算結果である300が表示されると思ったのですが、実際には「100200」が表示されました。なぜでしょうか？

▼2つの数値の加算結果を表示するつもりのプログラムの実行結果の例（実行モード）

```
(base) C:\gihyo>python sample202.py
1つ目の数値：100
2つ目の数値：200
100200
```

その答えは、input 関数が、キー入力された文字列を返すからです。100と200

という数値を入力したつもりでも、**input**関数が返すのは "100" と "200" という文字列です。文字列どうしで **+** 演算子を使うと、文字列を連結します。ここでは、変数aに "100" という文字列が代入され、変数bに "200" という文字列が代入されているので、ans = a + b によって "100" と "200" を連結した "100200" という文字列が変数ansに代入され、それが print(ans) で画面に表示されたのです。

　キー入力されたデータは、文字、数字、記号のいずれであっても、すべて文字列です。abcと入力すれば、"abc" という文字列が得られ、123と入力すれば "123" という文字列が得られます。もしも、キー入力された "123" という文字列を数値として算術演算したいなら、整数型や実数型のデータに変換する必要があります。

練習問題

以下の文章の _____ に適切な語句を入れてください。

　キー入力されたデータは、文字、数字、記号のいずれであっても、すべて _____ a です。Pythonでは、_____ a どうしで **+** 演算子を使うと、_____ a を連結します。たとえば、**ans = "123" + "456"** では、変数aに _____ b が代入されます。

■a、bに関する解答群
　ア 実数値　　**イ** 文字列　　**ウ** "579"　　**エ** "123456"

数字列を数値に変換する

　Pythonには、データ型を変換するために、いくつかの関数が用意されています。**int**関数は、引数に指定されたデータを整数型に変換して返します。intは、「integer（整数）」という意味です。

　float関数は、引数に指定されたデータを実数型に変換して返します。floatは、「floating point number（浮動小数点数）」という意味です※。

　次ページに、int関数とfloat関数の基本構文を示します。引数に指定する"数字列"とは、"123" や "456" のように、数字だけから構成された文字列です。

　"4.56" のような小数点を含んだ数字列は、float関数の引数に指定できますが、int関数の引数に指定すると、プログラムの実行時にエラーになります。"4.56" は、整数に変換できないからです。

※「浮動小数点数」は、コンピュータの内部で実数を表現する形式です。

float関数でもint関数でも、"abc" のような文字列を引数に指定すると、プログラムの実行時にエラーになります。"abc" は、数値に変換できないからです。

> **int 関数の基本構文**

```
変数 = int("数字列")
```

> **float 関数の基本構文**

```
変数 = float("数字列")
```

数字列を数値に変換する関数を使って、先ほどの「2つの数値の加算結果を表示するつもりのプログラム」を修正してみましょう。int関数とfloat関数のどちらを使えばよいでしょうか？　整数の入力を想定しているならint関数を使い、実数の入力を想定しているならfloat関数を使えばよいのです。ここでは、整数の入力を想定して、int関数を使うことにします。

以下に、修正したプログラム（sample203.py）と実行結果の例を示します。100と200をキー入力したので、変数aとbに "100" と "200" という数字列が代入されます。int(a) + int(b) の部分で、それぞれを100と200という整数に変換して、それらを加算しています。変数ansには、100と200の加算結果の300が代入され、それが print(ans) で画面に表示されます。このプログラムは、目的通りに正しく動作しています。

▼2つの数値の加算結果を表示するプログラム（sample203.py）

```
a = input("1 つ目の数値：")
b = input("2 つ目の数値：")
ans = int(a) + int(b)
print(ans)
```

▼2つの数値の加算結果を表示するプログラムの実行結果の例（実行モード）

```
(base) C:¥gihyo>python sample203.py
1つ目の数値：100
2つ目の数値：200
300
```

09 ▶ データ型の変換　75

練習問題

以下の文章の 　　　　 に適切な語句を入れてください。

　　 a 　　 は、引数に指定された数字列を整数型のデータに変換します。
　　 b 　　 は、引数に指定された数字列を実数型のデータに変換します。どちら
の関数も、引数に 　　 c 　　 に変換できない 　　 d 　　 を指定すると、プログラム
の実行時にエラーになります。

■a〜dに関する解答群

　ア　float関数　　　イ　int関数　　　ウ　文字列　　　エ　数値

数値を文字列に変換する

　これまでとは逆に、**数値**（整数型や実数型のデータ）を**数字列**（文字列型のデータ）
に変換する場合は、**str関数**を使います。以下に基本構文を示します。strは、string（文
字列）という意味です。

▶str関数の基本構文

```
変数 = str(数値)
```

　str関数は、引数に指定された数値※を文字列に変換して返します。引数に指定す
る数値は、整数でも実数でも構いません。

　以下は、対話モードでstr(123)とstr(4.56)を実行した例です。対話モードでは、
str(123)やstr(4.56)のように関数の呼び出しを入力して Enter キーを押すと、関
数の戻り値が表示されます。これは、関数の機能を確認するときに便利です。実行
結果として、123という整数を文字列に変換した '123' と、4.56という実数を文字
列に変換した '4.56' が表示されます。Pythonでは、ダブルクォーテーションまたは
シングルクォーテーションで囲むことで文字列を表しますが、この実行結果ではシン
グルクォーテーションが使われています。

▼str関数の機能を確認する（対話モード）

```
>>> str(123)         # 123 という整数を文字列に変換する
'123'                # 変換された文字列が表示される
>>> str(4.56)        # 4.56 という実数を文字列に変換する
'4.56'               # 変換された文字列が表示される
```

※ 数値だけでなく、様々なオブジェクトを文字列の表現に変換します。

str関数は、文字列と数値を + 演算子で連結する場合に、よく使われます。以下（sample204.py）は、先ほど示した、2つの数値の加算結果を表示するプログラムを改良して、キー入力された100と200の加算結果を「加算結果は、300です。」と表示するようにしたものです。

`print("加算結果は、" + str(ans) + "です。")`

の部分に注目してください。加算結果のansは、数値の300ですが、それをstr(ans) で文字列の "300" に変換しているので、**"加算結果は"** および **"です。"** という文字列と + 演算子で連結できるのです。

▼2つの数値の加算結果を表示するプログラムの改良版（sample204.py）

```
a = input("1つ目の数値：")
b = input("2つ目の数値：")
ans = int(a) + int(b)
print("加算結果は、" + str(ans) + "です。")
```

▼2つの数値の加算結果を表示するプログラムの改良版の実行結果の例（実行モード）

```
(base) C:\gihyo>python sample204.py
1つ目の数値：100
2つ目の数値：200
加算結果は、300 です。
```

練習問題

以下の文章の ____ に適切な語句を入れてください。

　str関数は、引数に指定された数値を　**a**　のデータに変換します。str関数で　**a**　に変換されたデータは、+演算子で他の文字列と　**b**　できます。

■a、bに関する解答群
ア　加算　　　イ　連結　　　ウ　数値　　　エ　文字列型

> int 関数は、整数型に変換して返す
> float 関数は、実数型に変換して返す
> str 関数は、string の意味だから……何型？

09 ▶ データ型の変換

10 ▶ プログラムの書き方

- プログラマ脳を Python の基本構文を使ったプログラムで表現する。
- 同じ機能のプログラムを、様々な書き方で記述できる。
- 関数の引数に別の関数を指定すると、別の関数の戻り値が引数に指定される。

▶ プログラマ脳をプログラムで表現する

第1章のいくつかの部分でテーマにした「三角形の面積を求めるプログラム」を作ってみましょう。

> ▶ テーマ
> 三角形の面積を求めるプログラムを作成してください。

第1章では、このテーマから、**プログラマ脳**で、以下の「**入力**」「**演算**」「**出力**」を見出しました。それぞれの処理にある「底辺」「高さ」「面積」は、プログラムでは変数として取り扱われるので、「記憶」が付いて回ることになります。

▼ プログラマ脳から見出された「入力」「演算」「出力」

入力	……	底辺、高さ
演算	……	面積 = 底辺 × 高さ ÷ 2
出力	……	面積

さらに、第1章では、このテーマから、プログラマ脳で、次の処理の流れを見出しました。処理の流れの種類には、「**順次**」「**分岐**」「**繰り返し**」がありますが、ここでは、順次だけでプログラム全体の流れが作られています[※]。

※ 「分岐」と「繰り返し」の流れがあるプログラムは、次の第3章で取り上げます。

▼ プログラマ脳から見出された処理の流れ（順次）

底辺を入力する
▼
高さを入力する
▼
面積 ＝ 底辺 × 高さ ÷ 2　という計算をする
▼
面積を表示する

　第2章で学んだPythonの基本構文で、これらのプログラマ脳をPythonのプログラムとして記述できます。以下にプログラム（sample205.py）と実行結果の例を示します。ここでは、プログラマ脳をコメントに示しています。それぞれのコメントとプログラムの内容を対応付けると、**プログラマ脳で見出したことをプログラミング言語の表現に置き換えている**ことがわかるでしょう。プログラムでは、画面に表示される文字列を追加したり、**float関数**や**str関数**でデータを変換したりして、いくつかの処理を追加しています。

▼ 三角形の面積を求めるプログラム（その1）（sample205.py）

```
# 底辺を入力する
bottom = input("底辺を入力してください：")

# 高さを入力する
height = input("高さを入力してください：")

# 面積＝底辺×高さ÷2という計算をする
area = float(bottom) * float(height) / 2

# 面積を表示する
print("面積は、" + str(area) + "です。")
```

▼ 三角形の面積を求めるプログラム（その1）の実行結果の例（実行モード）

```
(base) C:\gihyo>python sample205.py
底辺を入力してください：10
高さを入力してください：5
面積は、25.0です。
```

10 ▶ プログラムの書き方　　79 ◀

► ♻ 練習問題

　以下は、「長方形の面積を求めるプログラムを作成してください」というテーマ
をプログラムにしたものです。プログラム中の￣￣￣￣￣に入れる正しい答えを、
解答群の中から選んでください。

▼長方形の面積を求めるプログラム（その1）（sample206.py）

```
# 底辺を入力する
  a
```

```
# 高さを入力する
  b
```

```
# 面積＝底辺×高さいう計算をする
  c
```

```
# 面積を表示する
  d
```

▼長方形の面積を求めるプログラム（その1）の実行結果の例（実行モード）

```
(base) C:¥gihyo>python sample206.py
底辺を入力してください：10
高さを入力してください：5
面積は、50.0です。
```

■a～dに関する解答群

　ア　print("面積は、" + str(area) + "です。")
　イ　area = float(bottom) * float(height)
　ウ　height = input("高さを入力してください：")
　エ　bottom = input("底辺を入力してください：")

► プログラムの様々な書き方

　同じ機能のプログラムを、様々な書き方で記述することができます。自分でプロ
グラムを作るときは、自分の考えに合わせた書き方をすればよいのですが、試験問
題では、他人（出題者）が作ったプログラムを読み取らなければならないので、様々
な書き方も知っておくべきです。ここでは、三角形の面積を求めるプログラムを、
先ほどとは違う書き方で記述した例をいくつかお見せします。実行結果は、同じな
ので省略します。

以下の例（sample207.py）では、input関数の戻り値をいったん変数 s ※ に代入し、float関数で変数 s を実数に変換して、それを変数 bottom と変数 height に代入してから演算を行っています。これは、「input関数が返すのは文字列なので、それを実数に変換してから演算を行う」という考えで作られたプログラムです。

▼三角形の面積を求めるプログラム（その2）（sample207.py）

```
# 底辺を入力する
s = input(" 底辺を入力してください：")
bottom = float(s)

# 高さを入力する
s = input(" 高さを入力してください：")
height = float(s)

# 面積＝底辺×高さ÷2 という計算をする
area = bottom * height / 2

# 面積を表示する
print(" 面積は、" + str(area) + " です。")
```

以下の例（sample208.py）は、「変数 s を使わずに、input関数で変数 bottom と height に文字列を代入し、それを float関数で実数に変換して同じ変数に代入する」という考えで作られたプログラムです。Pythonの変数には、何でも代入できるので、文字列が代入された変数の値を実数に変換して、それを同じ変数に代入することもできます。

▼三角形の面積を求めるプログラム（その3）（sample208.py）

```
# 底辺を入力する
bottom = input(" 底辺を入力してください：")
bottom = float(bottom)

# 高さを入力する
height = input(" 高さを入力してください：")
height = float(height)

# 面積＝底辺×高さ÷2 という計算をする
area = bottom * height / 2

# 面積を表示する
```

※ 文字列を意味する string の頭文字を取って s という変数名にしました。

10 ▶ プログラムの書き方

```
print("面積は、" + str(area) + "です。")
```

　以下の例（sample209.py）は、「input関数の戻り値をfloat関数で変換して、それを変数bottomとheightに代入する」という考えで作られたプログラムです。

▼三角形の面積を求めるプログラム（その4）（sample209.py）
```
# 底辺を入力する
bottom = float(input("底辺を入力してください："))

# 高さを入力する
height = float(input("高さを入力してください："))

# 面積＝底辺×高さ÷2 という計算をする
area = bottom * height / 2

# 面積を表示する
print("面積は、" + str(area) + "です。")
```

```
bottom = float(input("底辺を入力してください："))
```

　　および

```
height = float(input("高さを入力してください："))
```

の部分に注目してください。float関数の引数に、input関数が指定されています。この場合には、input関数が呼び出されてキー入力が行われ、その戻り値が引数に指定されてfloat関数が呼び出されます。

　同じ機能のプログラムを様々な書き方で記述した例を示しましたが、これらは、どれが良い悪いというものではありません。それぞれ、プログラムを作るときの考え方が違うのです。

同じ機能のプログラムでも
様々な書き方ができるんだね

先にfloat関数で実数に変換してもいいし
変数にいったん入れてから変換してもいいし
計算するときに変換してもいいし……

練習問題

　以下は、「長方形の面積を求めるプログラムを作成してください」というテーマ
をプログラムにしたものです。これまでに示した練習問題とは、違う書き方をし
ています。実行結果は、同じなので省略します。プログラム中の [＿＿＿＿] に入
れる正しい答えを、解答群の中から選んでください。

▼ 長方形の面積を求めるプログラム（その2）（sample210.py）

```python
# 底辺を入力する
bottom = float([ a ] ("底辺を入力してください："))

# 高さを入力する
height = float([ a ]("高さを入力してください："))

# 面積＝底辺×高さいう計算をする
area = [ b ]

# 面積を表示する
print("面積は、" + str(area) + "です。")
```

■a、bに関する解答群

　ア　print　　　　　　　　　イ　input
　ウ　bottom * height　　　　エ　float(bottom) * float(height)

関数の様々な使い方

　関数は、多くの場合に **y = f(x)** という構文で使いますが、その他にも様々な使い
方があります。これまでのサンプルプログラムでも、いくつかの使い方を示してき
ましたが、ここで、まとめて説明しておきましょう。

　様々な使い方を理解するポイントは、「関数の呼び出しが関数の戻り値に置き換
わる」ということです。たとえば、**y = f(x)** では、**f(x)** という関数呼び出しが関数の
戻り値に置き換わり、その戻り値が **y** に代入されます。

10 ▶ プログラムの書き方　　83

▼関数の使い方の例1

f(x) が戻り値に置き換わり y に代入される

y = f(x)

float(s) が s を実数に変換した結果に置き換わり bottom に代入される

bottom = float(s)

「関数の呼び出しが関数の戻り値に置き換わる」のですから、y = f(x) + g(x) のように関数どうしを演算することもできます。この場合には、f(x) の戻り値と g(x) の戻り値が加算され、その結果が y に代入されます。

▼関数の使い方の例2

f(x) の戻り値と g(x) の戻り値の演算結果が y に代入される

y = f(x) + g(x)

float(bottom) と float(height) と 2 の演算結果が area に代入される

area = float(bottom) * float(height) / 2

「関数の呼び出しが関数の戻り値に置き換わる」のですから、y = f(g(x)) のように関数の引数に別の関数を指定することもできます。この場合には、g(x) の戻り値が f( ) の引数に渡され、その戻り値が y に代入されます。

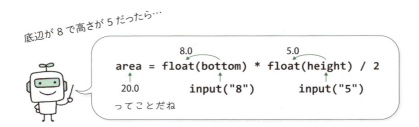

底辺が 8 で高さが 5 だったら…

```
                       8.0              5.0
     area = float(bottom) * float(height) / 2
     20.0          input("8")        input("5")
```

ってことだね

▼関数の使い方の例3

g(x) の戻り値が f の引数に渡され、f の戻り値が y に代入される

$$y = f(\,g(x)\,)$$

input(" 底辺を入力してください：") の戻り値が float の引数に渡され、
float の戻り値が bottom に代入される

$$bottom = float(\,input("\,底辺を入力してください：")\,)$$

2
Pythonプログラミングの基礎

▶ 🔋練習問題

　以下のプログラムと同じ機能を持つ1行のプログラムを、解答群の中から選んでください。

▼長方形の面積を求めるプログラム (sample211.py)

```
s = input(" 底辺：")
bottom = float(s)
s = input(" 高さ：")
height = float(s)
area = bottom * height
print(area)
```

■解答群

　ア　input(float(print(" 底辺：")) * float(print(" 高さ：")))

　イ　input(print(float(" 底辺：")) * print(float(" 高さ：")))

　ウ　print(float(input(" 底辺：")) * float(input(" 高さ：")))

　エ　print(input(float(" 底辺：")) * input(float(" 高さ：")))

10 ▶ プログラムの書き方　　85 ◀

第2章▶ 章末確認問題

関数の種類の確認問題

確認ポイント

- 入出力を行う関数の基本構文 (p.57)
- Pythonのデータ型 (p.68)
- データ型の変換を行う関数の基本構文 (p.75,76)

問題

以下の文章の □ に適切な語句を入れてください。

キー入力を行う関数の基本構文は　**a**　です。画面にデータを表示する関数の基本構文は　**b**　です。数字列を整数型のデータに変換する関数の基本構文は　**c**　です。数字列を実数型のデータに変換する関数の基本構文は　**d**　です。数値を文字列に変換する関数の基本構文は　**e**　です。

a〜eに関する解答群

ア　print(データ)
イ　変数 = input("文字列")
ウ　変数 = int("数字列")
エ　変数 = str(数値)
オ　変数 = float("数字列")

算術演算子の種類の確認問題

確認ポイント

- 算術演算子の種類と機能 (p.59)
- 複合代入演算子でプログラムを短く効率的に記述する (p.61)

問題

以下の文章の □ に適切な語句を入れてください。

除算の商(整数部分)を求める演算子は　**a**　で、除算の余りを求める演

86

算子は [b] です。変数aの値を2乗して、その結果をaに代入する処理は、**a = a ** 2**ですが、複合代入演算子を使うと、同じ処理を [c] と短く効率的に記述できます。

a～cに関する解答群

ア **/**　　イ **//**　　ウ **%**　　エ **a =** 2**　　オ **a **= 2**

予約語と命名規約の確認問題

┌─ **確認ポイント** ──────────────────────────┐
- Pythonの予約語 (p.63)
- Pythonの命名規約 (p.64)
└──────────────────────────────────┘

問題

以下の文章の [   ] に適切な語句を入れてください。

None、**True**、**Test**の中で、Pythonの予約語でないものは [a] です。Pythonの命名規約では、**max**、**MAX**、**Max**の中で、定数名として適切なのは [b] です。

a、bに関する解答群

ア **None**　　イ **True**　　ウ **Test**　　エ **max**

オ **MAX**　　カ **Max**

プログラムの書き方の確認問題

┌─ **確認ポイント** ──────────────────────────┐
- プログラマ脳をプログラムで表現する (p.78)
- 同じ機能のプログラムを、様々な書き方で記述できる (p.80)
└──────────────────────────────────┘

問題

以下は、「台形の面積を求めるプログラムを作成してください」というテーマをプログラムにしたものです。プログラム中の [   ] に入れる正しい答

えを、解答群の中から選んでください。

▼台形の面積を求めるプログラム (sample212.py)

```python
# 上底を入力する
s = input("上底を入力してください：")
    a

# 下底を入力する
s = input("下底を入力してください：")
    b

# 高さを入力する
s = input("高さを入力してください：")
    c

# 面積を求める
area = (top + bottom) * height / 2

# 面積を表示する
print("面積は、" +    d    + "です。")
```

▼台形の面積を求めるプログラムの実行結果の例 (実行モード)

```
(base) C:¥gihyo>python sample212.py
上底を入力してください：5
下底を入力してください：7
高さを入力してください：10
面積は、60.0です。
```

a〜dに関する解答群

ア　str(area)
イ　bottom = float(s)
ウ　top = float(s)
エ　height = float(s)

第 **3** 章

分岐と繰り返し

[分岐] お財布の中身が

1000円以上なら… / 700円以上1000円未満なら… / 700円未満なら…

デラックスパフェ

パフェ

アイス

[繰り返し]

11 ▶ 比較演算子と論理演算子

- 比較演算子の演算結果は、True または False のいずれかである。
- 論理演算子を使って、複数の条件をつないだり、条件を否定したりできる。
- Python のすべての演算子には、優先順位が決められている。

▶ 比較演算子

　第3章では、プログラム脳の**流れの視点**の「**分岐**」と「**繰り返し**」を表す構文を説明しますが、その前に「**比較演算子**」を知っておいてください。**分岐の条件や、繰り返しの条件は、比較演算子で示される**からです。比較演算子は、**a > b** の **>** のように2つのデータを比較するものです。

　以下に、比較演算子の種類と機能を示します。比較演算子の演算結果（比較結果）は、**論理型**の **True** か **False** のいずれかです。あとで説明する分岐や繰り返しの構文は、「比較演算の結果が **True** なら分岐する」や「比較演算の結果が **True** である限り繰り返す」になっています。

▼比較演算子の種類と機能

演算子	意味	演算式の例	演算結果
==	等しい	a == b	aとbが等しいなら True そうでないなら False
!=	等しくない	a != b	aとbが等しくないなら True そうでないなら False
>	より大	a > b	aがbより大きいなら True そうでないなら False
>=	以上	a >= b	aがb以上なら True そうでないなら False
<	より小	a < b	aがbより小さいなら True そうでないなら False
<=	以下	a <= b	aがb以下なら True そうでないなら False

　比較演算子の種類と機能を確認するには、Python の対話モードで、それぞれの演算を行ってみるとよいでしょう。次ページに例を示します。ここでは、わかりやすいように、**a > b** のような変数の比較ではなく、**5 > 2** のように数値を比較して

います。対話モードでは、5 > 2 という演算式を入力して Enter キーを押すと、5 > 2 の演算結果である **True** が表示されます。print(5 > 2) とする必要はありません※。

▼比較演算子の機能を確認するプログラム（対話モード）

```
>>> 5 == 5          # 5 と 5 は等しい
True                # 演算結果は True
>>> 5 == 2          # 5 と 2 は等しい
False               # 演算結果は False
>>> 5 != 5          # 5 と 5 は等しくない
False               # 演算結果は False
>>> 5 != 2          # 5 と 2 は等しくない
True                # 演算結果は True
>>> 5 > 2           # 5 は 2 より大きい
True                # 演算結果は True
>>> 5 > 7           # 5 は 7 より大きい
False               # 演算結果は False
>>> 5 >= 5          # 5 は 5 以上である
True                # 演算結果は True
>>> 5 >= 7          # 5 は 7 以上である
False               # 演算結果は False
>>> 5 < 2           # 5 は 2 より小さい
False               # 演算結果は False
>>> 5 < 7           # 5 は 7 より小さい
True                # 演算結果は True
>>> 5 <= 5          # 5 は 5 以下である
True                # 演算結果は True
>>> 5 <= 2          # 5 は 2 以下である
False               # 演算結果は False
```

練習問題

以下の文章の [　　　] に適切な語句を入れてください。

a = 5、b = 2 という代入を行った場合、a > b の演算結果は [a] になり、a < b の演算結果は [b] になります。a == b の演算結果は [c] になり、a != b の演算結果は [d] になります。

■a〜dに関する解答群
　ア　True　　　イ　False

※ 実行モードでは、print(5 > 2) とする必要があります。

11 ▶ 比較演算子と論理演算子　91

▶ 論理演算子

分岐や繰り返しの条件を示すときに、「かつ」を意味するandや「または」を意味するorで複数の条件をつなぐことや、「〜でない」を意味するnotで条件を否定することができます。これらを「論理演算子」と呼びます。「つなぐ」とは、複数の条件を組み合わせることです。

以下に、論理演算子の種類と機能を示します。一般的に演算子といえば、 + や > などの記号ですが、論理演算子では、and、or、notという複数文字の英単語が演算子です。論理演算子の演算結果（条件をつないだり、否定したりした結果）は、論理型のTrueかFalseのいずれかです。TrueかFalseの値を持つ条件を演算するので、その結果もTrueかFalseになるのです。

▼ 論理演算子の種類と機能

演算子	意味	演算式の例	演算結果
and	かつ	条件 A and 条件 B	条件Aと条件Bの両方がTrueならTrue そうでなければFalse
or	または	条件 A or 条件 B	条件Aと条件Bの少なくともどちらか一方がTrueならTrue そうでなければFalse
not	〜でない	not 条件	条件がTrueならFalse 条件がFalseならTrue

対話モードで、論理演算子の種類と機能を確認してみましょう。次ページに例を示します。ここでは、わかりやすいように、5 > 2 and 5 > 7 のように複数の比較演算をつなぐのではなく、True and False のようにTrueとFalseをつないでいます。

and演算では、両方がTrueなら演算結果がTrueになり、そうでなければFalseになります。

or演算では、少なくともどちらか一方がTrueなら演算結果がTrueになり、そうでなければFalseになります。

not演算は、TrueをFalseにして、FalseをTrueにします。

複数の比較演算を論理演算でつないだ例は、あとで説明します。

▼論理演算子 and の機能を確認するプログラム（対話モード）

```
>>> True and True        # True かつ True
True                     # 演算結果は True
>>> True and False       # True かつ False
False                    # 演算結果は False
>>> False and True       # False かつ True
False                    # 演算結果は False
>>> False and False      # False かつ False
False                    # 演算結果は False
```

▼論理演算子 or の機能を確認するプログラム（対話モード）

```
>>> True or True         # True または True
True                     # 演算結果は True
>>> True or False        # True または False
True                     # 演算結果は True
>>> False or True        # False または True
True                     # 演算結果は True
>>> False or False       # False または False
False                    # 演算結果は False
```

▼論理演算子 not の機能を確認するプログラム（対話モード）

```
>>> not True             # True でない
False                    # 演算結果は False
>>> not False            # False でない
True                     # 演算結果は True
```

練習問題

以下の文章の ▢ に適切な語句を入れてください。

a = True、b = False という代入を行った場合、a and b の演算結果は ▢a▢ になり、a or b の演算結果は ▢b▢ になり、not a の演算結果は ▢c▢ になります。

■a〜cに関する解答群

　ア　True　　　イ　False

11 ▶ 比較演算子と論理演算子　93

▶ 複数の比較演算を論理演算でつなぐ

　たとえば、「身長が170cm以上、かつ、体重が65kg以下」という条件をプログラムで示すとしましょう。身長が変数heightに、体重が変数weightに代入されているとすれば、この条件は、

```
height >= 170 and weight <= 65
```

のように、条件を示す比較演算を、論理演算のandでつないだものになります。このように、論理演算は、複数の条件をつなぐときに使われます。

　3つ以上の条件を論理演算でつなぐこともできます。たとえば、先ほどの変数に加えて、変数ageに年齢が代入されているとすれば、

```
height >= 170 and weight <= 65 and age <= 30
```

は、「身長が170cm以上、かつ、体重が65kg以下、かつ、年齢が30歳以下」となり、すべての条件がTrueなら、演算結果がTrueになります。

　算術演算子に優先順位があるように、論理演算子にも優先順位があります。**not演算、and演算、or演算**の順に優先順位が高いと決められています。たとえば、

条件 A or 条件 B and 条件 C

という論理演算では、先に「条件 B and 条件 C」が演算され、条件 A とその演算結果がor演算されます。

　論理演算の優先順位は、算術演算の**マイナス符号（ - ）、乗算（ * ）、加算（ + ）**に対応付けて覚えるとわかりやすいでしょう。

　TrueとFalseを反転する**not演算**は、日本語で「**論理否定**」と呼び、符号を反転するマイナス符号に該当します。

　and演算は、日本語で「**論理積**」と呼ぶので、乗算に該当します。「積」は「乗算」と同じ意味だからです。

　or演算は、日本語で「**論理和**」と呼ぶので、加算に該当します。「和」は「加算」と同じ意味だからです。

　これらから、

　「算術演算の優先順位が、マイナス符号、乗算、加算の順であるのと同様に、論
　理演算の優先順位は、not演算、and演算、or演算の順である」
と覚えるのです。

▼算術演算と対応付けて論理演算の優先順位を覚える

算術演算	論理演算	優先順位
-（マイナス符号）	not（論理否定）	高い
*（乗算）	and（論理積）	↑
+（加算）	or（論理和）	低い

もしも、優先順位が低い論理演算を先に行いたい場合は、

(条件A or 条件B) and 条件C

のように優先させる部分を（ と ）で囲みます。これによって、先に「条件A or 条件B」が演算され、その演算結果と条件CがAnd演算されます。

not演算は、演算式全体を否定する場合によく使われます。たとえば、

条件A or 条件B and 条件C

という演算式全体を否定する場合は、

not(条件A or 条件B and 条件C)

とします。not演算が最も優先順位が高いので、「条件A or 条件B and 条件C」の全体を（ と ）で囲んでいることに注目してください。もしも、カッコで囲まずに

not 条件A or 条件B and 条件C

とすると、条件Aだけが否定されます。

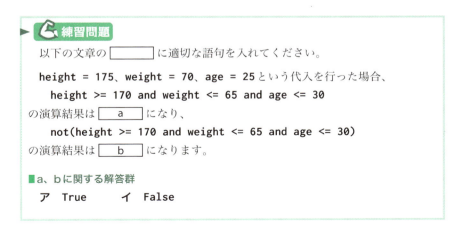

練習問題

以下の文章の　　　　に適切な語句を入れてください。

height = 175、weight = 70、age = 25という代入を行った場合、

　height >= 170 and weight <= 65 and age <= 30

の演算結果は　a　になり、

　not(height >= 170 and weight <= 65 and age <= 30)

の演算結果は　b　になります。

■a、bに関する解答群
　ア　True　　　イ　False

11 ▶ 比較演算子と論理演算子

演算子の優先順位

すべての比較演算は、すべての論理演算より優先順位が高いと決められています。そのため、たとえば

```
height >= 170 and weight <= 65 and age <= 30
```

という条件で、比較演算の部分を

```
(height >= 170) and (weight <= 65) and (age <= 30)
```

のようにカッコで囲む必要はありません。ただし、カッコで囲んだほうがわかりやすいなら、カッコで囲んでも構いません。カッコで囲むことは無駄なことですが、わかりやすくなるのなら、それは決して悪いことではありません。

Pythonには、これまでに説明した算術演算、比較演算、論理演算の他にも、様々な演算子があり、すべての演算子に優先順位が決められています。

以下に、本書で取り上げる演算子の優先順位をまとめて示しておきます。複数の演算子を使った演算式では、優先順位の高い順に演算が行われます。同じ優先順位の演算の場合は、演算式の前にあるものが先に演算されます。

▼Pythonの主な演算子の優先順位

分類	演算子	優先順位
べき乗	`**`	高い
符号	`+, -`	
乗除算	`*, /, //, %`	
加減算	`+, -`	
比較演算	`==, !=, >, >=, <, <=, in, not in`	
論理演算	`not`	
	`and`	
	`or`	
三項演算子	`if else`	
ラムダ式	`lambda`	低い

演算子の優先順位をすべて暗記する必要はありません。様々なサンプルプログラムに触れることで、「この優先順位が適切だ」と感じられるようになるからです。ただし、一般常識である「算術演算は、乗算と除算のほうが、加算と減算より優先

順位が高い」と、プログラムの常識である「論理演算は、not、and、orの順に優先順位が高い」だけは覚えておいてください。

> **練習問題**
> 以下の文章の　　　　に適切な語句を入れてください。
> **a > 0 and b < 0** という演算式では、　a　の順に演算が行われます。
>
> ■aに関する解答群
> 　ア　>, and, <　　　イ　and, >, <　　　ウ　>, <, and

変数の値が範囲内にあることをチェックする表現

たとえば、変数ageに年齢の値が代入されているとしましょう。「年齢が20歳代である」という条件をプログラムで表すと、どのようになるでしょうか？「年齢が20歳代」ということをそのまま表す構文はないので、「年齢が20歳以上、かつ、年齢が29歳以下」という考えに置き換えて、

```
age >= 20 and age <= 29
```

とします。このように、プログラムを記述するときには、「人間の考えをプログラミング言語で用意されている構文に置き換える必要がある」ということが、よくあります。これは、様々な構文を学び、様々なサンプルプログラムに触れることで、自然と習得できるプログラマ脳です。

▼人間の考えをプログラミング言語で用意されている構文に置き換える

基本情報技術者試験の擬似言語、C言語、Javaでは、「年齢が20歳代である」という条件をプログラムで表すと、「年齢が20歳以上、かつ、年齢が29歳以下」という表現になり、それをPythonで記述すると

```
age >= 20 and age <= 29
```

です。ただし、Pythonでは、より人間の考えに近い

```
20 <= age <= 29
```

という構文も使えます。これは、「年齢が20歳〜29歳の範囲内にある」という考えです。対話モードで確認してみましょう。

▼年齢が20歳〜29歳という表現のプログラム（対話モード）
```
>>> age = 25             # 変数 age に 25 を代入する
>>> 20 <= age <= 29      # 変数 age が 20〜29 の範囲内にあることを確認する
True                     # 演算結果は True である
```

 練習問題

以下の文章の　　　　に適切な語句を入れてください。

　変数priceに円単位で価格が代入されている場合、「価格が1000円台」という条件をプログラムで表すと　 a 　になります。

■aに関する解答群
ア　1000 < price < 2000　　　　イ　1000 <= price <= 2000
ウ　1000 <= price < 2000　　　　エ　1000 < price <= 2000

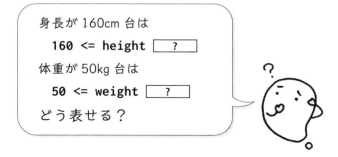

12 ▶ if 文による分岐

- if 文は、if 〜 else で 2 つに分岐する構文が基本である。
- if だけで else がない構文や、elif を使って 2 つ以上に分岐する構文もある。
- Python は、インデントで if や else などのブロックを示す。
- if 文のブロックの中に別の if 文をネストさせることもできる。
- 三項演算子を使うと、二者択一の値を得る if 文を短く効率的に記述できる。

▶ if 〜 else で 2 つに分岐する

　Pythonで分岐を表現するには、「if文」を使います。if文の構文には、いくつかのバリエーションがありますが、最も基本となるのは、以下に示した**if〜else**で2つに分岐する構文です。ifとelseの末尾には、コロン（:）を置きます。

▶ if 〜 else で 2 つに分岐する構文
```
if 条件:
    処理A
else:
    処理B
```

　この構文では、条件がTrueなら処理Aが行われ、そうでなければ処理Bが行われます。ifは「もしも」という意味で、elseは「そうでなければ」という意味なので、「英語だ」と思ってこの構文を見ると、
　「もしも条件がTrueなら処理Aを行い、そうでなければ処理Bを行う」
という意味だとわかります。

　次ページの図は、第1章で取り上げた2つに分岐するフローチャートと、**if〜else**の構文を対応付けたものです。フローチャートでは、分岐する処理を横に並べていますが、Pythonでは、処理を横に並べられないので、縦に並べています。縦であっても「いずれかの処理に分岐している」という流れを感じられるようになってください。

▼2つに分岐するフローチャートとif～elseの構文の対応

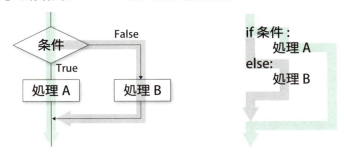

　以下（sample301.py）は、if～elseで2つに分岐するサンプルプログラムです。キー入力した年齢が、20歳以上なら「成人です。」と表示し、そうでなければ「未成年です。」と表示します。第2章で説明したように、**input関数**の戻り値は文字列型なので、それを**int関数**で整数型に変換してから20と比較しています。実行結果の例1では、25を入力したので「成人です。」と表示されています。実行結果の例2では、15を入力したので「未成年です。」と表示されています。

▼if～elseで2つに分岐するサンプルプログラム（sample301.py）

```python
age = input("年齢を入力してください：")
age = int(age)
if age >= 20:
    print("成人です。")
else:
    print("未成年です。")
```

▼if～elseで2つに分岐するサンプルプログラムの実行結果の例1（実行モード）

```
(base) C:\gihyo>python sample301.py
年齢を入力してください：25
成人です。
```

▼if～elseで2つに分岐するサンプルプログラムの実行結果の例2（実行モード）

```
(base) C:\gihyo>python sample301.py
年齢を入力してください：15
未成年です。
```

練習問題

　以下は、テストの結果を判定するプログラムです。キー入力した得点が、60点以上なら「合格です。」と表示し、そうでなければ「不合格です。」と表示します。プログラム中の □□□□ に入れる正しい答えを、解答群の中から選んでください。

▼テストの結果を判定するプログラム（sample302.py）

```
score = input(" 得点を入力してください :")
score = int(score)
if   a   :
    print(" 合格です。 ")
else:
      b
```

▼テストの結果を判定するプログラムの実行結果の例1（実行モード）

```
(base) C:\gihyo>python sample302.py
得点を入力してください :85
合格です。
```

▼テストの結果を判定するプログラムの実行結果の例2（実行モード）

```
(base) C:\gihyo>python sample302.py
得点を入力してください :55
不合格です。
```

■a、bに関する解答群

　ア　print(" 合格です。 ")　　　　イ　print(" 不合格です。 ")
　ウ　score >= 60　　　　　　　　エ　score > 60

インデントによるブロックの表現

　プログラムにおける処理のまとまりを「ブロック[※1]」と呼びます。Pythonでは、プログラムを「インデント[※2]」することでブロックを示します。先ほど説明したif〜elseの構文には、ifのブロックと、elseのブロックがあります。インデントは、行頭に半角スペースを入れることで表現されます。半角スペースを4つ入れるのが、一般的です。ifとelseの末尾にあるコロン（ : ）は、その行がブロックの始まりであることを示しています。

※1　ブロック（block）＝「かたまり」という意味です。
※2　インデント（indent）＝「字下げ」という意味です。

12 ▶ if 文による分岐　101

▼Pythonではインデントでブロックを示す

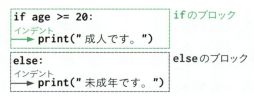

if～elseの構文では、条件がTrueのときにifのブロックが実行され、そうでないとき（条件がFalseのとき）にelseのブロックが実行されます。1つのブロックに複数の処理を記述する場合は、行頭に入れる半角スペースの数を同じにして、インデントを揃えなければなりません。

以下は、ifのブロックとelseのブロックに複数の処理を記述した例です。インデントを揃えることで、同じブロックの処理であるとみなされます。

▼インデントを揃えることで、同じブロックの処理であるとみなされる

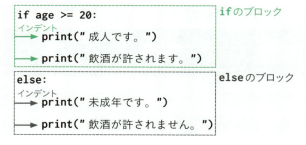

インデントによるブロックの表現は、if文だけでなく、あとで説明するwhile文とfor文、第6章で説明する関数の定義、第7章で説明するクラスの定義などでも使われます。インデントによるブロックの表現は、他の言語とは異なるPythonの大きな特徴です。たとえば、C言語やJavaでは、{ と }で囲むことでブロックを示します。

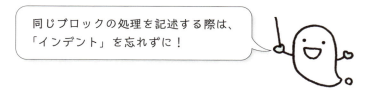

練習問題

以下の文章の ☐☐☐☐☐ に適切な語句を入れてください。

プログラムにおける処理のまとまりをブロックと呼びます。Pythonでは、プログラムの行頭を ☐ a ☐ することでブロックを示します。1つのブロックに複数の処理を記述する場合は、☐ b ☐ なければなりません。

■a、bに関する解答群

ア { と } で囲む　　**イ** 同じ { と } の中に記述し

ウ インデント　　　**エ** インデントを揃え

if だけの if 文と pass 文

if文のバリエーションとして、ifだけでelseがない構文があります。この構文では、条件がTrueなら処理が行われ、そうでないなら何も行いません。

▶if だけで else がない構文

```
if 条件：
    処理
```

以下（sample303.py）は、ifだけでelseがない構文を使ったサンプルプログラムです。キー入力した年齢が12歳以下なら「お菓子を差し上げます。」と表示し、そうでなければ何もしません。実行結果の例1では、10を入力したので「お菓子を差し上げます。」と表示されています。実行結果の例2では、25を入力したので何も表示されません。

▼ifだけでelseがない構文のサンプルプログラム（sample303.py）

```
age = input(" 年齢を入力してください :")
age = int(age)
if age <= 12:
    print(" お菓子を差し上げます。")
```

▼ifだけでelseがない構文のサンプルプログラムの実行結果の例1（実行モード）

```
(base) C:¥gihyo>python sample303.py
年齢を入力してください :10
お菓子を差し上げます。
```

12 ▶ if 文による分岐　**103 ◀**

▼ifだけでelseがない構文のサンプルプログラムの実行結果の例2（実行モード）

```
(base) C:\gihyo>python sample303.py
年齢を入力してください:25
```

　同じ機能のプログラムを、if〜elseの構文を使って、以下（sample304.py）のように記述することもできます。elseブロックに記述されている**pass**は、何もしないことを意味する予約語で「**pass文**」と呼びます。Pythonでは、ブロックを空にするとエラーになるので、何もすることがない場合は、**pass**と記述します。プログラムの実行結果は、先ほどと同じなので省略します。

▼passを記述すればブロックを空にできる（sample304.py）

```
age = input(" 年齢を入力してください :")
age = int(age)
if age <= 12:
    print(" お菓子を差し上げます。")
else:
    pass
```

▶ **練習問題**

以下の文章の　　　　　に適切な語句を入れてください。

　ifだけで**else**がない構文では、条件が　 a 　なら処理が行われ、そうでないなら何も行いません。Pythonでは、ブロックを空にするとエラーになるので、何もすることがない場合は、　 b 　と記述します。

■a、bに関する解答群

　ア　None　　　イ　pass　　　ウ　True　　　エ　False

▶ if 〜 elif 〜 else で 3 つ以上に分岐する

　if文のバリエーションとして、**if**と**else**の間に**elif**を入れて3つ以上に分岐する構文があります。次に示した構文では、最初にifのあとにある条件Aがチェックされ、それがTrueならifブロックの処理Aが行われ、Falseならelifのあとにある条件Bがチェックされ、それがTrueならelifブロックの処理Bが行われ、Falseならelseブロックの処理Cが行われます。この流れで、処理A、処理B、処理Cの3つに分岐します。

> **if 〜 elif 〜 else で 3 つに分岐する構文**

```
if 条件A:
    処理A
elif 条件B:
    処理B
else:
    処理C
```

elifは、else if＝「そうではなくて、もしも」という意味なので、「英語だ」と思って if〜elif〜elseの構文を見ると、

「もしも条件AがTrueなら処理Aを行い、そうではなくて、もしも条件BがTrue なら処理Bを行い、そうでなければ処理Cを行う」

という意味だとわかります。

　ifブロックとelseブロックは、1つだけですが、elifブロックは、必要に応じて いくつあっても構いません。
　たとえば、以下（sample305.py）は、キー入力された得点に応じて「優」「良」「可」 「不可」という成績を表示するプログラムです。ifブロックとelseブロックの間に elifブロックを2つ入れて、全部で4つの処理に分岐しています。

「もしも得点が80以上なら"優"と表示し、そうではなくて、もしも得点が70以 上なら"良"と表示し、そうではなくて、もしも得点が60以上なら"可"と表示し、 そうでなければ"不可"と表示する」

という考えのプログラムです。

▼ キー入力に応じて4つに分岐するプログラム（sample305.py）

```
score = input(" 得点を入力してください :")
score = int(score)
if score >= 80:
    print(" 優 ")
elif score >= 70:
    print(" 良 ")
elif score >= 60:
    print(" 可 ")
else:
    print(" 不可 ")
```

12▶ if 文による分岐　105

▼キー入力に応じて4つに分岐するプログラムの実行結果の例1（実行モード）

```
(base) C:¥gihyo>python sample305.py
得点を入力してください：85
優
```

▼キー入力に応じて4つに分岐するプログラムの実行結果の例2（実行モード）

```
(base) C:¥gihyo>python sample305.py
得点を入力してください：75
良
```

▼キー入力に応じて4つに分岐するプログラムの実行結果の例3（実行モード）

```
(base) C:¥gihyo>python sample305.py
得点を入力してください：65
可
```

▼キー入力に応じて4つに分岐するプログラムの実行結果の例4（実行モード）

```
(base) C:¥gihyo>python sample305.py
得点を入力してください：55
不可
```

練習問題

以下の文章の □ に適切な語句を入れてください。

if文の構文では、必ず1つの a がなければなりません。 b は、1つだけか、なしにすることができます。 c は、いくつあっても構いません。 c は、なくても構いません。

■a〜cに関する解答群

ア　ifブロック　　　イ　elifブロック　　　ウ　elseブロック

106

ネストした if 文

if 文のブロックの中に、別の if 文を入れることができます。このような構文を「**ネストした if 文**」と呼びます。**ネスト**（nest）とは、「鳥の巣」や「入れ子」という意味です。巣の中に鳥や卵が入っているように、if 文のブロックの中に別の if 文が入っているのです。

ネストした if 文は、様々なバリエーションで記述できます。たとえば、キー入力された得点が 60 以上なら「合格」と表示し、そうでないなら「不合格」と表示するプログラムで、合格の場合は、90 以上なら「すごいね！」、80 以上なら「いいね！」、それ以外は「なかなかだね！」と表示する if 文は、以下のようにネストしたものになります。

外側の if 文の処理では、半角スペース 4 個分のインデントを行っています。内側の if 文の処理では、さらに半角スペース 4 個分のインデントを行っています。このように、ネストするごとに、インデントが深くなります。

▼ ネストした if 文の例

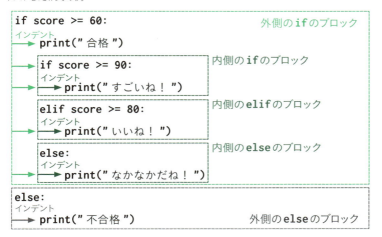

if 文のブロックの中に別の if 文を入れるとさらにいろいろな場合分けができるんだね

12 ▶ if 文による分岐

> **練習問題**

　以下は、テストの結果の判定と感想を表示するプログラムです。このプログラムを実行して75を入力したときに画面に表示されるものを、解答群から選んでください。

▼ テストの結果の判定と講評をするプログラム（sample306.py）

```python
score = input("得点を入力してください：")
score = int(score)
if score >= 60:
    print("合格")
    if score >= 90:
        print("すごいね！")
    elif score >= 80:
        print("いいね！")
    else:
        print("なかなかだね！")
else:
    print("不合格")
```

■解答群

　ア　「合格」と「すごいね！」　　　　**イ**　「合格」と「いいね！」
　ウ　「合格」と「なかなかだね！」　　**エ**　「不合格」だけ

▶ 二者択一の値を返す if 〜 else の簡略表現

　第2章でも説明したように、Pythonの構文には、プログラムを短く効率的に記述するためのものが、いくつかあります。ここでは、if〜elseの簡略表現である「**三項演算子**」を説明しましょう。

　まず、三項演算子を使わない例です。次ページ（sample307.py）は、キー入力された年齢が12歳以下なら料金を500円にして、そうでないなら料金を1000円にするプログラムです。**if〜else**の構文を使って、それぞれのブロックで**変数fee**^{フィー}に料金の値を代入しています。変数feeの値の表示は、if文のあとで行っています。

```python
print("料金は、" + str(fee) + "円です。")
```

という処理がインデントされていないことに注目してください。この処理が、elseブロックの中のものではないからです。

※ fee =「料金」という意味です。

▼年齢に応じて料金を表示するプログラム（sample307.py）

```python
age = input(" 年齢を入力してください :")
age = int(age)
if age <= 12:
    fee = 500
else:
    fee = 1000
print(" 料金は、 " + str(fee) + " 円です。 ")
```

▼年齢に応じて料金を表示するプログラムの実行結果の例1（実行モード）

```
(base) C:¥gihyo>python sample307.py
年齢を入力してください :10
料金は、 500 円です。
```

▼年齢に応じて料金を表示するプログラムの実行結果の例2（実行モード）

```
(base) C:¥gihyo>python sample307.py
年齢を入力してください :25
料金は、 1000 円です。
```

　このプログラムの内容は、何ら間違いではありませんが、三項演算子を使うと、以下（sample308.py）のように短く効率的に記述できます。**500 if age <= 12 else 1000** の部分が三項演算子です。プログラムの実行結果は、先ほどと同じなので省略します。

▼三項演算子を使ったプログラム（sample308.py）

```python
age = input(" 年齢を入力してください :")
age = int(age)
fee = 500 if age <= 12 else 1000
print(" 料金は、 " + str(fee) + " 円です。 ")
```

　次ページに、三項演算子の基本構文を示します。ここでは、ifとelseが演算子として使われています。通常の演算子は、「項目1 **演算子** 項目2」という構文で2つの項目を取り扱うので、「**二項演算子**」と呼びます。それに対して、三項演算子は「項目1 **演算子1** 項目2 **演算子2** 項目3」という構文で3つの項目を取り扱うので、「**三項演算子**」と呼ぶのです※。

※ ＋と－の符号を指定する演算子や、論理否定の not 演算子は、1つの項目を扱うので、「単項演算子」と呼びます。

12 ▶ if 文による分岐　109

▶三項演算子の基本構文
値1 if 条件 else 値2

　三項演算子は、演算結果として、二者択一の値を返します。ifのあとの条件がTrueなら値1が演算結果となり、そうでなければelseのあとにある値2が演算結果になります。「値1 if 条件 else 値2」という構文を、
　「値1は、もしも、条件がTrueのときです。そうでないなら、値2になります」
と読むと意味がわかりやすいでしょう。

　ifとelseという言葉を使っていますが、三項演算子は、あらゆるバリエーションのif～elseの代用になるわけではないことに注意してください。「条件に応じて、二者択一の値になる」というときにだけ、三項演算子が使えます。
　三項演算子は、演算子なので、演算結果があります。二者択一の演算結果です。この演算結果は、

```
fee = 500 if age <= 12 else 1000
```

のように、変数feeに代入できます。

▶ 練習問題

　変数ageに整数型で年齢が代入されているとします。変数ageが20以上なら変数sに"成人です。"を代入し、そうでなければ変数sに"未成年です。"を代入するとします。この処理における三項演算子の使い方として、適切なものを解答群から選んでください。

■解答群
　ア　s = if age >= 20 "成人です。" else "未成年です。"
　イ　s = age >= 20 if "成人です。" else "未成年です。"
　ウ　s = "成人です。" if age >= 20 else "未成年です。"

入力した番号がxxxなら"当たりです！"
そうでないなら"はずれです。"と表示する
プログラムも作れそう

13 ▶ while 文による繰り返し

- 条件が True である限り繰り返す場合は、while 文を使う。
- 繰り返しと分岐は、目的に合わせて自由に組み合わせて使うことができる。
- ゼロや空でないものは True とみなされ、ゼロと空は False とみなされる。

▶ 条件が True である限り繰り返す

　Pythonで繰り返しを表現するには、「while文」および「for文」を使います。条件を指定して「条件がTrueである限り繰り返す」ならwhile文を使い、「イテラブル※」から要素を順番に取り出す」ならfor文を使います。

　ここでは、while文を説明します。以下にwhile文の基本構文を示します。これまでに説明したif文と同様に、while文もブロックになります。whileのあとに条件を指定し、その条件がTrueである限り、インデントされたブロックの中の処理が繰り返されます。

▶while 文の基本構文
```
while 条件:
    処理
```

　人間は、繰り返しの条件を「～である限り繰り返す」と考えることも、「～になるまで繰り返す」と考えることもあります。これらを英語で表すと、「while（～である限り）」と「until（～になるまで）」です。Pythonには、while文はありますが、until文はありません。したがって、「～になるまで繰り返す」と考えたときでも、Pythonでプログラムを作るときには、それを同じ意味のまま「～である限り繰り返す」に言い換えなければなりません。これは、とても重要なことです。

　たとえば、「残金が0になるまで買い物を繰り返す」というプログラムを作るとしましょう。この場合の条件は「～になるまで繰り返す」ですからuntilです。Pythonでプログラムを作るときには、「残金が0になるまで買い物を繰り返す」を、同じ意味のまま「～である限り繰り返す」に言い換えなければなりません。どうなるかわかりますか？

※ イテラブルに関しては、あとで for 文の説明をするときに説明します。

答えは、「残金が0でない限り買い物を繰り返す」です。untilをwhileに置き換えると、条件が否定されたものになります。これは、プログラミング言語ではなく、通常の日本語の感覚として理解してください。「〜になるまで繰り返す」は、同じ意味のまま「〜でない限り繰り返す」に言い換えられます。

第1章で取り上げた繰り返しのフローチャートと、while文の構文を対応付けてみましょう。フローチャートは、ハンバーガーの上と下のような図記号で囲まれた範囲が繰り返されますが、Pythonでは、whileのブロックの中に記述された処理が繰り返されます。どちらの場合も、条件がTrueである限り処理が繰り返されます。

▼繰り返しのフローチャートとwhileの構文の対応

以下（sample309.py）は、while文で繰り返しを行うサンプルプログラムです。「残金がある限り買い物を行う」という内容になっています。繰り返しの前で、残金を意味する変数moneyに10000を代入しています。「残金がある」は、money > 0 という条件で表せるので、while money > 0: とします。while文のブロックの中では、現在の残金を表示し、買い物した金額をキー入力して変数priceに代入し、それを整数型に変換してmoneyから引いています。これらの処理は、money > 0 という条件がTrueである限り繰り返されます。実行結果の例では、3000、5000、2000と入力した時点で残金がなくなったので、繰り返しが終了しています。

▼while文で繰り返しを行うサンプルプログラム（sample309.py）

```
money = 10000
while money > 0:
    print("残金：" + str(money))
    price = input("買い物した金額を入力してください：")
    price = int(price)
    money -= price
print("買い物は終了です。")
```

▼while文で繰り返しを行うサンプルプログラムの実行結果の例（実行モード）

```
(base) C:¥gihyo>python sample309.py
残金：10000
買い物した金額を入力してください：3000
残金：7000
買い物した金額を入力してください：5000
残金：2000
買い物した金額を入力してください：2000
買い物は終了です。
```

練習問題

　以下は、10000円たまるまで貯金を繰り返すプログラムです。プログラム中の
　　　　　　に入れる正しい答えを、解答群の中から選んでください。変数deposit
は、「入金」という意味です。

▼10000円たまるまで貯金を繰り返すプログラム（sample310.py）

```
money = 0
while 　a　 :
    print("貯金：" + str(money))
    deposit = input("貯金する金額を入力してください：")
    deposit = int(deposit)
    money 　b　 deposit
print("貯金は完了です。")
```

▼10000円たまるまで貯金を繰り返すプログラム（実行モード）

```
貯金：0
貯金する金額を入力してください：3000
貯金：3000
貯金する金額を入力してください：5000
貯金：8000
貯金する金額を入力してください：2000
貯金は完了です。
```

■a、bに関する解答群

　ア　money > 10000　　　イ　money < 10000　　　ウ　+=　　　エ　-=

3

分岐と繰り返し

13 ▶ while文による繰り返し　113

繰り返しと分岐の組み合わせ

　繰り返しを行う while 文、分岐を行う if 文は、目的に合わせて自由に組み合わせて使うことができます。組み合わせるとは、while 文のブロックの中に if 文を入れたり、if 文のブロックの中に while 文を入れたりすることです。

　以下（sample311.py）は、先ほど示した「残金がある限り買い物を行う」というプログラムに、「買い物した金額が残金より大きかったら "買えません！" と表示する」という機能を追加したものです。while 文のブロックの中に、if ～ else で2つに分岐する if 文があることに注目してください。実行結果の例では、残金が7000のときに8000を入力すると「買えません！」と表示されています。

▼while 文のブロックの中に if 文があるプログラム改良版（sample311.py）

```python
money = 10000
while money > 0:
    print(" 残金：" + str(money))
    price = input(" 買い物した金額を入力してください：")
    price = int(price)
    if price > money:
        print(" 買えません！")
    else:
        money -= price
print(" 買い物は終了です。")
```

▼while 文のブロックの中に if 文があるプログラム改良版の実行結果の例（実行モード）

```
(base) C:¥gihyo>python sample311.py
残金：10000
買い物した金額を入力してください：3000
残金：7000
買い物した金額を入力してください：8000
買えません！
残金：7000
買い物した金額を入力してください：7000
買い物は終了です。
```

　プログラムの内容が、かなり複雑になってきました。複雑なプログラムを読み取るときには、while 文や if 文のブロックを枠で囲んでみるとよいでしょう。プログラムの構造がわかりやすくなるからです。次ページに例を示します。

114

while文のブロックは、**money > 0** という条件がTrueである限り返されます。if
文のブロックは、**price > money** という条件がTrueならifブロックの処理が行われ、
そうでなければelseブロックの処理が行われます。

▼ ブロックを枠で囲むとプログラムの構造がわかりやすくなる

```
money = 10000

while money > 0:                          while文のブロック

    print("残金：" + str(money))

    price = input("買い物した金額を入力してください：")

    price = int(price)

    if price > money:          if文のブロック

        print("買えません！")

    else:

        money -= price

print("買い物は終了です。")
```

練習問題

以下は、10000円たまるまで貯金を繰り返すプログラムに「貯金する金額がマ
イナスだったら（0未満だったら）"貯金できません！" と表示する」という機能を
追加したものです。プログラム中の [　　　] に入れる正しい答えを、解答群の中
から選んでください。

▼ 10000円たまるまで貯金を繰り返すプログラム改良版 (sample312.py)

```
money = 0
while money < 10000:
    print("貯金：" + str(money))
    deposit= input("貯金する金額を入力してください：")
    deposit = int(deposit)
    if [  a  ] :
        print("貯金できません！")
    else:
        [  b  ]
print("貯金は完了です。")
```

13 ▶ while文による繰り返し　115

▼10000円たまるまで貯金を繰り返すプログラム改良版の実行結果の例（実行モード）

```
(base) C:\gihyo>python sample312.py
貯金：0
貯金する金額を入力してください：3000
貯金：3000
貯金する金額を入力してください：-2000
貯金できません！
貯金：3000
貯金する金額を入力してください：7000
貯金は完了です。
```

■a、bに関する解答群
　ア　money += deposit　　　イ　deposit += money
　ウ　deposit > 0　　　　　　エ　deposit < 0

True や False とみなされるもの

　Pythonでは、比較演算や論理演算において、TrueやFalseという予約語だけでなく、以下もTrueやFalseとみなされます。したがって、数値、文字列、オブジェクトをif文やwhile文の条件に指定することもできます[※]。

【True とみなされるもの】
・ゼロでない数値
・空でない文字列
・空でないオブジェクト

【False とみなされるもの】
・数値のゼロ
・空の文字列
・空のオブジェクト

　これは「ゼロや空でないものをTrueとみなし、ゼロや空をFalseとみなす」という考えです。この考えをif文やwhile文の条件で使うかどうかは、プログラマの好みの問題ですが、それができることを知っておいてください。

　例を示しましょう。次ページのプログラム（sample313.py）では、whileのあとに整数型の変数nだけが置かれています。このプログラムを実行すると、画面に何が表示されるでしょうか？

※　ここに示された「オブジェクト」に関しては、第4章以降で説明します。

▼while文の条件に整数型の変数だけが置かれたプログラム（sample313.py）

```python
n = 10
while n:
    print(n)
    n -= 1
```

　プログラムの実行結果は、以下のようになります。10〜1までが順番に表示されています。どうして、このような結果になるのかを考えてみましょう。

▼while文の条件に整数型の変数だけが置かれたプログラムの実行結果の例（実行モード）

```
(base) C:¥gihyo>python sample313.py
10
9
8
7
6
5
4
3
2
1
```

　while文の前で、変数nに10が代入されています。10はゼロでない数値でありTrueとみなされるので、**while n:** のnがTrueとなり、whileブロックの処理が行われます。

　whileブロックでは、画面にnの値が表示され、nから1が減算されて、nの値が9になります。9はゼロでない数値でありTrueとみなされるので、**while n:** のnがTrueとなり、再びwhileブロックの処理が行われ、画面にnの値が表示され、nから1が減算されて、nの値が8になります。

　以下同様に、nの値が8〜1まで繰り返され、nが1のときnから1が減算されて、nの値が0になります。数値のゼロは、Falseとみなされるので、**while n:** のnがFalseとなり、whileブロックが終了するのです。

　このようなプログラムの書き方をするかどうかは、プログラマの好みの問題です。このような書き方を好まないなら、同じ機能のプログラムを、次ページ（sample314.py）のように記述することもできます。先ほどのプログラムとの違いは、**while n:** を **while n != 0:** とした部分です。**while n:** と **while n != 0** は、どちらも「nがゼロ

13 ▶ while文による繰り返し　117 ◀

でない限り繰り返す」という意味です。プログラムの実行結果は、同じなので省略
します。

▼while n: をwhile n != 0: に置き換えたプログラム（sample314.py）
```
n = 10
while n != 0:
    print(n)
    n -= 1
```

　さらに、同じ機能のプログラムを、以下のように記述することもできます。先ほ
どのプログラムとの違いは、**while n != 0:** を **while n > 0:** とした部分です。プログ
ラムの実行結果は、同じなので省略します。

▼while n != 0: をwhile n > 0: に置き換えたプログラム（sample315.py）
```
n = 10
while n > 0:
    print(n)
    n -= 1
```

　while n != 0: は「nがゼロでない限り繰り返す」という意味で、**while n > 0:** は「n
が0より大きい限り繰り返す」という意味です。プログラムの実行結果は同じでも、
条件の意味が異なります。どちらを選ぶかは、プログラマの好みの問題ですが、「10
～1までの数値を順番に画面に表示する」と考えた場合は、一般的に **while n > 0:**
という表現を使うでしょう。なぜなら、**while n > 0:** には、「nが10からスタートして、
だんだんnが小さくなって、10、9、8、7、6、5、4、3、2、1まではゼロより大
きいのでOKです」という安全な雰囲気があるからです。それに対して、**while n !=
0:** には、「ゼロでなければ何でも表示する」のですから、あり得ないことであっても、
0を飛び越してマイナスの数を表示しそうな雰囲気があります。

118

練習問題

　以下は、キー入力された氏名に「さん、こんにちは！」という文字列を連結して、画面に表示するプログラムです。何も入力せずに［Enter］キーだけを押した場合は、「氏名を入力してください！」と表示します。プログラム中の　　　　　に入れる正しい答えを、解答群の中から選んでください。

▼氏名を入力すると挨拶を表示するプログラム（sample316.py）

```
name = input("氏名：")
if name:
    a
else:
    b
```

▼氏名を入力すると挨拶を表示するプログラムの実行結果の例（実行モード）

```
(base) C:\gihyo>python sample316.py
氏名：suzuki
suzuki さん、こんにちは！
氏名：
氏名を入力してください！
```

■a、bに関する解答群

ア　print("氏名を入力してください！")
イ　print(name + "さん、こんにちは！")
ウ　pass
エ　name = input("氏名：")

条件の書き方はいろいろ！

n = 10 で
・while n:
・while n != 0:
・while n > 0:

としても結果は同じだよ

14 ▶ for 文による繰り返し

- イテラブルから要素を順番に取り出す繰り返しでは、for 文を使う。
- range 関数は、初期値、終了値、ステップで指定された整数のイテラブルを返す。
- 繰り返しのブロックの中に繰り返しをネストさせると多重ループになる。

▶ イテラブルから要素を順番に取り出す

　Pythonで繰り返しを表現する構文には、「while文」および「for文」があります。これまでに説明したように、条件を指定して「条件がTrueである限り繰り返す」ならwhile文を使います。これから説明するfor文は、「イテラブルから要素を順番に取り出す」という場面で使います。

　以下にfor文の基本構文を示します。if文やwhile文と同様に、for文もブロックになります。forのあとに取り出した要素を格納する変数を指定し、in（イン）のあとにイテラブルを指定します。これによって、要素の取り出しが終わるまで、インデントされたブロックの中の処理が繰り返されます。

> ▶for 文の基本構文
> ```
> for 変数 in イテラブル：
>     処理
> ```

　イテラブルとは、要素を繰り返し返す機能を持ったオブジェクト[※]のことです。イテレート（iterate）が「繰り返す」という意味であり、それに「可能」を意味する-able という接尾辞が付いてイテラブル＝「繰り返し可能」です。Pythonには、様々なイテラブルがありますが、第3章ではrange関数（レンジ）だけを取り上げます。その他のイテラブルは、第4章で説明します。

　range関数の基本構文を次ページに示します。range関数は、引数で指定された「初期値」から「終了値」未満までの整数値を「ステップ」ごとに順番に返します。「終了値」までではなく、「終了値」未満までであることに注意してください。「初期値」を含んで「終了値」を含まないのです。たとえば、range(1, 10, 1)とした場合、1〜

[※] オブジェクトに関しては、第4章以降で説明します。

10未満の9までの整数値が1つごとに返されるので、1、2、3、4、5、6、7、8、9
が得られます。

> **range 関数の基本構文**

range（初期値，終了値，ステップ）

for文のイテラブルにrange関数を指定すると、range関数から得られた数値が
順番に変数に格納される繰り返し処理が実現されます。たとえば、以下のプログラ
ムでは、**range(1, 10, 1)** から得られた1〜9の数値が順番に変数nに格納されるので、
画面に1〜9が表示されます。

▼range関数から得られた数値を画面に表示するプログラム (sample317.py)

```
for n in range(1, 10, 1):
    print(n)
```

▼range関数から得られた数値を画面に表示するプログラムの実行結果の例 (実行モード)

```
(base) C:¥gihyo>python sample317.py
1
2
3
4
5
6
7
8
9
```

> **練習問題**

以下は、1月〜12月までの月を画面に表示するプログラムです。プログラム中
の ____ に入れる正しい答えを、解答群の中から選んでください。

▼1月〜12月までの月を画面に表示するプログラム (sample318.py)

```
for month in   a   :
    print(str(month) + "月")
```

14 ▶ for 文による繰り返し　121 ◀

▼1月～12月までの月を画面に表示するプログラムの実行結果の例（実行モード）

```
(base) C:\gihyo>python sample318.py
1月
2月
3月
4月
5月
6月
7月
8月
9月
10月
11月
12月
```

■aに関する解答群
　ア　range(0, 12, 1)　　　イ　range(1, 12, 1)
　ウ　range(0, 13, 1)　　　エ　range(1, 13, 1)

▶ range関数の使い方

　「range(初期値, 終了値, ステップ)」という構文において、「初期値」と「ステップ」は省略することができます。「初期値」を省略すると0が指定されたとみなされ、「ステップ」を省略すると1が指定されたとみなされます。Pythonの対話モードで、様々な引数でrange関数を使って、どのような数値が得られるかを確認してみましょう。まず、先ほども例にした range(1, 10, 1) を実行してみます。

▼range関数の実行結果の例（対話モード）

```
>>> range(1, 10, 1)      # range 関数を使う
range(1, 10)             # range 関数から得られた数値は表示されない
```

　range(1, 10) と表示され、range関数から得られた数値が表示されませんでした。これは、そういう仕様になっているので仕方ありません。range関数から得られた数値を確認したい場合は、Pythonにあらかじめ用意されている list 関数の引数にrange関数を指定します。これによって、range関数から得られたそれぞれの数値が「リスト」に格納されます。リスト※は、擬似言語の配列に相当するものです。

※　リストに関しては、第4章で詳しく説明します。

以下は、対話モードで list(range(1, 10, 1)) を実行した結果です。今度は、[と] で囲まれたリストとして、1〜9までの数値が表示されました。

▼ list 関数の引数に range 関数を指定した実行結果の例（対話モード）

```
>>> list(range(1, 10, 1))     # list 関数の引数に range 関数を指定する
[1, 2, 3, 4, 5, 6, 7, 8, 9]   # range 関数から得られた数値のリストが表示される
```

　それでは、「初期値」と「ステップ」を省略して range 関数を使ってみましょう。以下は、対話モードで list(range(10)) を実行した結果です。0〜9までの数値が表示されました。これは「初期値」に0、「ステップ」に1を指定した list(range(0, 10, 1)) と同じ結果です。

▼「初期値」と「ステップ」を省略して range 関数を使った例（対話モード）

```
>>> list(range(10))            # range 関数の引数に 10 だけを指定する
[0, 1, 2, 3, 4, 5, 6, 7, 8, 9] # 0 〜 9 の数値が得られる
```

　「初期値」だけを省略することはできませんが、「ステップ」だけを省略することはできます。この場合も、「ステップ」に1が指定されたとみなされます。以下は、様々な引数で range 関数を使った例です。

▼ 様々な引数で range 関数を使った実行結果の例（対話モード）

```
>>> list(range(1, 10))         # ステップを省略する
[1, 2, 3, 4, 5, 6, 7, 8, 9]    # ステップに 1 が指定されたとみなされる
>>> list(range(5, 10))         # 初期値に 5 を指定する
[5, 6, 7, 8, 9]                # 5 から数値が得られる
>>> list(range(1, 10, 2))      # ステップに 2 を指定する
[1, 3, 5, 7, 9]                # 2 つごとに数値が得られる
```

　「ステップ」に**マイナス**を指定すると、これまでとは逆に、大きい数値から小さい数値の順に、数値を得ることができます。この場合も、「初期値」を含んで「終了値」を含まないことに注意してください。次ページに例を示します。

14 ▶ for 文による繰り返し　123

▼ ステップにマイナスを指定してrange関数を使った実行結果の例（対話モード）

```
>>> list(range(9, 0, -1))          # ステップに－1を指定する
[9, 8, 7, 6, 5, 4, 3, 2, 1]        # 9～1までの数値が得られる
>>> list(range(9, 0, -2))          # ステップに－2を指定する
[9, 7, 5, 3, 1]                    # －2ごとに数値が得られる
```

▶ 練習問題

9～0までの数値を得る**range**関数の使い方として適切なものを、解答群の中から選んでください。

■解答群

ア　range(9, 0, -1)　　　イ　range(9, -1, -1)

ウ　range(10, 0, -1)　　　エ　range(10, -1, -1)

▶ ネストした繰り返し（多重ループ）

for文やwhile文のブロックの中に、別のfor文やwhile文を入れることができます。このような構文を「**ネストした繰り返し（ネストしたfor文、ネストしたwhile文）**」と呼びます。ネストした繰り返しは、「**多重ループ**」となります[※]。繰り返しの流れの中に、別の繰り返しの流れがある、というのが多重ループです。

多重ループは、特殊なものではありません。日常生活の中にもあります。たとえば、「14時23分」という形式で時刻を表示する1日の時計は、「時」が**0～23**まで繰り返す流れの中に、「分」が**0～59**まで繰り返す流れがあるので、多重ループです。

1日の時計の多重ループを、ネストしたfor文を使って表すと、次ページのプログラム（sample319.py）のようになります。外側のfor文では、

```
range(0, 24, 1)
```

から得られた**0～23**の数値が、「時」を表す**変数hour**に代入されます。内側のfor文では、

```
range(0, 60, 1)
```

から得られた**0～59**の数値が、「分」を表す**変数minute**に代入されます。

※ ループ（loop）＝「繰り返し」という意味です。

```
print(str(hour) + "時" + str(minute) + "分")
```

によって、時刻が表示されます。

▼ネストしたfor文の例 (sample319.py)

```
for hour in range(0, 24, 1):          外側のfor文のブロック
  インデント
       for minute in range(0, 60, 1):     内側のfor文のブロック
         インデント
             print(str(hour) + "時" + str(minute) + "分")
```

▼ネストしたfor文の例の実行結果 (実行モード)

```
0時0分
0時1分
0時2分
（中 略）
23時59分
```

3

分岐と繰り返し

▶ **練習問題**

　以下は、掛け算の九九の1×1〜9×9の値を画面に表示するプログラムです。プ
ログラム中の　　　　　に入れる正しい答えを、解答群の中から選んでください。

▼掛け算の九九を画面に表示するプログラム (sample320.py)

```
for m in range(1, 10, 1):
    for n in    a    :
        print(str(m) + "×" + str(n) + " = " + str(   b   ))
```

▼掛け算の九九を画面に表示するプログラムの実行結果 (実行モード)

```
(base) C:\gihyo>python sample320.py
1 × 1 = 1
1 × 2 = 2
1 × 3 = 3
（中 略）
9 × 9 = 81
```

■a、bに関する解答群

ア m + n 　　　　　　　　　イ m * n
ウ range(1, 10, 1)　　　　エ range(1, 9, 1)

14 ▶ for文による繰り返し 　125 ◀

15 break 文と continue 文

- 繰り返しを途中で中断させる場合は、break 文を使う。
- 処理をスキップして繰り返しを継続させる場合は continue 文を使う。
- 繰り返しの else ブロックは、繰り返しが中断されなかったときに実行される。
- 無限ループと break 文で、while 文による後判定の繰り返しを実現できる。

▶ break 文で繰り返しを中断する

　繰り返し処理を途中でやめたい場合があります。たとえば、while文の説明で示した「残金が0になるまで買い物を繰り返す」というプログラム (**sample309.py** → p.112) を改良して、「残金があっても途中で買い物をやめられる」とする場合です。ここでは、ユーザーが「q」を入力したら、買い物を辞められるようにしてみましょう[1]。

　while文でもfor文でも、繰り返しのブロックの中で「**break文**」を使うと、そのブロックから抜け出し、繰り返しを途中でやめられます[2]。

　以下に、改良したプログラム (sample321.py) を示します。ユーザーがキー入力した文字列は、**変数 price** に代入されています。if文でpriceが **"q"** と等しいかどうかをチェックし、等しいなら **break文** で繰り返しのブロックを抜けます。break文の構文は、breakと記述するだけです。break文によって抜けるのが、if文のブロックではなく、while文のブロックであることに注意してください。

▼残金があっても途中で買い物をやめられるプログラム (sample321.py)

```
money = 10000
while money > 0:                        while文のブロック
    print("残金：" + str(money))
    price = input("買い物した金額を入力してください：")
    if price == "q":           if文のブロック
        break
    price = int(price)
    money -= price
print("買い物は終了です。")
```
break文は、繰り返しのブロックを抜ける

※1 q は、「やめる」を意味する英語の quit (クィット) の頭文字です。
※2 break＝「中断する」という意味です。

以下に、プログラムの実行結果の例を示します。**3000**をキー入力すると、買い物が行われ、残金の**10000**が**7000**に更新され、処理が繰り返されています。**q**を入力すると、その時点で繰り返し処理が中断しています。

▼残金があっても途中で買い物をやめられるプログラムの実行結果の例（実行モード）

```
(base) C:¥gihyo>python sample321.py
残金：10000
買い物した金額を入力してください：3000      # 金額を入力する
残金：7000                                 # 処理が繰り返される
買い物した金額を入力してください：q         # q を入力する
買い物は終了です。                          # 繰り返しが中断する
```

break文は、繰り返しのブロックを1つだけ抜けるので、多重ループの内側でbreak文を使うと、内側の繰り返しのブロックだけを抜けます。多重ループ全体から抜けるわけではないことに注意してください。

練習問題

以下は、**break**文を使って**for**文の繰り返しを中断するプログラムです。このプログラムの実行結果として適切なものを、解答群の中から選んでください。

▼break文を使ってfor文の繰り返しを中断するプログラム（sample322.py）

```
for n in range(1, 10, 1):
    print(n)
    if n >= 5:
        break
```

■解答群

ア 1〜4が表示される。　　　**イ** 1〜5が表示される。

ウ 1〜9が表示される。　　　**エ** 1〜10が表示される。

▶continue 文で繰り返しを継続する

繰り返しで行われる処理をスキップして（実行しないで）、繰り返しを継続したい場合もあります。たとえば、先ほども例にした「残金が0になるまで買い物を繰り返す」を改良して、「キー入力が数字列でなかったら、残金の更新処理をスキップして、繰り返しを継続する」ようにする場合です。

15 ▶ break 文と continue 文　127

while文でもfor文でも、繰り返しのブロックの中で「continue文」を使うと、ブロックの中にあるそれ以降の処理がスキップされ、繰り返しが継続されます[1]。

以下に、改良したプログラム（sample323.py）を示します[2]。ユーザーがキー入力した文字列は、変数 price に代入されています。if文で price が数字列かどうかをチェックし、そうでないなら continue 文でそれ以降の処理をスキップして、繰り返しを継続します。continue文の構文は、continue と記述するだけです。

if文の条件として使われている price.isdigit() は、文字列オブジェクトが持つ isdigit メソッドを呼び出す、という意味です。isdigit メソッドは、文字列が数字列なら True を返し、そうでないなら False を返します。ここでは、

```
if not price.isdigit():
```

というように not を付けているので、price の内容が数字列でないなら continue 文が実行されます[3]。

▼キー入力が数字列でないなら処理をスキップして繰り返しを継続するプログラム（sample323.py）

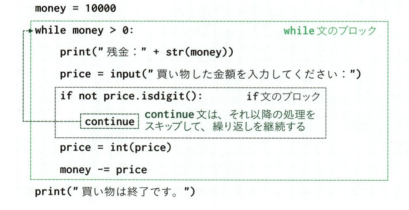

次に、プログラムの実行結果の例を示します。**3000** をキー入力すると、買い物が行われ、残金を **10000** が **7000** に更新する処理が行われています。**hello** をキー入力すると、残金を更新する処理がスキップされ、処理が継続しています。

※1 continue ＝「継続する」という意味です。
※2 このプログラムには、**q** を入力すると繰り返しが中断する処理はありません。
※3 文字列オブジェクトに関しては、第4章で詳しく説明します。

▼キー入力が数字列でないなら処理をスキップして繰り返しを継続するプログラムの結果の例（実行モード）

```
(base) C:\gihyo>python sample323.py
残金：10000
買い物した金額を入力してください：3000 ← 数字列を入力する
残金：7000 ← 残金の更新処理が行われる
買い物した金額を入力してください：hello ← 数字列でないものを入力する
残金：7000 ← 残金の更新処理が行われずに処理が継続する
買い物した金額を入力してください：7000
買い物は終了です。
```

練習問題

以下は、continue文を使ってfor文の繰り返しの一部の処理をスキップするプログラムです。このプログラムの実行結果として適切なものを、解答群の中から選んでください。for文でcontinue文を使った場合は、繰り返しが継続されるときに、イテラブルから次の要素が取り出されることに注意してください。同じ要素のままで繰り返しが継続されるのではありません。

▼continue文を使ってfor文の繰り返しの一部の処理をスキップするプログラム（sample324.py）

```
for n in range(1, 5, 1):
    if n == 3:
        continue
    print(n)
```

■解答群
ア　1、2、4が表示される。　　　イ　1、3、4が表示される。
ウ　1〜5が表示される。　　　　エ　1〜4が表示される。

繰り返しにおけるelseの使い方

while文でもfor文でも、繰り返しのブロックのあとにelseブロックを置くことができます。このelseブロックの中の処理は、break文で繰り返しが中断されなかった場合にだけ実行されます。したがって、このelseブロックは「繰り返しの最後まで終わったあとに1回だけ実行したい処理がある」という場合に使います。elseは「そうでなければ」という意味なので、このelseブロックは「breakされなければ」と覚えるとよいでしょう。

while文でelseブロックを使った例を示しましょう。以下は、break文の説明のところで示した「残金があっても途中で買い物をやめられるプログラム（**sample321. py →p.126**）」のwhile文にelseブロックを追加したものです。elseブロックでは、「すべてのお金を使い切りました！」と画面に表示します。

▼残金があっても途中で買い物をやめられるプログラムの改良版（sample325.py）

```
money = 10000
while money > 0:
    print(" 残金：" + str(money))
    price = input(" 買い物した金額を入力してください：")
    if price == "q":
        break
    price = int(price)
    money -= price
else:
    print(" すべてのお金を使い切りました！")
print(" 買い物は終了です。")
```

　以下に、プログラムの実行結果の例を示します。**q** を入力して、繰り返しを中断するとelseブロックが実行されないので、「買い物は終了です。」だけが表示されています。繰り返しを中断せずに最後まで実行すると、elseブロックが実行されるので、「すべてのお金を使い切りました！」と「買い物は終了です。」が表示されています。

▼残金があっても途中で買い物をやめられるプログラムの改良版の実行結果の例1（実行モード）

```
(base) C:¥gihyo>python sample325.py
残金：10000
買い物した金額を入力してください：3000
残金：7000
買い物した金額を入力してください：q      ← 「q」を入力して繰り返しを中断する
買い物は終了です。                          ← elseブロックは実行されない
```

▼残金があっても途中で買い物をやめられるプログラムの改良版の実行結果の例2（実行モード）

```
(base) C:¥gihyo>python sample325.py
残金：10000
買い物した金額を入力してください：3000
残金：7000
買い物した金額を入力してください：7000      ← 繰り返しを中断しない
すべてのお金を使い切りました！              ← elseブロックが実行される
買い物は終了です。
```

> **練習問題**
>
> 以下の文章の □ に適切な語句を入れてください。
>
> while 文でも for 文でも、繰り返しのブロックの中で a を実行すると繰り返しが中断され、 b を実行するとそれ以降の処理がスキップされて繰り返しが継続されます。繰り返しのブロックのあとに c を置くと、そのブロックの中に記述された処理は、繰り返しが中断されなかった場合にだけ実行されます。
>
> ■a〜cに関する解答群
> ア if ブロック　イ else ブロック　ウ continue 文　エ break 文

while 文で後判定の繰り返しを実現する

擬似言語では、繰り返しのブロックを ■ と ■ で囲んで示します。ブロックの上側の ■ に条件を記述すると、条件をチェックしてから処理を行う「**前判定の繰り返し**」になり、ブロックの下側の ■ に条件を記述すると、処理を行ってから条件をチェックする「**後判定の繰り返し**」になります。

▼擬似言語で表記した前判定と後判定の繰り返し

(1)前判定の繰り返し
■条件
　・処理
■

(2)後判定の繰り返し
■
　・処理
■条件

前判定の繰り返しと、後判定の繰り返しは、条件と処理の内容に応じて、感覚的に使い分けられるものです。

たとえば、これまで例にしてきた「残金が0でない限り買い物を繰り返す」というプログラムでは、先に「残金が0でない限り」というチェックを行わないと、「買い物を行う」という処理ができないので、**前判定の繰り返し**になります。

それに対して、「正解でない限りクイズに解答を繰り返す」というプログラムを作るとしたら、先に「クイズに解答する」という処理を行わないと、「正解でない限り」というチェックができないので、**後判定の繰り返し**になります。

▼前判定の繰り返しと後判定の繰り返しの使い分けの例（擬似言語）

(1) 前判定の繰り返し	(2) 後判定の繰り返し
■残金が0でない限り 　・買い物を行う ■	■ 　・クイズに解答する ■正解でない限り

　C言語やJavaには、前判定の繰り返しを行うwhile文と、後判定の繰り返しを行うdo〜while文がありますが、Pythonには、while文だけがあり、do〜while文がありません。したがって、Pythonで後判定の繰り返しを行うには、while文を工夫して使う必要があります。どのように工夫するかは、いくつか案が考えられますが、代表的な案として「無限ループをbreakで抜ける」という方法があります。

　以下（sample326.py）は、「正解でない限りクイズに解答を繰り返す」というプログラムです。while文のブロックの前でクイズが出題され、while文のブロックでクイズに解答します。ここで注目してほしいのは、

```
while True:
```

の部分です。whileのあとに条件として固定的にTrueを指定しているので、このwhileブロックは永遠に繰り返される「無限ループ」になります。

　ただし、if文でクイズに正解したかどうかをチェックし、正解ならbreak文でwhileブロックを抜けることができます。これが、「無限ループをbreakで抜ける」という方法です。

▼while文で実現した後判定の繰り返し（sample326.py）

```
print(" 日本で一番長い川は？ ")

print(" ア　利根川　　イ　石狩川　　ウ　信濃川 ")

while True:                    ← while文のブロック（無限ループ）

    answer = input(" 解答を入力してください： ")

    if answer == " ウ ":        ← if文のブロック

        break                  ← breakで無限ループから抜ける

print(" 正解です！ ")
```

132

以下に、プログラムの実行結果の例を示します。先に「クイズに解答する」という処理を行って、「正解でない限り」という条件をチェックする**後判定の繰り返し**が実現されています。クイズの正解は「ウ」なので、解答が「ウ」でない限り処理が繰り返されています。

▼while文で実現した後判定の繰り返しの実行結果の例（実行モード）

```
(base) C:\gihyo>python sample326.py
日本で一番長い川は？
ア　利根川　　イ　石狩川　　ウ　信濃川
解答を入力してください：ア
解答を入力してください：イ
解答を入力してください：ウ
正解です！
```

練習問題

以下の文章の　　　　　に適切な語句を入れてください（※aとbは順不同）。

　Pythonの**while**文で後判定の繰り返しを行うには、　a　　で無限ループとし、**if**文でチェックした条件がTrueなら　b　　で繰り返しを抜けるという方法があります。

■a、bに関する解答群
- ア　break文
- イ　continue文
- ウ　while True:
- エ　while False:

while文で無限ループにして
break文で無限ループを抜ければ
後判定の繰り返しが実現できるんだね

第3章 ▶ 章末確認問題

分岐と繰り返しの構文の確認問題

確認ポイント

- 比較演算 (p.90)
- 論理演算 (p.92)
- if文 (p.99)
- for文 (p.120)

問題

「FizzBuzz」という遊びがあります。これは、1、2、3、4、5……と順番に数字を言うことを繰り返し、3で割り切れるときは数字ではなく「Fizz」と言い、5で割り切れるときは数字ではなく「Buzz」と言い、3でも5でも割り切れるときは数字でなく「FizzBuzz」と言う、というものです。

以下は、1〜100までの数字でFizzBuzzを行うプログラムです。プログラム中の　　　　　に入れる正しい答えを、解答群の中から選んでください。

割り切れることは、割り算の余りが0であることで判断できます。変数nが3で割り切れる条件は「n % 3 == 0」であり、5で割り切れる条件は「n % 5 == 0」です。

▼1〜100までの数字でFizzBuzzを行うプログラム (sample327.py)

```python
for n in   a   :
    if n % 3 == 0   b   n % 5 == 0:
        print("FizzBuzz")
    if n % 3 == 0:
        print("Fizz")
    elif n % 5 == 0:
        print("Buzz")
      c  :
        print(n)
```

134

▼1〜100までの数字でFizzBuzzを行うプログラムの実行結果（実行モード）

```
(base) C:\gihyo>python sample327.py
1
2
Fizz
4
Buzz
Fizz
7
8
Fizz
Buzz
11
Fizz
13
14
FizzBuzz
（中　略）

98
Fizz
Buzz
```

a〜cに関する解答群

ア　and 　　　イ　or 　　　　ウ　not

エ　if 　　　　オ　elif 　　　カ　else

キ　range(1, 100, 1) 　　　　ク　range(1, 101, 1)

第3章　章末確認問題　135

第4章

要素を持つデータ型

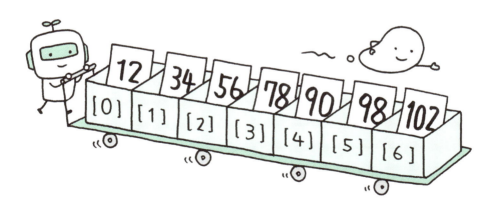

16 ▶ イテラブルの種類と特徴

- Pythonでは、要素を持つデータ型を配列ではなくイテラブルとして取り扱う。
- イテラブルは、シーケンスとコレクションに分類できる。
- シーケンスとコレクションには、ミュータブルやイミュータブルという特徴がある。

▶ イテラブルの種類

基本情報技術者試験の擬似言語では、要素を持つデータ型を「**配列**」として取り扱います。配列は、複数のデータが並んだものです。以下に、配列のイメージを示します。配列の個々のデータを「**要素**」と呼びます。

▼擬似言語の配列のイメージ

| 要素A | 要素B | 要素C | 要素D | 要素E |

Pythonでは、要素を持つデータ型を、配列ではなく「**イテラブル**」として取り扱います。イテラブルは、単なるデータの並びではなく、「**オブジェクト**」です。オブジェクトとは、**データ**と**メソッド（データに対する処理）** をまとめたものです。

以下に、Pythonのイテラブルのイメージを示します。これは、第1章で説明した（→p.38）**クラス**という形式のプログラム部品と同じです。なぜなら、クラスとして作成されたプログラム部品に、具体的なデータの値を設定したものがオブジェクトだからです。

▼Pythonのイテラブルのイメージ

| 要素A | 要素B | 要素C | 要素D | 要素E |
| メソッドA | メソッドB | メソッドC |

第3章で **for 変数 in イテラブル:** というfor文の構文を説明しました（→p.120）。イテラブルの要素は、for文を使った繰り返しで、1つずつ取り出すことができます。第3章では、イテラブルとしてrange関数で得られる整数列だけを説明しましたが、他にもいくつかのイテラブルがあります。次ページに、イテラブルの種類を示します。第4章では、range関数以外のイテラブルを説明します。

▼イテラブルの種類

イテラブル
（要素を持つ
データ型）
├─ シーケンス（順序あり）
│   ├─ 文字列（イミュータブル）
│   ├─ リスト（ミュータブル）
│   ├─ タプル（イミュータブル）
│   └─ range 関数の整数列（イミュータブル）
└─ コレクション（順序なし）
    ├─ 辞書（ミュータブル）
    └─ 集合（ミュータブル）

　イテラブルは、「**シーケンス**」と「**コレクション**」に分類できます。これらの違いは、シーケンスの要素には「先頭から何番目」という順序がありますが、コレクションの要素には順序がないということです。シーケンス（sequence）は「**連続**」という意味で、コレクション（collection）は「**収集物**」という意味です。「シーケンスの要素は、連続しているから順序がある」「コレクションの要素は、収集物だから順序がない」と覚えるとよいでしょう。

　さらに、個々のイテラブルには、「**ミュータブル**」または「**イミュータブル**」という特徴があります。ミュータブル（mutable）は「**変更できる**」という意味で、イミュータブル（immutable）は「**変更できない**」という意味です。ミュータブルなイテラブルは、あとから要素の値を変更できますが、イミュータブルなイテラブルは、あとから要素の値を変更できません。

　あとで詳しく説明しますが、イテラブルの中で、擬似言語の配列と同様に、添字を指定して要素の読み書きの両方ができるのは、リストだけです。したがって、Pythonで、擬似言語の配列と同様の処理をしたい場合は、リストを使います。その他のイテラブルは、それぞれの機能が活かせる場面で使います。

> ### 練習問題
>
> 以下の文章の ☐ に適切な語句を入れてください。
>
> 　イテラブルは、 a と b に分類できます。 a の要素には順序がありますが、 b の要素には順序がありません。イテラブルの特徴として、あとから要素の値を変更できることを c と呼び、あとから変更できないことを d と呼びます。
>
> ■a～dに関する解答群
> 　**ア** イミュータブル　　**イ** ミュータブル　　**ウ** コレクション　　**エ** シーケンス

16 ▶ イテラブルの種類と特徴　139

▶ イテラブルはオブジェクトである

「Pythonでは、要素を持つデータ型をイテラブルとして取り扱います」および「イテラブルは、単なるデータの並びではなくオブジェクトです」とはどういうことかを、詳しく説明しましょう。ここでは、文字列というイテラブルを例にします。

以下は、Pythonの対話モードで、s = "hello" を実行したところです。これによって "hello" という文字列が変数sに代入されますが、"hello" はただの文字の並びではありません。**文字の並びとメソッドをまとめたオブジェクト**なのです。

▼文字列はオブジェクトである（対話モード）

```
>>> s = "hello"          # 変数 s に文字列オブジェクトを代入する
```

文字列がオブジェクトであることを確認してみましょう。Pythonにあらかじめ用意されている**dir関数**※を使うと、オブジェクトが持っている機能の一覧を見ることができます。以下は、**dir(s)** を実行して、変数sに代入されている "hello" という**文字列オブジェクト**の機能の一覧を、画面に表示したところです。

▼dir関数で文字列オブジェクトが持つ機能を確認する（対話モード）

```
>>> s = "hello"          # 変数 s に文字列オブジェクトを代入する
>>> dir(s)               # 変数 s が持つ機能の一覧を見る
['__add__', '__class__', '__contains__', '__delattr__', '__dir__',
'__doc__', '__eq__', '__format__', '__ge__', '__getattribute__',
'__getitem__', '__getnewargs__', '__gt__', '__hash__', '__init__',
'__init_subclass__', '__iter__', '__le__', '__len__', '__lt__', '__
mod__', '__mul__', '__ne__', '__new__', '__reduce__', '__reduce_
ex__', '__repr__', '__rmod__', '__rmul__', '__setattr__', '__
sizeof__', '__str__', '__subclasshook__', 'capitalize', 'casefold',
'center', 'count', 'encode', 'endswith', 'expandtabs', 'find',
'format', 'format_map', 'index', 'isalnum', 'isalpha', 'isascii',
'isdecimal', 'isdigit', 'isidentifier', 'islower', 'isnumeric',
'isprintable', 'isspace', 'istitle', 'isupper', 'join', 'ljust',
'lower', 'lstrip', 'maketrans', 'partition', 'replace', 'rfind',
'rindex', 'rjust', 'rpartition', 'rsplit', 'rstrip', 'split',
'splitlines', 'startswith', 'strip', 'swapcase', 'title',
'translate', 'upper', 'zfill']
```

文字列オブジェクトが数多くの機能を持っていることを確認できました。それらの中に、**isdigit** があることに注目してください。これは、第3章で、文字列が数

※ dir は、directory =「名簿」という意味です。

140

字列かどうかをチェックするために使った**isdigitメソッド**です。その他にも、文字列がすべて小文字かどうかをチェックする**islowerメソッド**や、すべて大文字かどうかをチェックする**isupperメソッド**などがあります。

以下に、"hello"という文字列オブジェクトのイメージを示します。

▼文字列オブジェクトのイメージ

オブジェクトが持つメソッドを呼び出すときは、

オブジェクト.メソッド名()

という構文を使います。オブジェクトの部分には、多くの場合にオブジェクトが代入されている変数名を指定します。オブジェクトとメソッド名()の間にある**ドット**（**.**）を「〜の」と読むとよいでしょう。たとえば、**s.isidigit()**なら「**s**の**isdigit()**」と読みます。

▶オブジェクトが持つメソッドを呼び出す基本構文
オブジェクト.メソッド名()

たとえば、変数sに"hello"という文字列オブジェクトが代入されている場合は、次ページの例のように **s.isidigit()** や **s.islower()** という構文でメソッドを呼び出します。

ここで、isidigitメソッドやislowerメソッドのカッコの中に引数が指定されていないことに注目してください。関数は、引数に指定されたデータを処理しますが、メソッドは、オブジェクトが保持しているデータ（ここでは、"hello"という文字の並び）を処理するからです※。

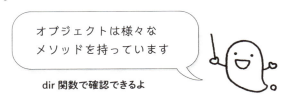

※ 用途によっては、引数を指定するメソッドもあります。

16 ▶ イテラブルの種類と特徴 　141

▼オブジェクトが持つメソッドを呼び出す例（対話モード）

```
>>> s = "hello"          # 変数 s に文字列オブジェクト "hello" を代入する
>>> s.isdigit()          # s.isidigit() という構文でメソッドを呼び出す
False                    # 数字列ではないと判定される
>>> s.islower()          # s.islower() という構文でメソッドを呼び出す
True                     # すべて小文字であると判定される
```

練習問題

以下の文章の 　　　　 に適切な語句を入れてください。

　オブジェクトが持つメソッドを呼び出すときは、　　a　　という構文を使います。たとえば、変数 s に文字列オブジェクトが代入されている場合に、文字列オブジェクトが持つ **isidigit** メソッドを呼び出すには、　　b　　とします。

■a、bに関する解答群

ア オブジェクト = メソッド名()　　　**イ** オブジェクト.メソッド名()

ウ s = isidigit()　　　　　　　　　**エ** s.isidigit()

クラスとオブジェクト

　「クラスとして作成されたプログラム部品に、具体的なデータの値を設定したものがオブジェクトです」ということも、もう少し詳しく説明しましょう。

　Python にあらかじめ用意されている **type 関数**[1] を使うと、オブジェクトのデータ型を確認できます。以下は、変数 s に代入された "hello" という文字列オブジェクトのデータ型を、type 関数で確認した例です。

▼オブジェクトのデータ型を確認した例（対話モード）

```
>>> s = "hello"          # 変数 s に文字列オブジェクトを代入する
>>> type(s)              # 変数 s のデータ型を確認する
<class 'str'>            # str クラスであるとわかる
```

　<class 'str'> は、文字列オブジェクトのデータ型が **str** というクラスであることを示しています。**str**[2] は、Python にあらかじめ用意されているクラスで、文字列データを保持し、その文字列を処理する isdigit メソッド、islower メソッド、isupper メソッドなどを持っています。

※1 type ＝「型」という意味です。
※2 str は、string ＝「文字列」という意味です。

142

つまり、クラスという部品を作成した時点では、具体的なデータの値を持たずにメソッドだけを持っていて、クラスに具体的なデータを設定するとオブジェクトとして実行できる（メソッドを呼び出して処理ができる）のです。このことから、クラスは、オブジェクトのデータ型であるといえます。

 練習問題

以下の文章の ▢ に適切な語句を入れてください。

▢a▢ で文字列オブジェクトのデータ型を確認すると ▢b▢ であることがわかります。▢b▢ は、文字列オブジェクトのデータ型です。

■a、bに関する解答群
　ア　dir関数　　イ　type関数　　ウ　floatクラス　　エ　strクラス

Pythonでは、すべてのデータがオブジェクトである

プログラミング言語の中には、単純なデータ（データだけのもの）とオブジェクト（データとメソッドをまとめたもの）を区別するものもありますが、Pythonでは、すべてのデータをオブジェクトとして扱います。イテラブルに限らず、整数、実数、論理値なども、すべてオブジェクトとして扱うのです。

以下は、**123** という整数、**4.56** という実数、および**True** という論理値のデータ型をtype関数で調べた結果です。整数は**int**クラスのオブジェクトであり、実数は**float**クラスのオブジェクトであり、論理値が**bool**クラスのオブジェクトであることがわかりました[※]。

▼整数、実数、論理値のデータ型を確認する（対話モード）
```
>>> type(123)            # 123 という整数のデータ型を確認する
<class 'int'>            # int クラスである
>>> type(4.56)           # 4.56 という実数のデータ型を確認する
<class 'float'>          # float クラスである
>>> type(True)           # True という論理値のデータ型を確認する
<class 'bool'>           # bool クラスである
```

※ bool という言葉は、論理演算の研究者であるジョージ・ブールに由来しています。

イテラブルの要素は、何らかのオブジェクトです。Pythonでは、すべてのデータがオブジェクトなので、整数型や実数型など、どんなデータ型のデータでも、イテラブルの要素にできます。イテラブルもオブジェクトなので、イテラブルをイテラブルの要素にすることもできます。たとえば、タプルを要素としたリストや、リストを要素としたリストなどを作ることができます。

> **練習問題**
>
> 以下の文章の □ に適切な語句を入れてください。
>
> Pythonでは、イテラブルに限らず、すべてのデータがオブジェクトです。整数は □ a □ のオブジェクトであり、実数は □ b □ のオブジェクトであり、論理値は □ c □ のオブジェクトです。イテラブルの要素は、何らかのオブジェクトなので、□ d □ のデータでも、イテラブルの要素にできます。
>
> ■a～dに関する解答群
> ア　どんなデータ型　　イ　boolクラス
> ウ　floatクラス　　　エ　intクラス

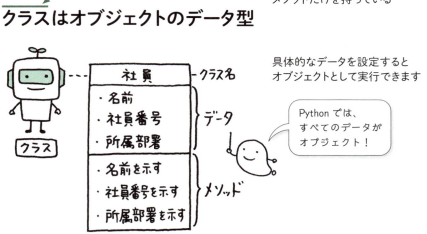

クラスはオブジェクトのデータ型

具体的なデータの値は持たない
メソッドだけを持っている

具体的なデータを設定すると
オブジェクトとして実行できます

Pythonでは、
すべてのデータが
オブジェクト！

17 イテラブルの表記方法とfor文

- 複数の文字を " と " または ' と ' で囲むと文字列であるとみなされる。
- 複数の要素をカンマで区切って [と] で囲むとリストであるとみなされる。
- 複数の要素をカンマで区切って (と) で囲むとタプルであるとみなされる。
- 「キー：バリュー」という形式の複数の要素をカンマで区切って { と } で囲むと辞書であるとみなされる。
- 複数の要素をカンマで区切って { と } で囲むと集合であるとみなされる。

▶ 文字列の表記方法と for 文

これまでにも説明しましたが、複数の文字を**ダブルクォテーション**（ " ）または**シングルクォテーション**（ ' ）で囲むと、**文字列**であるとみなされます。

どちらを使うのかは、プログラムの好みの問題です。本書では、主にダブルクォテーションを使っています。

> **▶文字列の基本的な表記方法**
> 変数 = " 文字A 文字B 文字C…… "
>   または
> 変数 = ' 文字A 文字B 文字C…… '

以下は、文字列の例です。対話モードで、文字列が代入された変数名だけを入力して Enter キーを押すと、文字列の内容がシングルクォテーションで囲まれて表示されます。

▼ 文字列を作成して内容を表示する（対話モード）

```
>>> my_str = "hello"        # 文字列を作成する
>>> my_str                  # 文字列の内容を確認する
'hello'                     # 文字列の内容が表示される
```

for 変数 in イテラブル: のイテラブルに文字列を指定すると、文字列から1文字ずつ（1要素ずつ）が取り出されて変数に格納されます。次ページに例を示します。対話モードでは、ブロックの中に入ると >>> という表示が ... に変わります。対話モードでも、ブロックの中の処理は、先頭にスペースを4個入れてインデントしてください。... が表示された状態で Enter キーだけを押すと、それまでに入

力したブロックの内容が実行されます。

▼for文で文字列から要素を取り出す（対話モード）

```
>>> my_str = "hello"        # 文字列を作成する
>>> for c in my_str:        # 文字列から1文字ずつ取り出す
...     print(c)            # 取り出した文字を表示する
...                         # ［Enter］キーだけを押すと実行される
h                           # 1文字ずつ表示される
e
l
l
o
```

文字列は、**strクラス**のオブジェクトです。したがって、strクラスが持つ様々なメソッドを使って文字列を処理できます。要素のない空の文字列を作る場合は、my_str = ""、my_str = ''、または my_str = str() を実行します。str関数の引数を空にすると、空の文字列が生成されます。

> ### 練習問題
>
> 以下の文章の ☐ に適切な語句を入れてください（※aとbは順不同）。
>
> 複数の文字を ☐ a ☐ または ☐ b ☐ で囲むと、文字列であるとみなされます。「`for 変数 in イテラブル：`」のイテラブルに文字列を指定すると、文字列から ☐ c ☐ が取り出されて変数に格納されます。要素のない空の文字列を作る場合は、☐ d ☐ を実行します。文字列は、☐ e ☐ のオブジェクトです。
>
> ■a～eに関する解答群
> ア　1文字ずつ
> イ　`my_str = ""`、`my_str = ''`、または `my_str = str()`
> ウ　strクラス　　エ　ダブルクォテーション
> オ　シングルクォテーション

146

リストの表記方法とfor文

複数の**要素**をカンマで区切って、**[** と **]** で囲むと、**リスト**であるとみなされます。**シーケンス**であり（順序があって）、**ミュータブル**（可変）のリストは、擬似言語の「配列」と同様に使えるものです。

> **リストの基本的な表記方法**
> 変数 = [要素A, 要素B, 要素C, ……]

以下は、整数のリストの例です。対話モードで、リストが代入された変数名だけを入力して Enter キーを押すと、リストの内容が [と] で囲まれて表示されます。

▼リストを作成して内容を表示する（対話モード）

```
>>> my_list = [12, 34, 56, 78, 90]    # リストを作成する
>>> my_list                            # リストの内容を確認する
[12, 34, 56, 78, 90]                   # リストの内容が表示される
```

for 変数 in イテラブル: のイテラブルにリストを指定すると、リストから1要素ずつが取り出され変数に格納されます。以下に例を示します。

▼for文でリストから要素を取り出す（対話モード）

```
>>> my_list = [12, 34, 56, 78, 90]    # リストを作成する
>>> for i in my_list:                  # リストから1要素ずつ取り出す
...     print(i)                       # 取り出した要素を表示する
...                                    # [Enter]キーだけを押すと実行される
12                                     # 1要素ずつ表示される
34
56
78
90
```

リストは、**listクラス**のオブジェクトです。したがって、listクラスが持つ様々なメソッドを使ってリストを処理できます。要素のない空のリストを作る場合は、**my_list = []** または **my_list = list()** を実行します。**list関数**は、Pythonにあらかじめ用意されている関数で、リストを生成します。list関数の引数を空にすると、空のリストが生成されます。

🏋 練習問題

以下の文章の □□□□ に適切な語句を入れてください。

　複数の要素をカンマで区切って □a□ で囲むと、リストであるとみなされます。「for 変数 in イテラブル：」のイテラブルにリストを指定すると、リストから □b□ が取り出されて変数に格納されます。要素のない空のリストを作る場合は、 □c□ を実行します。リストは、 □d□ のオブジェクトです。

■a〜dに関する解答群

ア　listクラス　　　　イ　1要素ずつ

ウ　[と]　　　　　　エ　my_list = []、 または my_list = list()

▶ タプルの表記方法と for 文

　複数の**要素**をカンマで区切って、**(と)** で囲むと、**タプル**であるとみなされます。

　タプルは、リストと同様に**シーケンス**（順序がある）ですが、リストとは異なり**イミュータブル**（不変）です。リスト（list）は「**一覧**」という意味で、タプル（tuple）は「**組**」という意味です。どちらも、データの集まりを意味するので、言葉から特徴を区別することはできません。「リストは可変」「タプルは不変」と覚えてください。

▶ タプルの基本的な表記方法

　変数 ＝（要素A，要素B，要素C，……）

　以下は、整数のタプルの例です。対話モードで、タプルが代入された変数名だけを入力して ⌷Enter⌷ キーを押すと、タプルの内容が（ と ）で囲まれて表示されます。

▼タプルを作成して内容を表示する（対話モード）

```
>>> my_tuple = (12, 34, 56, 78, 90)     # タプルを作成する
>>> my_tuple                            # タプルの内容を確認する
(12, 34, 56, 78, 90)                    # タプルの内容が表示される
```

　for 変数 in イテラブル：のイテラブルにタプルを指定すると、タプルから1要素ずつが取り出されて変数に格納されます。次ページに例を示します。

▼for文でタプルから要素を取り出す（対話モード）

```
>>> my_tuple = (12, 34, 56, 78, 90)      # タプルを作成する
>>> for i in my_tuple:                    # タプルから1要素ずつ取り出す
...     print(i)                          # 取り出した要素を表示する
...                                       # ［Enter］キーだけを押すと実行される
12                                        # 1要素ずつ表示される
34
56
78
90
```

　タプルは、tuple クラスのオブジェクトです。したがって、tuple クラスが持つ様々なメソッドを使ってタプルを処理できます。要素のない空のタプルを作る場合は、my_tuple = () または my_tuple = tuple() を実行します。tuple 関数は、Python にあらかじめ用意されている関数で、タプルを生成します。tuple 関数の引数を空にすると、空のタプルが生成されます。

4

要素を持つデータ型

▶ **練習問題**

　以下の文章の　　　　　に適切な語句を入れてください。

　複数の要素をカンマで区切って　 a 　で囲むと、タプルであるとみなされます。「for 変数 in イテラブル：」のイテラブルにタプルを指定すると、タプルから　 b 　が取り出されて変数に格納されます。要素のない空のタプルを作る場合は、　 c 　を実行します。タプルは、　 d 　のオブジェクトです。

■a～dに関する解答群
　ア　1要素ずつ　　　イ　(と)　　　ウ　tuple クラス
　エ　my_tuple = ()、 または my_tuple = tuple()

辞書の表記方法と for 文

　「**キー:バリュー**」という形式の複数の**要素**をカンマで区切って、**{ と }** で囲むと、**辞書**であるとみなされます。
　辞書の要素は、英単語と日本語訳を対応付けた英和辞典のように、「**キー**（key＝鍵）」と「**バリュー**（value＝値）」という2つのデータを対応付けたものです。キーは、辞書を検索するときのキーであり、バリューは、検索が一致したときに得られる値

17 ▶ イテラブルの表記方法と for 文　149

です。辞書は、**コレクション**（順序がない）であり**ミュータブル**（可変）です。

▶ **辞書の基本的な表記方法**

変数 = { キーＡ: バリューＡ, キーＢ: バリューＢ, キーＣ: バリューＣ, ……}

　以下は、「果物の名前：価格」を要素とした辞書の例です。キーとバリューの間には、**コロン**（ : ）を置きます。対話モードで、辞書が代入された変数名だけを入力して [Enter] キーを押すと、辞書の内容が { と } で囲まれて表示されます。

▼辞書を作成して内容を表示する（対話モード）

```
>>> # 辞書を作成する
>>> my_dict = {"apple":100, "grape":500, "banana":300}
>>> my_dict                              # 辞書の内容を確認する
{'apple': 100, 'grape': 500, 'banana': 300}    # 辞書の内容が表示される
```

　for 変数 in イテラブル: のイテラブルに辞書を指定すると、辞書から要素のキーが1つずつ取り出されて変数に格納されます。以下に例を示します。

▼for文で辞書から要素のキーを取り出す（対話モード）

```
>>> # 辞書を作成する
>>> my_dict = {"apple":100, "grape":500, "banana":300}
>>> for s in my_dict:           # 辞書から要素のキーを1つずつ取り出す
...     print(s)                # 取り出した要素のキーを表示する
...                             # ［Enter］キーだけを押すと実行される
apple                           # 要素のキーが1つずつ表示される
grape
banana
```

　辞書は、**dict クラス**のオブジェクトです※。したがって、dict クラスが持つ様々なメソッドを使って辞書を処理できます。要素のない空の辞書を作る場合は、**my_dict = {}** または **my_dict = dict()** を実行します。**dict 関数**は、Python にあらかじめ用意されている関数で、辞書を生成します。dict 関数の引数を空にすると、空の辞書が生成されます。

※ dict は、dictionary =「辞書」という意味です。

150

練習問題

以下の文章の　　　　に適切な語句を入れてください。

「キー：バリュー」形式の複数の要素をカンマで区切って　　 a 　　で囲むと、辞書であるとみなされます。「**for 変数 in イテラブル:** 」のイテラブルに辞書を指定すると、辞書の要素の　　 b 　　が1つずつ取り出されて変数に格納されます。要素のない空の辞書を作る場合は、　　 c 　　を実行します。辞書は、　　 d 　　のオブジェクトです。

■a～dに関する解答群

ア　dictクラス　　**イ**　キー　　**ウ** { と }

エ　my_dict = {}、　または　**my_dicr = dict()**

集合の表記方法と for 文

複数の**要素**をカンマで区切って、{ と } で囲むと、**集合**であるとみなされます。

{ と } で囲むことは、辞書と同じですが、集合では、要素が「キー：バリュー」という形式ではないので、辞書と区別できます。集合は、辞書と同様に、**コレクション**（順序がない）であり**ミュータブル**（可変）です。

他のイテラブルにはない集合の大きな特徴として、同じ値の要素を複数入れられないことがあります。もしも、同じ値の要素を入れようとすると、エラーにはならず無視されます。以下は、文字列の集合の例です。わざと "mouse" を2回入れようとしていますが、集合の内容を表示すると "mouse" という要素は1つだけしかありません。

集合の基本的な表記方法

変数 = { 要素A, 要素B, 要素C, ……}

▼集合を作成して内容を表示する（対話モード）

```
>>> my_set = {"dog", "cat", "mouse", "mouse"}    # 集合を作成する
>>> my_set                                        # 集合の内容を確認する
{'dog', 'cat', 'mouse'}                           # 集合の内容が表示される
```

for 変数 in イテラブル: のイテラブルに集合を指定すると、集合から1要素ずつが取り出されて変数に格納されます。次ページに例を示します。

17 ▶ イテラブルの表記方法と for 文　151

▼for文で集合から要素を取り出す（対話モード）

```
>>> my_set = {"dog", "cat", "mouse"}    # 集合を作成する
>>> for s in my_set:                    # 集合から1要素ずつ取り出す
...     print(s)                        # 取り出した要素を表示する
...                                     # [Enter]キーだけを押すと実行される
dog                                     # 1要素ずつ表示される
cat
mouse
```

集合は、**set クラス**のオブジェクトです[※1]。したがって、setクラスが持つ様々なメソッドを使って集合を処理できます。要素のない空の集合を作る場合は、`s = set()` を実行します[※2]。set関数は、Pythonにあらかじめ用意されている関数で、集合を生成します。set関数の引数を空にすると、空の集合が生成されます。

練習問題

以下の文章の　　　　　に適切な語句を入れてください。

複数の要素をカンマで区切って　a　で囲むと、集合であるとみなされます。集合には、同じ値の要素を複数入れられません。もしも、同じ値の要素を入れようとすると、　b　ます。「for 変数 in イテラブル：」のイテラブルに集合を指定すると、集合から　c　が取り出されて変数に格納されます。要素のない空の集合を作る場合は、　d　を実行します。集合は、　e　のオブジェクトです。

■a〜eに関する解答群

ア　setクラス　　　イ　s = set()　　　ウ　{ と }　　　エ　1要素ずつ
オ　エラーにならず無視され　　　カ　実行時にエラーになり

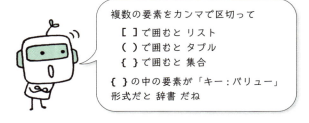

複数の要素をカンマで区切って
　[ ]で囲むと リスト
　( )で囲むと タプル
　{ }で囲むと 集合
{ }の中の要素が「キー：バリュー」
形式だと 辞書 だね

※1 set ＝「集合」という意味です。
※2 s = {} では、空の集合を作れないことに注意してください。s = {} は、空の辞書を作るという意味になります。

18 ▶ イテラブルに共通した機能

- **len 関数、max 関数、min 関数を使うと、要素数、最大値、最小値を求められる。**
- **in 演算子と not in 演算子で、要素が存在するかどうかチェックできる。**
- **list 関数を使うと、イテラブルをリストに変換できる。**
- **sorted 関数で、要素をソートできる。**

▶ len 関数、max 関数、min 関数

　イテラブルの要素数、最大値、最小値は、それぞれ len 関数※、max 関数、min 関数で求められます。これらは、Python にあらかじめ用意されている関数です。以下に、基本構文を示します。

▶ **len 関数の基本構文**
```
len(イテラブル)
```

▶ **max 関数の基本構文**
```
max(イテラブル)
```

▶ **min 関数の基本構文**
```
min(イテラブル)
```

　次ページは、文字列、リスト、タプル、辞書、集合で、len 関数、max 関数、min 関数を使った例です。

　キーとバリューのペアを要素とした辞書では、キーの最大値と最小値が得られます。要素が、文字や文字列の場合は、英語の辞典に掲載されたときに前にあるほど小さいとされます。たとえば、"apple" は "grape" より小さいとされます。

※ len は、length ＝「長さ」という意味です。「要素数」を「長さ」という言葉で表現しています。

▼ len 関数、max 関数、min 関数を使ったプログラムの例（対話モード）

```
>>> my_str = "hello"              # 文字列を作成する
>>> len(my_str)                   # 文字列の要素数（文字数）を求める
5                                 # 5 文字である
>>> max(my_str)                   # 文字列の最大値（最も大きい文字）を求める
'o'                               # 'o' が最大値である
>>> min(my_str)                   # 文字列の最小値（最も小さい文字）を求める
'e'                               # 'e' が最小値である
>>> my_list = [12, 34, 56, 78, 90]  # リストを作成する
>>> len(my_list)                  # リストの要素数を求める
5                                 # 5 個である
>>> max(my_list)                  # リストの要素の最大値を求める
90                                # 90 が最大値である
>>> min(my_list)                  # リストの要素の最小値を求める
12                                # 12 が最小値である
>>> my_tuple = (12, 34, 56, 78, 90)  # タプルを作成する
>>> len(my_tuple)                 # タプルの要素数を求める
5                                 # 5 個である
>>> max(my_tuple)                 # タプルの要素の最大値を求める
90                                # 90 が最大値である
>>> min(my_tuple)                 # タプルの要素の最小値を求める
12                                # 12 が最小値である
>>> # 辞書を作成する
>>> my_dict = {"apple":100, "grape":500, "banana":300}
>>> len(my_dict)                  # 辞書の要素数を求める
3                                 # 3 個である
>>> max(my_dict)                  # 辞書の要素のキーの最大値を求める
'grape'                           # 'grape' がキーの最大値である
>>> min(my_dict)                  # 辞書の要素のキーの最小値を求める
'apple'                           # 'apple' がキーの最小値である
>>> my_set = {"dog", "cat", "mouse"}  # 集合を作成する
>>> len(my_set)                   # 集合の要素数を求める
3                                 # 3 個である
>>> max(my_set)                   # 集合の要素の最大値を求める
'mouse'                           # 'mouse' が最大値である
>>> min(my_set)                   # 集合の要素の最小値を求める
'cat'                             # 'cat' が最小値である
```

len は、length =「長さ」の意味で、要素数を表すよ

文字列 mouse と dog だと mouse のほうが大きい！アルファベット順で大きくなるんだね

練習問題

以下の文章の □□□□ に適切な語句を入れてください。

　イテラブルの要素数、最大値、最小値は、それぞれ [a] [b] [c] で求められます。キーとバリューのペアを要素とした辞書では、[d] の最大値と最小値が得られます。要素が、文字や文字列の場合は、英語の辞典に掲載されたときに [e] にあるほど小さいとされます。

■a〜eに関する解答群

ア max関数	イ min関数	ウ len関数	エ キー
オ バリュー	カ 前	キ 後	

in 演算子と not in 演算子

　指定した要素と同じ値の要素がイテラブルの中にあるかどうかは、in演算子およびnot in演算子で判断できます。

in演算子は

　　データ in イテラブル

という構文で使い、指定したデータと同じ値の要素がイテラブルの中にあればTrueを返し、なければFalseを返します。

not in演算子は

　　データ not in イテラブル

という構文で使い、指定したデータと同じ値の要素がイテラブルの中になければTrueを返し、あればFalseを返します。

▶in 演算子の基本的な構文
```
データ in イテラブル
```

▶not in 演算子の基本的な構文
```
データ not in イテラブル
```

　次ページは、文字列、リスト、タプル、辞書、集合で、in演算子とnot in演算子を使った例です。

　キーとバリューのペアを要素とした辞書では、指定したデータと同じキーがある

18 ▶ イテラブルに共通した機能

かどうかがチェックされます。

▼in演算子とnot in演算子を使ったプログラムの例 (対話モード)

```
>>> my_str = "hello"              # 文字列を作成する
>>> "h" in my_str                 # "h" が文字列の中にあるか
True                              # True (ある)
>>> "h" not in my_str             # "h" が文字列の中にないか
False                             # False (ある)
>>> my_list = [12, 34, 56, 78, 90] # リストを作成する
>>> 56 in my_list                 # 56 がリストの中にあるか
True                              # True (ある)
>>> 56 not in my_list             # 56 がリストの中にないか
False                             # False (ある)
>>> my_tuple = (12, 34, 56, 78, 90) # タプルを作成する
>>> 56 in my_tuple                # 56 がタプルの中にあるか
True                              # True (ある)
>>> 56 not in my_tuple            # 56 がタプルの中にないか
False                             # False (ある)
>>> # 辞書を作成する
>>> my_dict = {"apple":100, "grape":500, "banana":300}
>>> "grape" in my_dict            # "grape" というキーが辞書の中にあるか
True                              # True (ある)
>>> "grape" not in my_dict        # "grape" というキーが辞書の中にないか
False                             # False (ある)
>>> my_set = {"dog", "cat", "mouse"}   # 集合を作成する
>>> "cat" in my_set               # "cat" が集合の中にあるか
True                              # True (ある)
>>> "cat" not in my_set           # "cat" が集合の中にないか
False                             # False (ある)
```

練習問題

以下の文章の _____ に適切な語句を入れてください。

「データ **in** イテラブル」という演算は、データと同じ値の要素がイテラブルにあれば ___a___ となり、なければ ___b___ になります。「データ **not in** イテラブル」という演算は、データと同じ値の要素がイテラブルにあれば ___c___ となり、なければ ___d___ になります。キーとバリューのペアを要素とした辞書では、指定したデータと同じ ___e___ があるかどうかがチェックされます。

■a～eに関する解答群

　ア　True　　　イ　False　　　ウ　キー　　　エ　バリュー

156

イテラブルをリストに変換する

リストは、疑似言語の「配列」に相当するものであり、最も利用性が高いイテラブルだといえます。そのため、他のイテラブルをリストに変換して使いたい場合がよくあります。

リストを生成する **list** 関数の引数に他のイテラブルを指定すると、新たなリストに変換されて返されます。以下に、list 関数の基本的な構文と、list 関数を使ってイテラブルをリストに変換した例を示します。

▶**list** 関数の基本的な構文
```
list(イテラブル)
```

▼文字列、タプル、辞書、集合をリストに変換する（対話モード）
```
>>> my_str = "hello"              # 文字列を作成する
>>> str_list = list(my_str)       # 文字列をリストに変換する
>>> str_list                      # リストの内容を確認する
['h', 'e', 'l', 'l', 'o']         # 文字を要素としたリストになっている
>>> my_tuple = (12, 34, 56, 78, 90) # タプルを作成する
>>> tuple_list = list(my_tuple)   # タプルをリストに変換する
>>> tuple_list                    # リストの内容を確認する
[12, 34, 56, 78, 90]              # タプルと同じ要素のリストになっている
>>> # 辞書を作成する
>>> my_dict = {"apple":100, "grape":500, "banana":300}
>>> dict_list = list(my_dict)     # 辞書をリストに変換する
>>> dict_list                     # リストの内容を確認する
['apple', 'grape', 'banana']      # キーを要素としたリストになっている
>>> my_set = {"dog", "cat", "mouse"}   # 集合を作成する
>>> set_list = list(my_set)       # 集合をリストに変換する
>>> set_list                      # リストの内容を確認する
['mouse', 'cat', 'dog']           # 集合と同じ要素のリストになっている
```

文字列をリストに変換すると、1文字ずつを要素としたリストになります。

タプルをリストに変換すると、タプルと同じ要素を持つリストになります。

辞書をリストに変換すると、辞書のキーを要素としたリストになります。

集合をリストに変換すると、集合と同じ要素を持つリストになります。集合を作成したときは、{"dog", "cat", "mouse"} の順序でしたが、変換後のリストでは、['mouse', 'cat', 'dog'] という異なる順序になっていることに注目してください。これは、集合では要素に順序が付けられていない※からです。

※ 集合の要素だけでなく、辞書の要素にも、順序が付けられていません。

18 ▶ イテラブルに共通した機能 157 ◀

練習問題

以下の文章の [____] に適切な語句を入れてください。

「list(イテラブル)」を実行すると、イテラブルが [a] に変換されます。文字列をリストに変換すると、[b] リストになります。タプルをリストに変換すると、[c] リストになります。

■a～cに関する解答群

ア タプル　　**イ** タプルと同じ要素を持つ
ウ リスト　　**エ** 1文字ずつを要素とした

sorted 関数で要素をソートする

Pythonにあらかじめ用意されているsorted関数を使うと、引数に指定したイテラブルの要素を昇順※にソートできます。ソートした結果は、新たなリストとして作成され、sorted関数の戻り値として返されます。sorted関数は、様々な種類のイテラブルをソートし、その結果を統一的にリストとして返すのです。辞書をソートすると、辞書のキーをソートしたリストが作成されます。

以下に、sorted関数の基本的な構文と、sorted関数で様々なイテラブルをソートした例を示します。

▶sorted 関数の基本的な構文

```
sorted(イテラブル)
```

▼sorted関数でイテラブルの要素を昇順にソートする（対話モード）

```
>>> my_str = "cdbae"              # 文字列を作成する
>>> sorted(my_str)               # 文字列を昇順にソートする
['a', 'b', 'c', 'd', 'e']        # ソートされたリストが得られる
>>> my_list = [56, 90, 78, 34, 12] # リストを作成する
>>> sorted(my_list)              # リストを昇順にソートする
[12, 34, 56, 78, 90]             # ソートされたリストが得られる
>>> my_tuple = (56, 90, 78, 34, 12) # タプルを作成する
>>> sorted(my_tuple)             # タプルを昇順にソートする
[12, 34, 56, 78, 90]             # ソートされたリストが得られる
>>> # 辞書を作成する
>>> my_dict = {"apple":100, "grape":500, "banana":300}
```

※「昇順」とは「小さい順」という意味です。

158

```
>>> sorted(my_dict)                    # 辞書を昇順にソートする
['apple', 'banana', 'grape']           # ソートされたキーのリストが得られる
>>> my_set = {"dog", "cat", "mouse"}   # 集合を作成する
>>> sorted(my_set)                     # 集合を昇順にソートする
['cat', 'dog', 'mouse']                # ソートされたリストが得られる
```

　イテラブルの要素を**降順**[1]に**ソート**する場合は、sorted関数の引数に **イテラブル, reverse=True** を指定します[2]。以下は、タプルを降順でソートした例です。

▼sorted関数でタプルの要素を昇順にソートする（対話モード）

```
>>> my_tuple = (56, 90, 78, 34, 12)    # タプルを作成する
>>> sorted(my_tuple, reverse=True)     # タプルを降順にソートする
[90, 78, 56, 34, 12]                   # ソートされたリストが得られる
```

練習問題

以下の文章の [＿＿＿＿] に適切な語句を入れてください。

　[a] は、引数に指定されたイテラブルの要素を昇順にソートし、その結果を新たな [b] として作成します。要素を降順にソートする場合は、[c] とします。

■a～cに関する解答群

ア sorted(イテラブル)　　　**イ** sorted(イテラブル, reverse=True)

ウ リスト　　　　　　　　　**エ** タプル

---

sorted 関数

並んで～

昇順（小さい順）だと

'apple', 'banana', 'grape'
'cat', 'dog', 'mouse'
12, 34, 56, 78, 90

reverse=True で降順（大きい順）
になるね

※1 「降順」とは「大きい順」という意味です。
※2 このように、「引数名 = 値」という形式で引数を指定することもできます。関数の引数を指定する方法には、いくつかのバリエーションがあります。第5章で詳しく説明します。

18 ▶ イテラブルに共通した機能

19 ▶ シーケンスに共通した機能

POINT!
- シーケンスは、添字を使って要素を指定できる。
- リストは、添字で指定した要素の値を変更できる。
- シーケンスは、スライスの表記で、要素を部分的に切り出せる。
- リストは、スライスの表記で、要素の部分的な変更と削除ができる。
- シーケンスは、+演算子で連結でき、*演算子で連結を繰り返せる。
- indexメソッドでデータを見つけ、countメソッドでデータの個数を求められる。

▶ 添字による要素の指定

イテラブルの中で、**シーケンス**に分類される**文字列**、**リスト**、**タプル**には、要素に順序があります。そのため、

    シーケンス名[添字]

という構文で、個々の要素を指定することができます[1]。

「添字」は、要素の順序を示す整数値であり、Pythonでは、先頭の要素を**0**とします[2]。たとえば、**変数my_list**に[12, 34, 56, 78, 90]というリストが代入されている場合、個々の要素は**my_list[0]**〜**my_list[4]**という表記で指定できます[3]。

> **▶ シーケンスの要素を指定する構文**
> シーケンス名[添字]

▼シーケンスの個々の要素には添字が割り当てられている

my_list[0]	my_list[1]	my_list[2]	my_list[3]	my_list[4]
12	34	56	78	90

添字を[と]で囲むことは、文字列、リスト、タプルで同じです。次ページは、文字列、リスト、タプルを作成し、添字が**0**の要素を指定して、それを画面に表示した例です。それぞれの先頭の要素の値が読み出されています。

※1 イテラブルの中で、コレクションに分類される辞書と集合は、順序がないので、添字を使って要素を指定することができません。
※2 擬似言語では、問題によって、先頭の添字を0とする場合と、1とする場合があります。
※3 添字をマイナスにすることもでき、その場合には、末尾から先頭に向かって、`my_list[-1]`〜`my_list[-5]`になります。

▼添字を指定して要素を読み出した例（対話モード）

```
>>> my_str = "hello"                # 文字列を作成する
>>> my_str[0]                       # 添字が 0 の要素を読み出す
'h'                                 # 先頭の文字が表示される
>>> my_list = [12, 34, 56, 78, 90]  # リストを作成する
>>> my_list[0]                      # 添字が 0 の要素を読み出す
12                                  # 先頭の要素が表示される
>>> my_tuple = (12, 34, 56, 78, 90) # タプルを作成する
>>> my_tuple[0]                     # 添字が 0 の要素を読み出す
12                                  # 先頭の要素が表示される
```

　シーケンスの中で、**ミュータブルなリスト**は

　　リスト名[添字] = 値

という構文で、要素の値を変更できます。

　以下に、例を示します。ここでは、リストを作成し、**my_list[0] = 99** で、添字が0の要素の値を99に変更しています。リストの内容を確認すると、添字が0の要素の値が変更されていることがわかります。これが**ミュータブル（変更できる）**ということです。

▶**ミュータブルなリストの値を変更する構文**

　リスト名[添字] = 値

▼ミュータブルなリストは、要素の値を変更できる（対話モード）

```
>>> my_list = [12, 34, 56, 78, 90]  # リストを作成する
>>> my_list[0] = 99                 # 要素の値を変更する
>>> my_list                         # リストの内容を確認する
[99, 34, 56, 78, 90]                # 要素の値が変更されている
```

　シーケンスの中で、**イミュータブルな文字列、タプル**は、要素の値を変更できません。もしも、変更しようとすると、プログラムの実行時にエラーになります。

　次ページに、例を示します。ここでは、タプルを作成し、**my_tuple[0] = 99** で、添字が0の要素の値を99に変更しようとしましたが、実行時にエラーになっています※。タプルの内容を確認すると、添字が0の要素の値が変更されていないことがわかります。これが**イミュータブル（変更できない）**ということです。

※ エラーメッセージの内容は「タプルオブジェクトは、要素への値の設定に対応していません」という意味です。

▼イミュータブルなタプルは、要素の値を変更できない（対話モード）

```
>>> my_tuple = (12, 34, 56, 78, 90)     # タプルを作成する
>>> my_tuple[0] = 99                    # 要素の値を変更しようとする
Traceback (most recent call last):      # 実行時にエラーになる
  File "<stdin>", line 1, in <module>
TypeError: 'tuple' object does not support item assignment
>>> my_tuple                            # タプルの内容を確認する
(12, 34, 56, 78, 90)                    # 要素の値が変更されていない
```

 練習問題

以下の文章の ▭ に適切な語句を入れてください。

対話モードで`my_str = "hello"`を実行し、文字列を作成しました。続けて、`my_str[0] = "H"`を実行すると ▭ a ▭ 、そのあとで`my_str`を実行すると ▭ b ▭ が表示されます。

■a、bに関する解答群
ア `my_str[0]`が"H"に変更され　　イ エラーメッセージが表示され
ウ 'Hello'　　　　　　　　　　　　エ 'hello'

▶ スライスによる要素の切り出し

要素を添字で指定できるシーケンスでは、

　　シーケンス名[開始位置:終了位置:ステップ]

という構文で範囲を指定して、要素を部分的に切り出すことができます。この機能を「**スライス**※」と呼びます。「**開始位置**」から「**終了位置**」未満までの要素が「**ステップ**」ごとに切り出されます。

「終了位置」まで**ではなく**、「終了位置」**未満まで**であることに注意してください。「初期位置」を**含んで**「終了位置」を**含まない**のです。これは、

　　range(初期値, 終了値, ステップ)

で返される数値列が「初期値」を含んで「終了値」を含まないことと同じなので、「スライスの範囲指定の方法は、range関数と同じだ」と覚えるとよいでしょう。

※ スライス（slice）＝「薄く切り取る」という意味です。

▶スライスの基本的な構文

シーケンス名[開始位置:終了位置:ステップ]

以下は、スライスの例です。要素数が5個の文字列、リスト、タプルを作成し、それぞれの**1～3**の添字の要素を**1つごと**に切り出しています。1～3は、**1～4未満**なので[1:4:1]という指定になっていることに注意してください。

▼1～3の添字の要素を1つごとに切り出すスライスの例（対話モード）

```
>>> my_str = "hello"              # 文字列を作成する
>>> my_str[1:4:1]                 # 文字列をスライスする
'ell'                             # スライスした要素が得られる
>>> my_list = [12, 34, 56, 78, 90]  # リストを作成する
>>> my_list[1:4:1]                # リストをスライスする
[34, 56, 78]                      # スライスした要素が得られる
>>> my_tuple = (12, 34, 56, 78, 90) # タプルを作成する
>>> my_tuple[1:4:1]               # タプルをスライスする
(34, 56, 78)                      # スライスした要素が得られる
```

以下に、[12, 34, 56, 78, 90] というリストから [34, 56, 78] の部分をスライスするイメージを示します。ナイフを使ってパンをスライスするように、リストを部分的にスライスできるのです。ただし、パンをスライスするときとは異なり、リストのスライスでは、スライスした結果として新しいリストが作成されます。

▼スライスのイメージ

スライスの「開始位置」「終了位置」「ステップ」は、区切りの**コロン**（:）を残しておけば、どれも省略可能です。

「開始位置」を省略すると、先頭から要素が切り出されます。

「終了位置」を省略すると、末尾まで要素が切り出されます。

「ステップ」を省略すると、要素が1つずつ切り出されます。

「開始位置」「終了位置」「ステップ」のすべてを省略すると、先頭から末尾まで1つずつ取り出されることになるので、もとのシーケンスのコピーが得られます。以下に例を示します。

▼ スライスの「開始位置」「終了位置」「ステップ」を省略した例（対話モード）

```
>>> my_list = [12, 34, 56, 78, 90]    # リストを作成する
>>> my_list[:4:1]                      # 開始位置を省略する
[12, 34, 56, 78]                       # 先頭から切り出される
>>> my_list[1::1]                      # 終了位置を省略する
[34, 56, 78, 90]                       # 末尾まで切り出される
>>> my_list[1:4:]                      # ステップを省略する
[34, 56, 78]                           # 1つずつ取り出される
>>> my_list[::]                        # すべてを省略する
[12, 34, 56, 78, 90]                   # コピーが得られる
```

練習問題

以下の文章の　　　　　に適切な語句を入れてください。

シーケンス名【開始位置：終了位置：ステップ】

というスライスの構文では、「開始位置」から「終了位置」　a　までの要素が「ステップ」ごとに切り出されます。この構文で、「開始位置」を省略すると、　b　から要素が切り出されます。「終了位置」を省略すると、　c　まで要素が切り出されます。「ステップ」を省略すると、　d　ます。すべてを省略すると、　e　ます。

■a〜eに関する解答群

ア 先頭　　　**イ** 末尾　　　**ウ** 以下　　　**エ** 未満

オ 要素が1つずつ取り出され　　**カ** もとのシーケンスのコピーが得られ

スライスによる要素の変更と削除

シーケンスの中で、ミュータブルなリストは、

リスト名[開始位置：終了位置：ステップ] = イテラブル

という構文で、指定された範囲の要素の置き換えができ、

164

```
del リスト名[開始位置:終了位置:ステップ]
```
という構文で、指定された範囲の要素の削除ができます[※1]。
delは、「del文」という構文であり、オブジェクトを削除する（メモリ上から破棄する）機能を持っています[※2]。

▶ミュータブルなリストの要素を部分的に置き換える基本構文
```
リスト名[開始位置:終了位置:ステップ] = リスト
```

▶ミュータブルなリストの値を部分的に削除する基本構文
```
del リスト名[開始位置:終了位置:ステップ]
```

▶del文の基本構文
```
del オブジェクト
```

以下は、リストの要素の部分的な置き換えと削除を行う例です。ここでは、[12, 34, 56, 78, 90]というリストを作成し、1～3の添字の要素を[0, 0, 0]に置き換え、結果を確認してから、1～3の添字の要素を削除しています。

▼リストの部分的な置き換えと削除を行う例（対話モード）
```
>>> my_list = [12, 34, 56, 78, 90]    # リストを作成する
>>> my_list                           # リストの内容を確認する
[12, 34, 56, 78, 90]                  # リストの内容が表示される
>>> my_list[1:4:1] = [0, 0, 0]        # 要素を部分的に置き換える
>>> my_list                           # リストの内容を確認する
[12, 0, 0, 0, 90]                     # 要素が部分的に置き換わっている
>>> del my_list[1:4:1]                # 要素を部分的に削除する
>>> my_list                           # リストの内容を確認する
[12, 90]                              # 要素が部分的に削除されている
```

リストの要素は
個々に指定して読み出したり、値を変更したり、
部分的に切り出したり、置き換えたり、
削除したりできます

[※1] イミュータブルな文字列とタプルでは、要素の置き換えや削除ができません。
[※2] delは、delete＝「削除する」という意味です。

練習問題

以下の文章の [_____] に適切な語句を入れてください。

「**12, 34, 56, 78, 90**」というリストが格納された **my_list** があるとします。**my_list** の **[12, 34]** の部分を **[-1, -1]** に置き換えるには、[___a___] を実行します。**[-1, -1, 56, 78, 90]** となったリストの **[56, 78]** の部分を削除するには、[___b___] を実行します。

■a、bに関する解答群

ア **my_list[0:1:1] = [-1, -1]**　　イ **my_list[0:2:1] = [-1, -1]**

ウ **del my_list[2:4:1]**　　　　　　エ **del my_list[2:3:1]**

▶ + 演算子と * 演算子

文字列、リスト、タプルは、**+演算子**を使って連結できます。演算結果として、新たな文字列、リスト、タプルが作成されます。

*演算子を使って、文字列、リスト、タプルと**整数**を演算すると、演算結果として、その整数の数だけ繰り返し連結された文字列、リスト、タプルが新たに作成されます。

以下は、文字列、リスト、タプルで **+ 演算子** と *** 演算子** を使った例です。要素数が1個だけのタプルを **(12,)** と表記していることに注目してください。タプルを囲む **(と)** には、演算を優先させる意味もあるので、単に **(12)** とすると、**(12) * 5** が12と5の乗算であると解釈されてしまいます。そのため、要素数が1個だけのタプルは、要素の最後にカンマ（**,**）を置くことでタプルであることを示すのです。

▼文字列、リスト、タプルで+演算子と * 演算子を使う（対話モード）

```
>>> my_str = "abc" + "def"        # 文字列と文字列を連結する
>>> my_str                        # 演算結果を確認する
'abcdef'                          # 文字列が連結されている
>>> my_str = "abc" * 3            # 文字列を 3 回繰り返し連結する
>>> my_str                        # 演算結果を確認する
'abcabcabc'                       # 3 回繰り返し連結されている
>>> my_list = [12, 34, 56] + [78, 90]    # リストとリストを連結する
>>> my_list                       # 演算結果を確認する
```

166

```
[12, 34, 56, 78, 90]                      # リストが連結されている
>>> my_list = [12] * 5                     # リストを5回繰り返し連結する
>>> my_list                               # 演算結果を確認する
[12, 12, 12, 12, 12]                       # 5回繰り返し連結されている
>>> my_tuple = (12, 34, 56) + (78, 90)     # タプルとタプルを連結する
>>> my_tuple                              # 演算結果を確認する
(12, 34, 56, 78, 90)                       # タプルが連結されている
>>> my_tuple = (12, ) * 5                  # タプルを5回繰り返し連結する
>>> my_tuple                              # 演算結果を確認する
(12, 12, 12, 12, 12)                       # 5回繰り返し連結されている
```

　ミュータブルなリストは、**+=** や ***=** という**複合代入演算子**を使って、新たなリストを作成せずに、演算結果を同じリストに格納できます。以下に例を示します。

▼リストで **+=** 演算子と ***=** 演算子を使う（対話モード）

```
>>> my_list = [12, 34, 56]      # リストを作成する
>>> my_list                    # リストの内容を確認する
[12, 34, 56]                    # リストの内容が表示される
>>> my_list += [78, 90]         # リストにリストを連結する
>>> my_list                    # 演算結果を確認する
[12, 34, 56, 78, 90]            # 同じリストに連結されている
>>> my_list = [12]              # リストを作成する
>>> my_list                    # リストの内容を確認する
[12]                           # リストの内容が表示される
>>> my_list *= 5                # リストを繰り返し5回連結する
>>> my_list                    # 演算結果を確認する
[12, 12, 12, 12, 12]            # 同じリストに繰り返し5回連結されている
```

練習問題

　以下の文章の 　　　　 に適切な語句を入れてください。

　my_list = [12] + [34]を実行すると、**my_list**の内容は　 a 　になります。これに続けて、**my_list *= 2**を実行すると、**my_list**の内容は　 b 　になります。

■a、bに関する解答群

　ア　[46]　　　　イ　[92]
　ウ　[12, 34]　　エ　[12, 34, 12, 34]

19 ▶ シーケンスに共通した機能　　167

▶index メソッドと count メソッド

文字列、リスト、タプルには、index メソッドと count メソッドがあります。

index メソッドは、シーケンスの要素を先頭から順番にチェックし、引数で指定されたデータが最初に見つかった位置の添字を返します。

count メソッドは、引数で指定されたデータがシーケンスの中にある個数を返します。

以下に、基本構文を示します。

▶index メソッドの基本構文
```
シーケンス名.index( データ )
```

▶count メソッドの基本構文
```
シーケンス名.count( データ )
```

以下は、リストで、index メソッドと count メソッドを使った例です。index メソッドで、引数に指定したデータが見つからない場合には、実行時にエラーになります[※]。

▼リストで index メソッドと count メソッドを使う（対話モード）
```
>>> my_list = [12, 34, 12, 12, 34]    # リストを作成する
>>> my_list.index(34)                 # 34 を見つける
1                                     # 添字 1 の位置に見つかった
>>> my_list.count(12)                 # 12 の個数を求める
3                                     # 3 個ある
>>> my_list.index(56)                 # 存在しない要素を見つける
Traceback (most recent call last):    # 実行時にエラーになる
  File "<stdin>", line 1, in <module>
ValueError: 56 is not in list
```

・index メソッドは引数のデータの添字
・count メソッドは引数のデータの個数
　を返すよ

[※] エラーに対処するには、in 演算子を使ってキーに対応する要素が存在することを確認してからメソッドを呼び出すか、例外処理を行います。例外処理に関しては、第 8 章で説明します。

練習問題

以下の文章の □ に適切な語句を入れてください。

「`12, 34, 12, 12, 34`」というリストが格納された`my_list`があるとします。`my_list.index(12)`を実行すると a が表示され、`my_list.count(34)`を実行すると b が表示されます。

■a、bに関する解答群
　ア　0　　　イ　1　　　ウ　2　　　エ　3

---

column ▶ プログラミングをマスターするコツ その2

実行結果を想像してから実行する！

　実行モードでも、対話モードでも、プログラムを実行するときは、闇雲に実行するのではなく、実行結果を想像してから実行してください。なぜなら、自分の作ったプログラムが自分の思ったとおりに動作すると、とても嬉しい気分になれるからです。これは、物づくり全般に共通した喜びでしょう。

　たとえば、print("hello, world") と記述したプログラムをsample.pyというファイル名で作成して実行する場合には、python sample.py まで入力したら、すぐに [Enter] キーを押してはいけません。「このプログラムを実行したら、画面にhello, world と表示されるはずだ」ということを思いきり想像してから、「え～い！」と [Enter] キーを押すのです。そうすれば、思い通りの実行結果を見て「よ～し！」とガッツポーズが出るはずです。

　もしも、思い通りの実行結果にならなかったら、「なんで～？」とオーバーアクションして、実行結果とプログラムの内容を見比べてください。「ああ、そうか！」と気付いたら、プログラムを修正して、「今度こそ、ちゃんと画面にhello, world と表示されるはずだ」と想像してから、[Enter] キーを押してください。

　修正したプログラムが思い通りに動作すると、1回で動作した時より、何倍も嬉しい気分になれます。この嬉しさが、プログラミングの学習意欲につながります。

19 ▶ シーケンスに共通した機能

20 イテラブルのその他の機能

POINT!

- 辞書は、キーを指定してバリューを読み書きする。
- 集合は、集合どうしで演算や比較ができる。
- タプルのアンパックの機能を使って、1 つの代入文で複数の変数に値を代入できる。
- リストには、要素の追加、挿入、削除などを行うメソッドがある。
- 辞書は、キーを指定して要素の追加、更新、削除ができる。
- 集合には、要素の追加と削除のメソッドがある。
- Python では、イテラブルのイテラブルで 2 次元配列を表現する。

▶ キーを指定してバリューを読み書きする（辞書の機能）

文字列、リスト、タプルでは、[と] の中に添字を指定して要素を指定しますが、辞書では、[と] の中に**キー**を指定して要素を指定します。辞書は、**ミュータブル**（**変更できる**）なので、要素のバリューを書き換えることもできます。

▶辞書の要素を指定する構文
> 辞書名［キー］

▶辞書のバリューを変更する基本構文
> 辞書名［キー］＝ バリュー

以下は、キーを指定して辞書のバリューを読み書きする例です。ここでは、果物の名前の文字列がキーなので、**my_dict["apple"]** のように [と] の中に文字列を指定しています。これによって、**"apple"** というキーに対応するバリューが得られます。添字ではなくキーを指定することが、他のイテラブルにはない、辞書の大きな特徴です。この特徴があるからこそ「辞書」なのです。

▼キーを指定して辞書のバリューを読み書きする（対話モード）

```
>>> # 辞書を作成する
>>> my_dict = {"apple":100, "grape":500, "banana":300}
>>> my_dict["apple"]              # キーに対応するバリューを読み出す
100                               # キーに対応するバリューは 100 である
>>> my_dict["apple"] = 200        # キーに対応するバリューに書き込む
>>> my_dict                       # 辞書の内容を確認する
{'apple': 200, 'grape': 500, 'banana': 300}  # バリューが書き換わっている
```

170

辞書の要素には、順序を示す添字がありませんが、キーで指定できます。以下に、辞書に格納されている要素のイメージを示します。「順序はないが、キーで指定できる」というイメージをつかんでください。

▼辞書に格納されている要素のイメージ

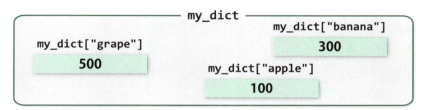

for 変数 in イテラブル: のイテラブルに辞書を指定すると、辞書から要素のキーが1つずつ取り出されて変数に格納されます。この変数を **辞書名[キー]** のキーの部分に指定すれば、要素のバリューを得ることができます。

以下に例を示します。ここでは、for文で辞書 **my_dict** のキーを変数sに取り出しているので、**my_dict[s]** でキーに対応するバリューが得られます。

▼for文で辞書から要素のバリューを取り出す（対話モード）

```
>>> # 辞書を作成する
>>> my_dict = {"apple":100, "grape":500, "banana":300}
>>> for s in my_dict:          # 辞書から要素のキーを1つずつ取り出す
...     print(my_dict[s])       # キーに対応するバリューを表示する
...                             # ［Enter］キーだけを押すと実行される
100                             # 要素のバリューが表示される
500
300
```

 練習問題

以下の文章の _____ に適切な語句を入れてください。

my_dict = {"apple":100, "grape":500, "banana":300} で、**"grape"** というキーに対応するバリューを **600** に書き換えるには ___a___ を実行します。

■aに関する解答群
ア　my_dict[1] = 600　　　イ　my_dict["grape"] = 600

20 ▶ イテラブルのその他の機能

▶ 集合どうしを演算する（集合の機能）

集合と聞くと、中学や高校の数学でならった「**ベン図**」を思い出すでしょう。ベン図を使うと、集合と集合の演算である「**和集合**」「**積集合**」「**差集合**」「**対称差集合**」を図示することができます。以下に例を示します。

和集合は、集合AとBのいずれかに含まれる要素の集合です。
積集合は、集合AとBの両方に含まれる要素の集合です。
差集合は、集合AからBに含まれる要素を取り除いた集合です。
対称差集合は、集合AとBのいずれか一方だけに含まれた要素の集合です。

▼ベン図で示した集合と集合の演算の例

Pythonの集合では、数学の集合と同様に、集合と集合の演算ができるようになっています。個々の要素ではなく、イテラブル全体を演算できることが、他のイテラブルにはない、集合の大きな特徴です。この特徴があるからこそ「集合」なのです。

以下に、Pythonの集合どうしの演算子の種類と機能を示します。これらの演算子による演算結果は、新たな集合になります。集合と集合の演算結果は、集合なのです。

▼集合どうしの演算子の種類と機能

演算子	意味	演算式の例	演算結果
|	和集合	a | b	集合aとbの和集合を作成する
&	積集合	a & b	集合aとbの積集合を作成する
-	差集合	a - b	集合aとbの差集合を作成する
^	対称差集合	a ^ b	集合aとbの対象差集合を作成する

次ページは、動物の名前を要素した集合aとbで、和集合、積集合、差集合、対称差集合を求めた例です。

和集合では、集合aとbのいずれかに含まれる {'cat', 'mouse', 'lion', 'dog'} とい

う集合が作成されました。

　積集合では、集合aとbの両方に含まれるという {'cat'} 集合が作成されました。

　差集合では、集合aからbに含まれる要素を取り除いた {'dog', 'mouse'} という集合が作成されました。

　対称差集合では、集合aとbのいずれか一方だけに含まれた {'mouse', 'dog', 'lion'} という集合が作成されました。

▼和集合、積集合、差集合、対称差集合を求めた例（対話モード）

```
>>> a = {"dog", "cat", "mouse"}      # 集合 a を作成する
>>> b = {"lion", "cat"}              # 集合 b を作成する
>>> a | b                            # 和集合を求める
{'cat', 'mouse', 'lion', 'dog'}      # 和集合が得られる
>>> a & b                            # 積集合を求める
{'cat'}                              # 積集合が得られる
>>> a - b                            # 差集合を求める
{'dog', 'mouse'}                     # 差集合が得られる
>>> a ^ b                            # 対称差集合を求める
{'mouse', 'dog', 'lion'}             # 対称差集合が得られる
```

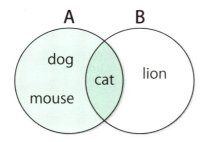

　比較演算子を使って、集合どうしの比較を行うこともできます。個々の要素を比較するのではなく、集合どうしを比較するので、**>** や **>=** が、「より大」や「以上」ではなく、「**含む**」や「**含むか等しい**」という意味になることに注意してください。

　次ページに、集合における比較演算子の種類と機能を示します。これらの演算子による演算結果は、TrueまたはFalseになります。

▼ 集合における比較演算子の種類と機能

演算子	意味	演算式の例	演算結果
==	等しい	a == b	集合aとbの要素がすべて同じならTrue、そうでなければFalse
!=	等しくない	a != b	集合aとbの要素に異なるものがあればTrue、そうでなければFalse
>	含む	a > b	集合aがbの要素をすべて含むならTrue、そうでなければFalse
>=	含むか等しい	a >= b	集合aがbの要素をすべて含むか、すべての要素が同じならTrue、そうでなければFalse
<	含む	a < b	(> の向きを逆にしたもの)
<=	含むか等しい	a <= b	(>= の向きを逆にしたもの)

　以下は、動物の名前を要素した集合a、b、cで、比較演算子を使った例です。すべての要素が同じ集合bとcで、**b > c** という演算を行った結果がFalseであることに注目してください。**b > c は、集合bがcの要素をすべて含み、かつ集合bの方がcより要素が多い場合にTrue** になります。

▼ 集合a、b、cで、比較演算子を使った例 (対話モード)

```
>>> a = {"dog", "cat", "mouse"}    # 集合 a を作成する
>>> b = {"dog", "cat"}             # 集合 b を作成する
>>> c = {"dog", "cat"}             # 集合 c を作成する
>>> a == b         # 集合 a と b は同じか
False              # 同じではない
>>> a != b         # 集合 a と b は異なるか
True               # 異なる
>>> a > b          # 集合 a が b を含むか
True               # 含む
>>> a >= b         # 集合 a は b を含むか、同じか
True               # 含むか、同じである
>>> b == c         # 集合 b と c は同じか
True               # 同じである
>>> b != c         # 集合 b と c は異なるか
False              # 異なっていない
>>> b > c          # 集合 b は c を含むか
False              # 含んでいない
>>> b >= c         # 集合 b は c を含むか、同じか
True               # 含むか、同じである
```

練習問題

以下の文章の　　　　に適切な語句を入れてください。

a = {"dog", "cat", "mouse"}およびb = {"fox", "dog"}という2つの集合を作成したあとで、a | bを実行すると　a　が作成され、a & bを実行すると　b　が作成されます。さらに、a > bの演算結果は　c　になり、a != bの演算結果は　d　になります。

■a～dに関する解答群
- ア　{'cat', 'fox', 'mouse', 'dog', 'dog'}　　イ　{'dog'}
- ウ　{'cat', 'fox', 'mouse', 'dog'}
- エ　{'cat', 'fox', 'mouse'}　　オ　True　　カ　False

タプルのアンパック（タプルの機能）

たとえば、(a, b, c) という変数のタプルに、(12, 34, 56) という整数のタプルを代入すると、それぞれの変数に、対応する位置の整数が代入されます。これを「**タプルのアンパック**」と呼びます。アンパック（unpack）は、「**包みを解いて中身を出す**」という意味です。タプルという包みを解いて、中身の要素を取り出し、それぞれを別の包みの中にある変数に代入するのです。以下に例を示します。

▼タプルのアンパックの例

(a, b, c) = (12, 34, 56)

タプルを囲むカッコは、省略できます。カッコを省略してタプルのアンパックを行うと、1つの代入文で、複数の変数に値を代入しているように見えます。以下に例を示します。

▼カッコを省略したタプルのアンパックの例

a, b, c = 12, 34, 56

代入における右辺は、**演算式でも構いません**。たとえば、以下は、**右辺にある変数aとbの四則演算結果**を、左辺にある**add、sub、mul、div**※という変数に代入するプログラムです。演算ごとに4つの代入文に分けなくてすむので、とても効率的だと感じるでしょう。

▼四則演算結果を4つの変数に代入するプログラム（対話モード）

```
>>> a = 10            # 変数 a に適当な値を代入する
>>> b = 5             # 変数 b に適当な値を代入する
>>> # 4 つの変数に代入する
>>> add, sub, mul, div = a + b, a - b, a * b, a / b
>>> add               # 変数 add の値を確認する
15                    # 加算結果が代入されている
>>> sub               # 変数 sub の値を確認する
5                     # 減算結果が代入されている
>>> mul               # 変数 mul の値を確認する
50                    # 乗算結果が代入されている
>>> div               # 変数 div の値を確認する
2.0                   # 除算結果が代入されている
```

練習問題

以下の文章の [　　　] に適切な語句を入れてください。

`radius = 10`を実行したあとで、

`diameter, area = radius * 2, radius * radius * 3.14`

を実行すると変数**diameter**には [a] が代入され、変数**area**には [b] が代入されます。

■a、bに関する解答群

　ア　10　　　イ　20　　　ウ　314.0　　　エ　31400.0

※ これらの変数名は、加算、減算、乗算、除算を意味する英語の略語です。

176

紙面版 電脳会議 一切無料

今が旬の情報を満載してお送りします！

『電脳会議』は、年6回の不定期刊行情報誌です。A4判・16頁オールカラーで、弊社発行の新刊・近刊書籍・雑誌を紹介しています。この『電脳会議』の特徴は、単なる本の紹介だけでなく、著者と編集者が協力し、その本の重点や狙いをわかりやすく説明していることです。現在200号に迫っている、出版界で評判の情報誌です。

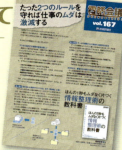

毎号、厳選ブックガイドもついてくる!!

『電脳会議』とは別に、1テーマごとにセレクトした優良図書を紹介するブックカタログ（A4判・4頁オールカラー）が2点同封されます。

電子書籍を読んでみよう！

技術評論社　GDP　　検　索

と検索するか、以下のURLを入力してください。

https://gihyo.jp/dp

1. アカウントを登録後、ログインします。
【外部サービス(Google、Facebook、Yahoo!JAPAN)でもログイン可能】

2. ラインナップは入門書から専門書、趣味書まで1,000点以上！

3. 購入したい書籍を🛒カートに入れます。

4. お支払いは「**PayPal**」「**YAHOO!** ウォレット」にて決済します。

5. さあ、電子書籍の読書スタートです！

- ●ご利用上のご注意　当サイトで販売されている電子書籍のご利用にあたっては、以下の点にご留意
- ■インターネット接続環境　電子書籍のダウンロードについては、ブロードバンド環境を推奨いたします。
- ■閲覧環境　PDF版については、Adobe ReaderなどのPDFリーダーソフト、EPUB版については、EPUB
- ■電子書籍の複製　当サイトで販売されている電子書籍は、購入した個人のご利用を目的としてのみ、閲覧、ご覧いただく人数分をご購入いただきます。
- ■改ざん・複製・共有の禁止　電子書籍の著作権はコンテンツの著作権者にありますので、許可を得ない

Software Design WEB+DB PRESS も電子版で読める

電子版定期購読が便利!

くわしくは、
「Gihyo Digital Publishing」
のトップページをご覧ください。

電子書籍をプレゼントしよう!🎁

Gihyo Digital Publishing でお買い求めいただける特定の商品と引き替えが可能な、ギフトコードをご購入いただけるようになりました。おすすめの電子書籍や電子雑誌を贈ってみませんか?

こんなシーンで… ●ご入学のお祝いに ●新社会人への贈り物に ……

- **ギフトコードとは?** Gihyo Digital Publishing で販売している商品と引き替えできるクーポンコードです。コードと商品は一対一で結びつけられています。

くわしいご利用方法は、「Gihyo Digital Publishing」をご覧ください。

ソフトのインストールが必要となります。
印刷を行うことができます。法人・学校での一括購入においても、利用者1人につき1アカウントが必要となり、
他人への譲渡、共有はすべて著作権法および規約違反です。

電脳会議
紙面版
新規送付の お申し込みは…

ウェブ検索またはブラウザへのアドレス入力の
どちらかをご利用ください。
Google や Yahoo! のウェブサイトにある検索ボックスで、

| 電脳会議事務局 | 検 索 |

と検索してください。
または、Internet Explorer などのブラウザで、

https://gihyo.jp/site/inquiry/dennou

と入力してください。

「電脳会議」紙面版の送付は送料含め費用は
一切無料です。
そのため、購読者と電脳会議事務局との間
には、権利&義務関係は一切生じませんので、
予めご了承ください。

技術評論社　電脳会議事務局
〒162-0846　東京都新宿区市谷左内町21-13

リストへの要素の追加、更新、削除（リストの機能）

　ミュータブルなリストには、リストを作成したあとで必要に応じて、要素の追加、更新、削除などができます。

　要素の更新は、これまでに説明したように、添字で要素を指定して

　　リスト名[添字] ＝ 値

で行うか、スライスで範囲を指定して

　　リスト名[開始位置:終了位置:ステップ] ＝ リスト

で行います。

　要素の追加や挿入、削除は、リストが持つappendメソッド、insertメソッド、popメソッド、removeメソッドで行います。reverseメソッドを使うと、リストの内容を逆順に並び替えることができます。

　以下に、それぞれのメソッドの基本構文を示します。

> **append メソッドの基本構文**
> リスト.append(要素)

> **insert メソッドの基本構文**
> リスト.insert(位置，要素)

> **pop メソッドの基本構文**
> リスト.pop(位置)
> リスト.pop()

> **remove メソッドの基本構文**
> リスト.remove(オブジェクト)

> **reverse メソッドの基本構文**
> リスト.reverve()

　appendメソッドは、引数で指定された要素をリストの末尾に追加します。

　insertメソッドは、引数で指定した位置に要素を挿入します。

　popメソッドは、引数で指定された位置の要素を取り出して、リストから削除します。popメソッドに引数を指定しないと、リストの末尾が指定されたとみな

れます。

　removeメソッドは、引数で指定されたオブジェクトと同じ値の最初の要素を削除します。

　reverseメソッドは、リストの要素を逆順に並び替えます。

　以下は、リストに要素の追加と削除を行い、さらにリストの要素を逆順に並び替えるプログラムです。

▼リストに要素の追加と削除を行う（対話モード）
```
>>> my_list = [12, 34, 56]      # リストを作成する
>>> my_list                     # リストの内容を確認する
[12, 34, 56]                    # 要素が表示される
>>> my_list.append(78)          # リストの末尾に要素を追加する
>>> my_list                     # リストの内容を確認する
[12, 34, 56, 78]                # 末尾に要素が追加されている
>>> my_list.insert(2, 99)       # リストに要素を挿入する
>>> my_list                     # リストの内容を確認する
[12, 34, 99, 56, 78]            # 要素が挿入されている
>>> data = my_list.pop(2)       # リストから要素を取り出して削除する
>>> data                        # 取り出した要素を確認する
99                              # 要素が取り出されている
>>> my_list                     # リストの内容を確認する
[12, 34, 56, 78]                # 取り出した要素が削除されている
>>> data = my_list.pop()        # リストの末尾の要素を取り出して削除する
>>> data                        # 取り出した要素を確認する
78                              # 末尾の要素が取り出されている
>>> my_list                     # リストの内容を確認する
[12, 34, 56]                    # 末尾の要素が削除されている
>>> my_list.remove(34)          # 引数で指定した34と同じ値の要素を削除する
>>> my_list                     # リストの内容を確認する
[12, 56]                        # 34が削除されている
>>> my_list.reverse()           # リストの要素を逆順に並び替える
>>> my_list                     # リストの内容を確認する
[56, 12]                        # 要素が逆順に並び替えられている
```

　　リストへの要素の追加　→　appendメソッド
　　　　　　　　　挿入　→　insertメソッド
　　　　　　　　　削除　→　popメソッド、
　　　　　　　　　　　　　　removeメソッド
　　　　　　　並び替え　→　reverseメソッド

上のプログラムで確認しよう！

練習問題

以下の文章の［　　　］に適切な語句を入れてください。

リストが持つ［ a ］メソッドは、リストの末尾に要素を追加します。［ b ］メソッドは、リストに要素を挿入します。［ c ］メソッドは、リストの指定した位置または末尾から要素を取り出して削除します。［ d ］メソッドは、指定したオブジェクトと同じ値の最初の要素を削除します。［ e ］メソッドは、リストの要素を逆順に並び替えます。

■a〜eに関する解答群

ア reverse　　イ remove　　ウ pop

エ insert　　　オ append

辞書への要素の追加、更新、削除（辞書の機能）

辞書もミュータブルなので、辞書を作成したあとで必要に応じて、要素の追加、更新、削除ができます。これらの処理は、辞書のキーを指定して行います。

これまでに説明したように、

辞書名[キー] = 値

という構文で値の代入を行うと、指定したキーに対応する要素の値が更新されますが、指定したキーに対応する要素が存在しない場合は、新たに「**キー:値**」という要素が追加されます。

> **辞書に要素を追加または更新する構文**
> 辞書名[キー] = 値

オブジェクトを削除する機能を持つ**del文**を使って

del 辞書名[キー]

という構文で、辞書から要素を削除できます。辞書が持つ**pop**メソッドを使った

辞書名.pop(キー)

という構文で、キーに対応するバリューを取り出して要素を削除することもできます。どちらも場合も、キーに対応する要素が存在しないとエラーになります[※]。

※ エラーに対処するには、in演算子を使ってキーに対応する要素が存在することを確認してから削除を行うか、例外処理を行います。例外処理に関しては、第8章で説明します。

20 ▶ イテラブルのその他の機能　179

> **del 文で辞書を削除する構文**

```
del 辞書名[キー]
```

> **pop メソッドで辞書からバリューを取り出して要素を削除する構文**

```
変数 = 辞書名.pop(キー)
```

以下は、辞書に要素の追加、更新、削除を行う例です。

▼辞書に要素の追加、更新、削除を行う（対話モード）

```
>>> # 辞書を作成する
>>> my_dict = {"apple":100, "grape":500, "banana":300}
>>> my_dict                                    # 辞書の内容を確認する
{'apple': 100, 'grape': 500, 'banana': 300}    # 辞書の内容が表示される
>>> my_dict["orange"] = 200                     # 辞書に要素を追加する
>>> my_dict                                     # 辞書の内容を追加する
>>> # 追加されている
{'apple': 100, 'grape': 500, 'banana': 300, 'orange': 200}
>>> del my_dict["orange"]                       # 辞書から要素を削除する
>>> my_dict                                     # 辞書の内容を確認する
{'apple': 100, 'grape': 500, 'banana': 300}    # 削除されている
>>> val = my_dict.pop("apple")  # 辞書からバリューを取り出して要素を削除する
>>> val                          # 取り出したバリューを確認する
100                              # バリューが取り出されている
>>> my_dict                      # 辞書の内容を確認する
{'grape': 500, 'banana': 300}  # 取り出された要素が削除されている
```

練習問題

以下の文章の [＿＿＿＿] に適切な語句を入れてください（※ b と c は順不同）。

[a] で辞書に書き込みを行うと、指定したキーに対応する要素の値が更新されますが、指定したキーに対応する要素が存在しない場合は、新たに「キー：値」という要素が追加されます。[b] または [c] で、辞書から要素を削除できます。

■a～cに関する解答群

　ア　**del** 辞書名[キー]　　　　イ　辞書名.**pop**(キー)
　ウ　辞書名[キー] = 値

180

集合への要素の追加と削除（集合の機能）

集合もミュータブルなので、集合を作成したあとで必要に応じて、要素の追加と削除ができます。

集合が持つ**add**メソッドを使うと、引数で指定した要素が集合に追加されます。集合には、同じ要素を格納できないので、addメソッドですでに存在する要素を追加すると、エラーにならず無視されます。

removeメソッドおよび**discard**メソッド※を使うと、引数で指定した要素と同じ値の要素が、集合から削除されます。指定した要素が存在しない場合は、removeメソッドではエラーになり、discardメソッドでは無視されます。

それぞれの基本構文を以下に示します。個々の要素を指定する手段がない集合では、要素を削除してから新たな要素を追加することで、要素を更新したことになります。

▶**add メソッドの基本構文**
集合名 .add(要素)

▶**remove メソッドの基本構文**
集合名 .remove(要素)

▶**discard メソッドの基本構文**
集合名 .discard(要素)

以下は、集合に要素の追加と削除を行う例です。{'cat', 'dog', 'mouse'} という集合に "fox" という要素を追加した結果が、{'cat', 'fox', 'dog', 'mouse'} となっていることに注目してください。これは、集合には、要素に順序がないので、格納される位置が不定になるからです。

▼集合に要素の追加と削除を行う（対話モード）

```
>>> my_set = {"dog", "cat", "mouse"}    # 集合を作成する
>>> my_set                              # 集合の内容を確認する
{'cat', 'dog', 'mouse'}                 # 要素が表示される
>>> my_set.add("fox")                   # 集合に要素を追加する
>>> my_set                              # 集合の内容を確認する
{'cat', 'fox', 'dog', 'mouse'}          # 要素が追加されている
```

※ discard ＝「捨てる」という意味です。

20 ▶ イテラブルのその他の機能　181

```
>>> my_set.add("dog")              # 集合に既存の要素を追加する
>>> my_set                         # 集合の内容を確認する
{'cat', 'fox', 'dog', 'mouse'}     # 無視されている
>>> my_set.remove("fox")           # 集合から要素を削除する
>>> my_set                         # 集合の内容を確認する
{'cat', 'dog', 'mouse'}            # 要素が削除されている
>>> my_set.discard("mouse")        # 集合から要素を削除する
>>> my_set                         # 集合の内容を確認する
{'cat', 'dog'}                     # 要素が削除されている
```

練習問題

以下の文章の _____ に適切な語句を入れてください。

　　 a 　 で集合に要素を追加することができますが、すでに同じ要素が存在する場合は b 　ます。 c で集合から要素を削除したときに、指定した要素が存在しない場合はエラーになります。 d で集合から要素を削除したときに、指定した要素が存在しない場合は無視されます。

■a～dに関する解答群

| ア | 無視され | イ | エラーになり | ウ | add メソッド |
| エ | discard メソッド | | | オ | remove メソッド |

▶ 2次元配列（イテラブルのイテラブル）

　要素が縦と横に並んだ配列を「**2次元配列**」と呼びます。2次元配列は、表形式のデータをプログラムで取り扱うときに使われます。

　たとえば、次ページは、**data** という名前の2次元配列のイメージです。一般的に、表の横方向を1行のデータのまとまりと考えます。これは、「プログラミング言語は、英語であり、英語は横書きなので、横方向が行である」と覚えるとよいでしょう。ここでは、横方向に「動物」「花」「果物」のデータをまとめています。2次元配列の個々の要素は、

　　　data[縦方向の添字][横方向の添字]

という形式で指定します。先頭の添字を **0** とすれば、たとえば、**data[2][0]** は、2行目0列目の **"apple"** という要素を指定します。

182

▼2次元配列のイメージ

	0列目	1列目	2列目	3列目	
0行目	"dog"	"cat"	"mouse"	"fox"	動物のデータをまとめた行
1行目	"rose"	"lily"			花のデータをまとめた行
2行目	"apple"	"grape"	"banana"		果物のデータをまとめた行

data[2][0]

　2次元配列を表現する方法は、プログラミング言語によって異なりますが、Pythonでは、「イテラブルを要素としたイテラブル」で2次元配列を表現します。たとえば、先ほどイメージを示した2次元配列を、リストのリストで示すと、以下のようになります。["dog", "dat", "mouse", "fox"]、["rose", "lily"]、["apple", "grape", "banana"] という文字列のリストがあり、さらにそれらがカンマで区切られて [と] で囲まれたリストになっていることに注目してください。

▼リストのリストで2次元配列を表した例

```
data = [["dog", "dat", "mouse", "fox"], ["rose", "lily"], ["apple",
"grape", "banana"]]
```

　Pythonでは、カッコを閉じる前であればプログラムを途中で改行してよいことになっています。リストのリストで表した2次元配列は、以下のように行ごとに改行して記述するとわかりやすいでしょう。

▼行ごとに改行して記述した2次元配列の例

```
data = [["dog", "dat", "mouse", "fox"],
        ["rose", "lily"],
        ["apple", "grape", "banana"]]
```

　次ページは、これまでに例にした2次元配列dataを作成し、data[2][0] の内容を画面に表示するプログラムです。

▼リストのリストで2次元配列を作成し要素を読み出す（対話モード）

```
>>> data = [["dog", "dat", "mouse", "fox"],      # 2次元配列を作成する
...         ["rose", "lily"],
...         ["apple", "grape", "banana"]]
>>>
>>> data[2][0]                   # 縦横の添字を指定して要素を読み出す
'apple'                          # 要素の値が表示される
```

　実験的に、**len(data)** を実行して、2次元配列dataの要素数を求めてみましょう。要素は9個あるので **9** と表示されると思ったかもしれませんが、実際には **3** と表示されます。これは、2次元配列dataは、3つの要素を持ったリストだからです。3つの要素それぞれが複数の要素を持つリストなので、全体として2次元配列になっているのです。これは、

　　　「Pythonの言語構文には、2次元配列はないが、リストを要素としたリストのように、イテラブルを要素としたイテラブルで2次元配列を実現できる」

ということです※。

▼len関数で2次元配列の要素数を求める（対話モード）

```
>>> len(data)      # 2次元配列の要素数を求める
3                  # 要素数が表示される
```

練習問題

以下の文章の [＿＿＿] に適切な語句を入れてください。

　　data = [[1, 2], [3, 4, 5], [6], [7, 8, 9]]

という2次元配列を作成した場合、**data[0][1]** の要素は [a] で、**data[1][2]** の要素は [b] です。**len(data)** を実行すると、戻り値として [c] が返されます。

■a〜cに関する解答群

　ア 1　　　イ 2　　　ウ 3　　　エ 4　　　オ 5
　カ 6　　　キ 7　　　ク 8　　　ケ 9

※ ここで示した例は、"apple" や "grape" などの文字列もイテラブルなので、イテラブル（文字列）を要素としたイテラブル（リスト）を要素としたイテラブル（リスト）なので、実際には3次元配列だといえます。

184

第4章 ▶ 章末確認問題

▶ リストの作成、for文、要素の指定に関する確認問題

確認ポイント

- リストの表記方法とfor文 (p.147)
- 添字による要素の指定 (p.160)
- 2次元配列 (イテラブルのイテラブル) (p.182)

問題

　以下は、架空の小学校の時間割表から、キー入力で指定された曜日と時限の科目を画面に表示するプログラムです。月曜日〜金曜日は、1〜5の数字で指定します。1時限目〜6時限目は、1〜6の数字で指定します。プログラム中の [　　　　] に入れる正しい答えを、解答群の中から選んでください。**end=""** という引数を指定した**print**関数は、表示の最後で改行しません。引数がない **print()** は、改行だけを行います。

▼ 時間割表から指定の曜日と時限の科目を表示するプログラム (sample401.py)

```
# 時間割表を表す2次元配列 (リストのリスト)
table = [["　 ", " 月 ", " 火 ", " 水 ", " 木 ", " 金 "],
         [" 1", " 国語 ", " 算数 ", " 理科 ", " 社会 ", " 音楽 "],
         [" 2", " 音楽 ", " 体育 ", " 家庭 ", " 国語 ", " 総合 "],
         [" 3", " 算数 ", " 総合 ", " 国語 ", " 総合 ", " 道徳 "],
         [" 4", " 体育 ", " 算数 ", " 社会 ", " 理科 ", " 理科 "],
         [" 5", " 国語 ", " 図工 ", " 算数 ", " 算数 ", " 算数 "],
         [" 6", "　　 ", " 図工 ", " 総合 ", "　　 ", " 体育 "]]

# 時間割表を画面に表示する
for   a   in table:
    for row in col:
        print("[" + row + "]", end="")
    print()

# 曜日と時限をキー入力で指定する
day = input(" 曜日を入力してください (月〜金 = 1 〜 5): ")
```

第4章　章末確認問題　185

```
day = int(day)
time = input(" 時限を入力してください（1 ～ 6）：")
time = int(time)

# 指定された曜日と時限の科目を表示する
print(" 科目は、" +   b   + " です。")
```

▼ プログラムの実行結果の例（実行モード）

```
(base) C:¥gihyo>python sample401.py
[   ][ 月 ][ 火 ][ 水 ][ 木 ][ 金 ]
[ 1][ 国語 ][ 算数 ][ 理科 ][ 社会 ][ 音楽 ]
[ 2][ 音楽 ][ 体育 ][ 家庭 ][ 国語 ][ 総合 ]
[ 3][ 算数 ][ 総合 ][ 国語 ][ 総合 ][ 道徳 ]
[ 4][ 体育 ][ 算数 ][ 社会 ][ 理科 ][ 理科 ]
[ 5][ 国語 ][ 図工 ][ 算数 ][ 算数 ][ 算数 ]
[ 6][    ][ 図工 ][ 総合 ][    ][ 体育 ]
曜日を入力してください（月～金 = 1 ～ 5）：3
時限を入力してください（1 ～ 6）：4
科目は、社会です。
```

a、bに関する解答群

ア row　　　イ col　　　ウ table[time][day]

エ table[day] [time]

第 5 章
標準ライブラリ

21 ▶ ライブラリの種類

- ライブラリの種類には、標準ライブラリと外部ライブラリがある。
- 組み込み関数や型でないものは、import 文でインポートしてから使う。
- 引数には、可変長、デフォルト値、省略可などのバリエーションがある。

▶ ライブラリの基礎知識

　Pythonには、あらかじめ様々な関数やクラスが用意されていて、これらを「**ライブラリ**」と呼びます。ライブラリの中には、プログラミングの**ツール**[※1]をインストールすると一緒にインストールされる「**標準ライブラリ**」と、必要に応じてあとからインストールする「**外部ライブラリ**」があります。

　ライブラリは、複数の関数やクラスがまとめられた「**モジュール**」で提供され、さらに複数のモジュールが「**パッケージ**」にまとめられている場合があります[※2]。モジュールとパッケージの関係は、ファイルとフォルダの関係に相当します。

▼モジュールとパッケージの関係

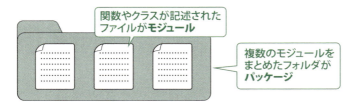

　モジュールの中には、何の設定もせずに、すぐに使えるものがあり、それらを「**組み込み関数**」や「**組み込み型**」と呼びます。これまでに使ってきた input 関数や print 関数などは、組み込み関数です。str クラスや list クラスなどは、組み込み型です。Pythonでは、すべてのデータがオブジェクトであり、オブジェクトの型がクラスなので、「**型＝クラス**」と考えてください。「**組み込み型＝組み込みクラス**」です。

　標準ライブラリであっても、組み込み関数や組み込み型でないものは、**import**文で、使用宣言してから使わねばなりません。使用宣言することを「**インポートする**」

※1 本書では、プログラミングのツールとして Anaconda を使っています。
※2 モジュール（module）＝「構成要素」という意味で、パッケージ（package）＝「包み」という意味です。

といいます。importは、直訳すると「輸入する」という意味ですが、「使用する」という意味だと考えるとよいでしょう。外部ライブラリを使う場合も、インポートが必要になります。import文の使い方は、あとで説明します。

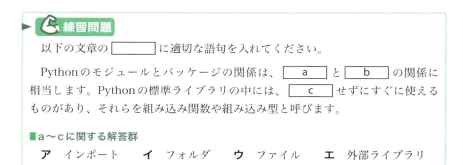

以下の文章の ☐ に適切な語句を入れてください。

Pythonのモジュールとパッケージの関係は、 a と b の関係に相当します。Pythonの標準ライブラリの中には、 c せずにすぐに使えるものがあり、それらを組み込み関数や組み込み型と呼びます。

■a～cに関する解答群
　ア　インポート　　イ　フォルダ　　ウ　ファイル　　エ　外部ライブラリ

組み込み関数と組み込み型

　Pythonでプログラムを作るときには、自分でプログラムを記述するだけでなく、あらかじめ用意されているライブラリも利用します。様々なライブラリがありますが、それらの中で、組み込み関数と組み込み型は、特に重要です。インポートせずに使えるようになっているのは、多くの場面で利用できるからです。

　次ページに、Pythonの組み込み関数を示します。ここでは、引数を省略して関数名だけを示しています。★印を付けた関数は、基本情報技術者試験のシラバスで出題範囲に示されているので、使い方を覚えておきましょう。◆を付けた関数は、シラバスには示されていませんが、よく使われるものなので、本書の中で取り上げています。

インポートが必要なものは…
・外部ライブラリ
・（標準ライブラリであっても）組み込み関数や組み込み型でないもの

▼Pythonの組み込み関数

abs()	all()	any()	ascii()	bin()
bool()	breakpoint()	bytearray()	bytes()	callable()
chr()	classmethod()	compile()	complex()	delattr()
dict()◆	dir()◆	divmod()	enumerate()★	eval()
exec()	filter()◆	float()★	format()◆	frozenset()
getattr()	globals()	hasattr()	hash()	help()
hex()	id()◆	input()★	int()★	isinstance()◆
issubclass()	iter()	len()★	list()★	locals()
map()	max()◆	memoryview()	min()◆	next()
object()	oct()	open()★	ord()	pow()
print()★	property()	range()★	repr()	reversed()
round()◆	set()◆	setattr()	slice()	sorted()◆
staticmethod()	str()★	sum()	super()◆	tuple()◆
type()◆	vars()	zip()★	__import__()	

　以下に、Pythonの主な**組み込み型**を示します※。これらは、どれもシラバスで出題範囲に示されています。それぞれの基本的な使い方は、すでに説明していますが、**strクラス**の機能と文字列の操作に関しては、第5章の中でより詳しく説明します。文字列は、多くの場面で利用されるものだからです。

▼Pythonの主な組み込み型

整数型（intクラス）	実数型（floatクラス）	論理型（boolクラス）
文字列（strクラス）	リスト（listクラス）	タプル（tupleクラス）
辞書（dictクラス）	集合（setクラス）	

> 💪**練習問題**

以下の文章の［　　　　］に適切な語句を入れてください。

キー入力する機能を持つ［　a　］や、画面に表示する機能を持つ［　b　］は、組み込み関数です。実数型の［　c　］やリストの［　d　］は、組み込み型です。これらを使うには、インポートが［　e　］です。

■a〜eに関する解答群

　ア　必要　　　　　　**イ**　不要　　　　　　**ウ**　listクラス　　**エ**　print関数

　オ　floatクラス　　**カ**　input関数　　**キ**　intクラス　　　**ク**　lenクラス

※　ここで示したもの以外にも、複素数のデータを取り扱う complex や、バイト単位のデータを取り扱う bytes などの組み込み型がありますが、特殊な場面で使われるものなので、本書では取り上げません。

190

標準ライブラリの種類

　Pythonの標準ライブラリには、これまでに説明した組み込み関数と組み込み型の他にも、数多くの関数やクラスが用意されています。これらは、丸暗記するものではなく、必要になった場面で覚えていくものです。どのような機能を提供するライブラリが用意されているのか、全体像をつかんでおきましょう。

　以下に、主な標準ライブラリの種類を示します。ここでは、パッケージ名やモジュール名を示さずに、提供される機能の分類だけを示しています。第5章では、数学の関数を提供する**math モジュール**を取り上げます※。

▼Pythonの主な標準ライブラリの種類

組み込み関数	組み込み型	組み込み定数
組み込み例外	テキスト処理	バイナリデータ処理
データ型	数値と数学	ファイルとディレクトリ
データ圧縮とアーカイブ	ファイルフォーマット	暗号関連のサービス
汎用オペレーティングシステムサービス	インターネット上のデータの操作	ネットワーク通信とプロセス間通信
並行実行	構造化マークアップツール	インターネットプロトコル
マルチメディア	グラフィカルユーザインターフェイス	Pythonランタイムサービス

　Pythonの標準ライブラリの中にある「**組み込み定数**」と「**組み込み例外**」に注目してください。これらも、インポート不要ですぐに使えるものです。組み込み定数には、真を表す**True**、偽を表す**False**、データが空であることを表す**None**などがあります。組み込み例外は、エラーの種類を知らせるクラスです。例外に関しては、第8章で説明します。

※ mathモジュールは、情報処理推進機構が公開しているPythonのサンプル問題の中で使われています。

> **練習問題**
>
> 以下の文章の □ に適切な語句を入れてください。
>
> 　標準ライブラリの中で、□ a □ モジュールは数学の関数を提供します。インポート不要ですぐに使える組み込み定数には、真を表す □ b □、偽を表す □ c □、データが空であることを表す □ d □ などがあります。
>
> ■a～dに関する解答群
> 　ア None　　イ True　　ウ math　　エ False

外部ライブラリの種類

　Pythonには、膨大な数の**外部ライブラリ**があり、多くの開発者によって追加や改良が続けられています。本書で使用しているツールである**Anaconda**をインストールすると、主要な外部ライブラリも一緒にインストールされます。

　現在インストールされている外部ライブラリを確認するには、Anacondaのコマンドプロンプトで、「**pip list**」と入力して Enter キーを押します。**pip**は、外部ライブラリを管理するコマンドで、Pip Installs PackagesまたはPip Installs Pythonを意味しています。**list**は、pipに、外部ライブラリの一覧を表示することを指定します。

▶現在インストールされている
　外部ライブラリを確認する

※コマンドの実行結果を途中まで
　で示しています。

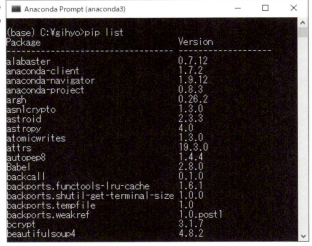

pip listの実行結果は、「**Package（パッケージの名前）**」と「**Version（パッケージのバージョン）**」という形式で表示され、200以上のパッケージがインストールされていることがわかりました[1]。それぞれのパッケージの中に複数のモジュールがあり、それぞれのモジュールの中に複数の関数やクラスがあるのですから、関数やクラスの総数は膨大です。これらは、丸暗記するものではありません。必要になった場面で、覚えていくものです。

ただし、よく知られている代表的な外部ライブラリとして、**numpy**、**pandas**、**scikit-learn**、**matplotlib**の名前を覚えておきましょう。第5章では、**matplotlibパッケージ**の使い方を説明します[2]。

▼よく知られている代表的な外部ライブラリ

numpyパッケージ	ベクトルや行列の操作に関する様々な機能を提供する
pandasパッケージ	データ解析に関する様々な機能を提供する
scikit-learnパッケージ	機械学習に関する様々な機能を提供する
matplotlibパッケージ	様々な形式のグラフを描画する機能を提供する

練習問題

以下の文章の ☐ に適切な語句を入れてください。

よく知られている代表的な外部ライブラリには、ベクトルや行列を操作する ☐ a ☐ パッケージ、データ解析を行う ☐ b ☐ パッケージ、機械学習に関する ☐ c ☐ 、およびグラフを描画する ☐ d ☐ があります。

■a〜dに関する解答群
　ア　scikit-learn　　イ　numpy　　ウ　matplotlib　　エ　pandas

関数やメソッドの引数のバリエーション

第5章では、多くの場面で利用される関数やクラスの使い方を説明します。それらの中には、関数やメソッドの引数の指定方法に、いくつかのバリエーションを持っているものがありますので、あらかじめ説明しておきましょう。ここでは、関数や

---

[1] インストールされているパッケージの数は、使用しているツールやバージョンによって異なります。
[2] matplotlibパッケージは、情報処理推進機構が公開しているPythonのサンプル問題（本書では第9章で扱っています）の中で使われています。

21 ▶ ライブラリの種類　193

メソッドの構文を、Python の公式ドキュメント[1]と同様の形式で示します。引数の
バリエーションの例として、組み込み関数の print 関数と range 関数を取り上げます。

◆ print 関数の引数のバリエーション

Python の公式ドキュメントでは、print 関数の構文が、以下のように示されてい
ます。

▶print 関数の構文
```
print(*objects, sep=' ', end='¥n', file=sys.stdout, flush=False)
```

*objects の * は、この引数が「可変長」であることを示しています。可変長とは、
カンマで区切って、任意の数の引数を指定できるという意味です。

sep=' '、end='¥n'、file=sys.stdout、flush=False の「引数名＝値」という表現は、
これらの引数を指定しないと、デフォルト値[2]として「値」の部分が設定されると
いう意味です。

任意の数を指定できたり、省略できたりするので、print 関数を使うときには、様々
なバリエーションで引数を指定できます。たとえば、

```
print("hello")
```

という引数の場合は、*objects の部分に文字列が 1 つだけ指定され、残りの sep、
end、file、flush がデフォルト値に設定されます。

end という引数には、表示の末尾に置く文字を指定します。デフォルトの
¥n は、「改行文字（改行を意味する特殊な文字）」を意味します[3]。したがって、
print("hello") を実行すると、画面に「hello」と表示され、最後に改行されます。も
しも、改行したくないなら、end="" として end に空の文字列を指定します。これ
によって、表示の末尾には何も文字が置かれないので、改行しなくなります。

*objects の部分には、任意の数のオブジェクト（何らかのデータ）を指定できる
ので、それが 0 個でも構いません。したがって、print() だけを実行すれば、改行
だけが行われます。

次ページに、ここまでに説明したことを確認するプログラムを示します。

※ 1 Python の公式ドキュメントは、Python の公式ページ（https://www.python.jp/）から入手できます。
※ 2 デフォルト値とは、設定しないときに使われる値、という意味です。
※ 3 ¥ と 1 文字で、特殊な文字を表します。改行文字を意味する ¥n の他に、タブ文字を意味する ¥t があります。¥n の n は
newline、¥t の t は tab = table という意味です。

194

▼print関数の引数のバリエーションの例1 (対話モード)

```
>>> print("hello")              # 引数 end を指定しない
hello                           # 表示して改行される
>>> print("hello", end="")      # 引数 end に空の文字列を指定する
hello>>>                        # 表示して改行されない
```

　print関数の *objects の部分に、カンマで区切って複数の引数を指定すると、それぞれの引数の値が順番に画面に表示されます。このとき、**sep**※という引数で指定された文字が、値と値の間に置かれます。**sep=' '** となっているので、デフォルトで**半角スペース**が置かれます。sepに他の文字を指定すれば、それを区切り文字とすることができます。sepに空の文字列を指定すれば、値と値が区切りなく表示されます。

　以下のプログラムでは、変数a、b、cの値を様々な指定で表示しています。

▼print関数の引数のバリエーションの例2 (対話モード)

```
>>> a = 123                     # 変数 a、b、c に適当な値を代入する
>>> b = 456
>>> c = 789
>>> print(a, b, c)              # 引数 sep を指定しない
123 456 789                     # 半角スペースが区切り文字になる
>>> print(a, b, c, sep=",")     # 引数 sep にカンマを指定する
123,456,789                     # カンマが区切り文字になる
>>> print(a, b, c, sep="")      # 引数 sep に空の文字列を指定する
123456789                       # 値と値が区切りなく表示される
```

　print関数の **file=sys.stdout** および **flush=False** という引数は、データをまとめて画面に表示することを意味しています。これらを変更する必要は滅多にないので、引数を指定せずにデフォルト値のままで問題ありません。

◆ range関数の引数のバリエーション

　今度は、**range関数**を見てみましょう。Pythonの公式ドキュメントでは、range関数の構文が、次ページのように示されています。構文が2つに分けられているのは、1つにまとめて示すとわかりにくいからです。

※ sep = separatcr (区切り) という意味です。

21▶ ライブラリの種類

▶range 関数の構文

```
range(stop)
range(start, stop[, step])
```

start、**stop**、**step** は、「**初期値**」「**終了値**」「**ステップ**」を意味しています。2つ目の構文で **[** と **]** で囲まれた **[, step]** は、この引数を省略可能であることを示しています。したがって、range 関数の引数のバリエーションには、

range(終了値)

range(初期値, 終了値)

range(初期値, 終了値, ステップ)

があります。これらを、2つの構文で示しているのです。

以下に、それぞれのバリエーションでrange関数を使ったプログラムを示します。ここでは、range関数の戻り値を **list 関数** でリストに変換してから画面に表示しています[1]。

▼range 関数の引数のバリエーションの例(対話モード)

```
>>> list(range(10))              # 引数を 1 つだけ指定する
[0, 1, 2, 3, 4, 5, 6, 7, 8, 9]   # 引数 stop が指定されたとみなされる
>>> list(range(2, 10))           # 引数を 2 つ指定する
[2, 3, 4, 5, 6, 7, 8, 9]         # 引数 start と stop が指定されたとみなされる
>>> list(range(2, 10, 2))        # 引数を 3 つ指定する
[2, 4, 6, 8]                     # 引数 start、stop、step が指定されたとみなされる
```

関数の引数の指定方法には、**range(2, 10, 2)** の **2, 10, 2** のように **引数の値** だけを指定する方法と、**print(a, b, c, sep="")** の **sep=""** のように「**引数名＝値**」という形式で指定する方法があります。「引数名＝値」の場合は、引数の位置に関わらず、特定の引数(引数名で指定した引数)を設定できます[2]。

※1 range 関数の戻り値をそのまま表示すると、整数列ではなく、「range(0, 10)」のように range 関数を呼び出したときの構文が表示されます。

※2 引数の形式に関しては、第 6 章で詳しく説明します。

196

練習問題

以下の文章の ▢ に適切な語句を入れてください。

変数**a**、**b**、**c**の値をタブ文字（**¥t**）で区切って、表示の最後で改行しないようにするには、**print**関数の引数を ▢a▢ とします。**range(1, 10)**のように2つの引数を指定して**range**関数を呼び出すと、▢b▢ が指定されたとみなされます。

■a、bに関する解答群

ア　print(a, b, c, "¥t", "")　　　　イ　初期値とステップ

ウ　print(a, b, c, sep="¥t", end="")　エ　終了値とステップ

オ　print(a, b, c, sep="", end="¥t")　カ　初期値と終了値

---

column プログラミングをマスターするコツ **その3**

サンプルプログラムを作ったら、自分の考えで改造する！

プログラミングをマスターする秘訣をお教えしましょう。本書のような教材を購入したら、そこに示されているサンプルプログラムを自分の手で打ち込んで、「こうすれば、こうなる」ことを自分の目で確認してください。プログラミングは、暗記して覚えるものではなく、体に覚えこませるものだからです。

ただし、これで終わりにしては、プログラミングをマスターできません。プログラミングができるとは、自分の考えをプログラムで表現できることです。サンプルプログラムで「こうすれば、こうなる」ことを知ったら、サンプルプログラムの内容を、自分の考えで改造してください。「こうすれば、こうなる」なら「こうしたいときは、こうすればよいはずだ」と思ったことを、実際にやってみるのです。これが、自分の考えをプログラムで表現する練習になります。

改造は、どんな些細なことでも構いません。画面に表示される文字列を変更するのでも、足し算を引き算に変更するのでも構いません。改造したプログラムを実行して、思い通りの結果になれば「やっぱり、これでいいのだ」と覚えられ、思い通りの結果にならなければ「なぜだろう？」と原因を考えて「ああ、そういうわけか！」と覚えられます。

21 ▶ ライブラリの種類

22 組み込み関数の使い方

- 試験のシラバスに示されている組み込み関数の使い方を覚える。
- enumerate 関数は、イテラブルの要素に添字を割り当てる。
- zip 関数は、複数のイテラブルの要素をつなぐ。
- open 関数は、ファイルを操作するためのファイルオブジェクトを返す。

▶ 基数を指定して整数に変換する

　組み込み関数の中で、int 関数、float 関数、str 関数、list 関数、range 関数、enumerate 関数、zip 関数、len 関数、print 関数、input 関数、open 関数は、基本情報技術者試験のシラバスに示されているので、使い方を覚えておきましょう。すでに使い方を説明した関数もあるので、ここでは、これまでに説明しなかった関数だけを取り上げます。

　はじめは、数字列を整数に変換する **int 関数**の使い方です。int 関数の構文を以下に示します。

> ▶ int 関数の構文
> ```
> int([x])
> int(x, base=10)
> ```

　これまでは、int("123") のように、引数を 1 つだけ指定して int 関数を使ってきましたが、引数を 2 つ指定する構文もあります。引数 x に指定された数字列の基数※を、引数 base で指定できるのです。base=10 なので、引数 base を指定しないと、デフォルトで 10 進数になります。base=2 とすれば 2 進数になり、base=16 とすれば 16 進数になります。以下に例を示します。

▼基数を指定して数字列を整数に変換する（対話モード）

```
>>> int("123")            # 引数 base を指定しない
123                       # 10 進数として整数に変換される
>>> int("1111", base=2)   # 引数 base に 2 を指定する
15                        # 2 進数として整数に変換される
```

※ 基数とは、何進数であるか、ということです。たとえば、10 進数の基数は 10 で、2 進数の基数は 2 です。

```
>>> int("FF", base=16)      # 引数 base に 16 を指定する
255                          # 16 進数として整数に変換される
```

練習問題

以下の文章の _____ に適切な語句を入れてください。

変数aに数字列が格納されている場合、**int(a)** はaを ⌐ a ⌐ とみなし、**int(a, base=2)** はaを ⌐ b ⌐ とみなし、**int(a, base=16)** はaを ⌐ c ⌐ とみなして、それぞれ整数に変換します。

■a～cに関する解答群

ア 16進数　　**イ** 10進数　　**ウ** 8進数　　**エ** 2進数

デフォルトのオブジェクト

先ほど示した**int**関数の1つ目の構文の引数**x**は、［ と ］で囲まれているので省略できます。引数を省略して**a = int()** とした場合は、**デフォルトのオブジェクト**（デフォルトの値を持ったオブジェクト）が生成されます。

これは、整数型（**int**クラス）だけでなく、実数型（**float**クラス）、論理型（**bool**クラス）、文字列（**str**クラス）、リスト（**list**クラス）、タプル（**tuple**クラス）、辞書（**dict**クラス）、集合（**set**クラス）でも同様です。「**変数 = クラス名()**」という構文で、そのクラスのデフォルトのオブジェクトが生成され、オブジェクトの識別情報が変数に代入されるのです。

次ページは、デフォルトのオブジェクトの内容を確認するプログラムです。
整数型と実数型では、**0**という値を持つオブジェクトが生成されました[※1]。
論理型では、**False**という値を持つオブジェクトが生成されました。
文字列、リスト、タプル、辞書、集合では、**""**、**[]**、**()**、**{}**、**set()** が表示されました。これらは、それぞれの形式で、**要素がないオブジェクト**を意味しています。要素がない集合が **{}** ではなく **set()** と示されているのは、**{}** では辞書と区別がつかないからです[※2]。

※1 実数では、実数であることがわかるように 0 ではなく 0.0 と表示されます。
※2 辞書と集合は、どちらも { と } で要素を囲みます。

22 ▶ 組み込み関数の使い方 199

▼デフォルトのオブジェクトの内容を確認する（対話モード）

```
>>> int()          # 整数型のデフォルトのオブジェクトを生成する
0                  # 値が 0 のオブジェクトが生成される
>>> float()        # 実数型のデフォルトのオブジェクトを生成する
0.0                # 値が 0 のオブジェクトが生成される
>>> bool()         # 論理型のデフォルトのオブジェクトを生成する
False              # 値が False のオブジェクトが生成される
>>> str()          # 文字列のデフォルトのオブジェクトを生成する
''                 # 空の文字列が生成される
>>> list()         # リストのデフォルトのオブジェクトを生成する
[]                 # 空のリストが生成される
>>> tuple()        # タプルのデフォルトのオブジェクトを生成する
()                 # 空のタプルが生成される
>>> dict()         # 辞書のデフォルトのオブジェクトを生成する
{}                 # 空の辞書が生成される
>>> set()          # 集合のデフォルトのオブジェクトを生成する
set()              # 空の集合が生成される
```

💪 練習問題

以下の文章の ☐☐☐☐☐ に適切な語句を入れてください。

「変数 ＝ クラス名()」という構文でデフォルトのオブジェクトを生成すると、整数型と実数型では ☐ a ☐ が生成され、論理型では ☐ b ☐ が生成され、文字列、リスト、タプル、辞書、集合では、それぞれの形式で ☐ c ☐ が生成されます。

■a〜cに関する解答群

ア　要素がないオブジェクト　　イ　値が0のオブジェクト

ウ　値がTrueのオブジェクト　　エ　値がFalseのオブジェクト

▶イテラブルの要素に添字を割り当てる

enumerate関数は、イテラブルの要素に添字を割り当てます※。次ページに、enumerate関数の構文を示します。引数**iterable**にイテラブル（文字列、リスト、タプルなど）を指定し、引数**start**に先頭の添字の値を指定します。引数startのデフォルト値は**0**なので、引数startを指定しないと0から始まる添字になります。

※ enumerate ＝「数え上げる」という意味です。

200

▶**enumerate 関数の構文**
```
enumerate(iterable, start=0)
```

for文のinのあとに enumerate(イテラブル) を指定すると、添字とイテラブルの要素が1つずつ順番に取り出されます。この場合には、forのあとに2つの変数を指定します。1つ目の変数に添字が格納され、2つ目の変数に要素が格納されます。

以下に例を示します。ここでは、enumerate関数の引数startを省略しているので、添字が、0、1、2になっています。print関数で、引数sepに ":" を指定しているので、添字idxと要素dataが":"で区切られて表示されます。

▼enumerate関数の使い方の例（対話モード）
```
>>> my_list = ["apple", "grape", "banana"]   # リストを作成する
>>> for idx, data in enumerate(my_list):     # 添字と要素を取り出す
...     print(idx, data, sep=":")            # ":" で区切って表示する
...                                           # ［Enter］キーだけを押す
0:apple                                       # 添字と要素が表示される
1:grape
2:banana
```

▶**練習問題**

以下の文章の　　　　　に適切な語句を入れてください。

my_list = ["apple", "grape", "banana"] というリストを作成して、enumerate(my_list, start=1) を実行すると "apple" という要素には　 a 　という添字が、"banana" という要素には　 b 　という添字が割り当てられます。

■a、bに関する解答群
　ア　0　　　イ　1　　　ウ　2　　　エ　3

enumerate 関数で、引数 start には
先頭の添字の値を指定できるよ
省略すると、添字は 0 から始まるね

22 ▶ 組み込み関数の使い方

▶ 複数のイテラブルの要素をつなぐ

zip 関数は、複数のイテラブルの要素をまとめます※。以下に、zip 関数の構文を示します。引数 *iterables の * は、**可変長**を意味しているので、カンマで区切って任意の数のイテラブルを指定できます。

▶**zip 関数の構文**
```
zip(*iterables)
```

for文の in のあとに zip(イテラブルA, イテラブルB, ……) を指定すると、それぞれのイテラブルがつなぎ合わされて、要素が1つずつ順番に取り出されます。以下の例では、my_listA および my_listB という2つのリストから要素が1つずつ順番に取り出され、それらがforのあとにある変数a、b に格納されます。

▼for文の in のあとにzip関数で2つのリストをまとめて置く（対話モード）

```
>>> my_listA = ["apple", "grape", "banana"] # リストを2つ作成する
>>> my_listB = [300, 200, 500]
>>> for a, b in zip(my_listA, my_listB):      # zip 関数でつなぎ合わせる
...      print(a, b)                           # 取り出した要素を表示する
...                                            # ［Enter］キーだけを押す
apple 300                                      # 取り出した要素が表示される
grape 200
banana 500
```

以下の例では、zip 関数で my_listA および my_listB という2つのリストを1つにまとめて、その結果を list 関数でリストに変換しています。作成されたリストの要素は、2つのリストの要素をタプルにまとめたものになります。

▼zip関数で2つのリストを1つのリストにまとめる（対話モード）

```
>>> my_listA = ["apple", "grape", "banana"]   # リストを2つ作成する
>>> my_listB = [300, 200, 500]
>>> list(zip(my_listA, my_listB)) # zip 関数でつなぎ合わせ、リストに変換する
[('apple', 300), ('grape', 200), ('banana', 500)] # タプルのリストになる
```

※ zip =「つなぎ合わせる」という意味です。

202

練習問題

以下の文章の ___ に適切な語句を入れてください。

`for a, b in zip(my_listA, my_listB):` という for 文では、`my_listA` と `my_listB` が ___a___ 、要素が ___b___ ます。`list(zip(my_listA, my_listB))` では、`my_listA, my_listB` から取り出された要素が ___c___ にまとめられ、それを要素にした ___d___ が作成されます。

■a〜dに関する解答群

ア リスト **イ** つなぎ合わされ

ウ タプル **エ** 1つずつ順番に取り出され

ファイルオブジェクトを生成する

open 関数は、ファイルを開き、ファイルを操作するための**ファイルオブジェクト**を返します。以下に、open 関数の構文を示します。引数 **file** には、ファイル名を指定します。その他の引数には、デフォルト値があるので、変更が必要な引数だけを設定します。

▶open 関数の構文

```
open(file, mode='r', buffering=-1, encoding=None, errors=None,
newline=None, closefd=True, opener=None)
```

デフォルト値のある引数の中で、設定されることが多い mode の役割を説明しましょう。

mode には、次ページに示した文字を組み合わせて「**モード**」を指定します。モードとは、ファイルに「**書き込み**」「**読み出し**」「**追加**」のどれを行うのか、ファイルを「**テキストファイル**」「**バイナリファイル**」のどちらとみなすのか、ということです。テキストファイルは、文字だけから構成されたファイルです。バイナリファイルは、テキストファイルではないファイルです。

22 ▶ 組み込み関数の使い方 **203**

▼ モードを指定するための文字

文字	モード
"r"	読み出し（デフォルト）
"w"	書き込み
"a"	追加
"t"	テキストファイル（デフォルト）
"b"	バイナリファイル

　モードを指定する "r"、"w"、"a" は、read、write、append の頭文字です。"t"、"b" は、text、binary の頭文字です。たとえば、ファイルから読み出しを行い、ファイルをテキストファイルとみなすなら、"r" と "t" という文字を組み合わせて、引数 mode に "rt" を指定します。テキストファイルは、デフォルトなので、"t" を省略して "r" だけを指定しても、テキストファイルの読み出しになります。

　以下は、"apple"、"grape"、"banana" という文字列を「myfile.txt」というテキストファイルに書き込むプログラムです。
　open 関数の引数 file に "myfile.txt" というファイル名を指定し、引数 mode にテキストファイルへの書き込みを意味する "wt" というモードを指定しています。
　open 関数は、"myfile.txt" を開き、それを操作するファイルオブジェクトを返します。
　ファイルへの書き込みは、ファイルオブジェクトが持つ write メソッドを使って行います。write メソッドは、戻り値として、ファイルに書き込んだ文字数を返しますが、受け取らずに無視して構いません（以下のプログラムでは、対話モードなので、ファイルに書き込んだ文字数が画面に表示されています）。
　書き込む文字列の末尾にある ¥n は、改行文字です。
　ファイルへの書き込みが終わったら、ファイルオブジェクトが持つ close メソッドを使ってファイルを閉じます。

▼ テキストファイルに文字列を書き込むプログラム（対話モード）

```
>>> fobj = open("myfile.txt", mode="wt")    # ファイルを開く
>>> fobj.write("apple¥n")                    # 文字列を書き込む
6                                            # 書き込んだ文字数が返される
>>> fobj.write("grape¥n")                    # 文字列を書き込む
6                                            # 書き込んだ文字数が返される
```

```
>>> fobj.write("banana\n")                  # 文字列を書き込む
7                                           # 書き込んだ文字数が返される
>>> fobj.close()                            # ファイルを閉じる
```

　以下は、先ほど作成した「myfile.txt」というテキストファイルから1行ずつ文字列を読み出し、それらを画面に表示するプログラムです。

　open関数の**引数file**に **"myfile.txt"** というファイル名を指定し、**引数mode**に**テキストファイルの読み出し**を意味する **"rt"** というモードを指定しています。

　open関数が返すファイルオブジェクトを、**for文**の**in**のあとに指定すると、ファイルの先頭から末尾まで1行ずつ順番に文字列を**読み出し、**それをforのあとの変数に格納できます。

　変数に格納された文字列を表示するときにprint関数に **end=""** を指定しているのは、ファイルから読み出した文字列に改行文字が付いているので、print関数で改行すると、改行が2回になってしまうからです。

　すべての文字列の読み出しと表示が終わったら、ファイルオブジェクトが持つ**closeメソッド**を使ってファイルを閉じます。

▼テキストファイルから文字列を読み出すプログラム（対話モード）
```
>>> fobj = open("myfile.txt", mode="rt")    # ファイルを開く
>>> for s in fobj:                          # 1行ずつ読み出す
...     print(s, end="")                    # 読み出した文字列を表示する
...                                         # ［Enter］キーだけを押す
apple                                       # 読出した文字列が表示される
grape
banana
>>> fobj.close()                            # ファイルを閉じる
```

　ファイルの操作は、「**ファイルを開く**」→「**ファイルを読み書きする**」→「**ファイルを閉じる**」という順序で行われます。ファイルを開くと、そのファイルを独占して操作できます。ファイルの操作が終わったら、独占したままではいけないので、ファイルを閉じるのです。

練習問題

以下の文章の [   ] に適切な語句を入れてください。

open関数の引数**mode**に指定するモードには、読み出しを意味する [a] 、書き込みを意味する [b] 、追加を意味する [c] 、およびテキストファイルを対象とする [d] 、バイナリファイルを対象とする [e] があります。

■a〜eに関する解答群

ア ”b”　　イ ”t”　　ウ ”a”　　エ ”w”　　オ ”r”

---

column プログラミングをマスターするコツ その4

エラーを嫌がらない!

プログラムの内容に構文上の誤りがあったり、誤った処理を行ったりすると、プログラムの実行時にエラーになります。このエラーを嫌がないことが、プログラミングの上達の秘訣です。

Pythonのコンパイラのことを、プログラミングの先生だと思ってください。プログラムを実行することは、先生の添削を受けることでもあります。エラーになるのは、十分に理解していないことがあるからです。それを、先生が指摘してくれるのですから、ありがたいことです。エラーメッセージは、先生からのメッセージです。その内容を見て、エラーの原因を見つけてください。

「ああ、そうか!」と気付けば、理解が深まります。この先生は、同じ間違いを何度しても、決して文句を言いません。とっても、やさしい先生です。ただし、プログラムの中に1文字でも間違いがあれば、決して見逃しません。とっても、厳しい先生でもあるのです。

23 ▶ 文字列の操作

- strクラスは、文字列を操作する様々なメソッドを提供している。
- 文字列の書式指定をする記号や文字が定義されている。
- formatメソッド、format関数、f文字列で、文字列の書式指定ができる。

▶ strクラスのメソッドの種類

文字列は、組み込み型である**strクラス**のオブジェクトです。strクラスには、様々なメソッドがあります。

```
my_str = "hello"
```

のようにして文字列オブジェクトmy_strを作成したら、

  `my_str.メソッド名()`

という構文で、文字列my_strを操作することができます。

以下に、strクラスの主なメソッドを、「**変換**」「**消去**」「**内容チェック**」「**探索**」「**書式指定**」に分類して示します。文字列は、**イミュータブル**(変更できないもの)なので、文字列の変換、消去、書式指定では、文字列の内容が変更されるのではなく、メソッドの戻り値として新たな文字列が生成されて返されます。

▼strクラスの主なメソッド(変換)

メソッドの構文	機能
`lower()`	文字列をすべて小文字に変換した文字列を返す。
`upper()`	文字列をすべて大文字に変換した文字列を返す。
`replace(old, new[, count])`	文字列の中にあるoldをnewに変換した文字列を返す。countを指定すると、先頭からcount個だけoldをnewに変換する。

※ [ ]で囲まれた引数は、指定を省略できます。

▼strクラスの主なメソッド(消去)

メソッドの構文	機能
`lstrip([chars])`	文字列の先頭からcharsを取り除いた文字列を返す。charsを省略すると、空白文字が消去される。

rstrip([chars])	文字列の末尾からcharsを取り除いた文字列を返す。chars を省略すると、空白文字が消去される。
strip([chars])	文字列の先頭と末尾からcharsを取り除いた文字列を返す。 charsを省略すると、空白文字が消去される。

※［ ］で囲まれた引数は、指定を省略できます。

▼strクラスの主なメソッド（内容チェック）

メソッドの構文	機能
isalpha()	文字列がすべて英字ならTrueを、そうでなければFalseを返す。
isdigit()	文字列がすべて数字ならTrueを、そうでなければFalseを返す。
isalnum()	文字列がすべて英数字ならTrueを、そうでなければFalseを返す。
islower()	文字列がすべて小文字ならTrueを、そうでなければFalseを返す。
isupper()	文字列がすべて大文字ならTrueを、そうでなければFalseを返す。

▼strクラスの主なメソッド（探索）

メソッドの構文	機能
find(sub[, start[, end]])	文字列のスライス［start:end］の先頭から文字列 subを探索し、見つかったら添字を返し、見つか らなかったら-1を返す。
rfind(sub[, start[, end]])	文字列のスライス［start:end］の末尾から文字列 subを探索し、見つかったら添字を返し、見つか らなかったら-1を返す。
count(sub[, start[, end]])	文字列のスライス［start:end］から文字列subを 探索し、それが見つかった回数を返す。

※［ ］で囲まれた引数は、指定を省略できます。

▼strクラスの主なメソッド（書式指定）

メソッドの構文	機能
format(*args, **kwargs)	文字列の書式指定を行う。

※書式指定や、引数の意味に関しては、あとで説明します。

練習問題

以下の文章の _____ に適切な語句を入れてください。

my_str = "hello"関という文字列を作成したら、 [　a　] という構文で、 **str**クラスの様々なメソッドを使えます。文字列は、 [　b　] なので、文字列を 変換、除去、書式指定した場合は、文字列の内容が変更されるのではなく、メソッ

ドの戻り値として新たな文字列が生成されて返されます。

■a、bに関する解答群

　ア　my_str.メソッド名()　　　　イ　メソッド名(my_str)

　ウ　ミュータブル　　　　　　　　エ　イミュータブル

文字列の変換

strクラスで、文字列の変換を行うメソッドの使い方を説明しましょう。

lower メソッドは、文字列をすべて**小文字**に変換します。

upper メソッドは、文字列をすべて**大文字**に変換します※。

replace メソッドは、文字列の一部を**別の文字列**に変換します。

以下のプログラムでは、

```
my_str = "abcXYZ"
```

という文字列を、lower メソッドと upper メソッドで変換しています。それぞれ
のメソッドが返した文字列の内容を確認すると、すべて小文字の **"abcxyz"** および、
すべて大文字の **"ABCXYZ"** に変換されていることがわかります。もとの my_str の
内容を確認すると、**"abcXYZ"** のままであることもわかります。これは、文字列は、
イミュータブル（変更できないもの）だからです。

▼ lower メソッドと upper メソッドの使い方の例（対話モード）

```
>>> my_str = "abcXYZ"            # 文字列を作成する
>>> lower_str = my_str.lower()   # lower メソッドで変換する
>>> lower_str                    # 変換後の文字列の内容を確認する
'abcxyz'                         # すべて小文字になっている
>>> upper_str = my_str.upper()   # upper メソッドで変換する
>>> upper_str                    # 変換後の文字列の内容を確認する
'ABCXYZ'                         # すべて大文字になっている
>>> my_str                       # もとの文字列の内容を確認する
'abcXYZ'                         # もとのままである
```

※ 英語で、小文字のことを lower case と呼び、大文字のことを upper case と呼びます。これは、印刷の活字が入った箱を
重ねて置くとき、小文字を下段に、大文字を上段にしたことに由来します。

次のプログラムでは、

```
my_str = "abcXYZabc"
```

という文字列の **"abc"** を **"aaa"** に変換しています。

```
my_str.replace("abc", "aaa")
```

では、すべての **"abc"** が **"aaa"** に変換されて、**"aaaXYZaaa"** が得られます。

```
my_str.replace("abc", "aaa", 1)
```

では、先頭から1個だけ **"abc"** が **"aaa"** に変換されて、**"aaaXYZabc"** が得られます。

▼replaceメソッドの使い方の例（対話モード）

```
>>> my_str = "abcXYZabc"                      # 文字列を作成する
>>> new_str = my_str.replace("abc", "aaa")    # replace メソッドで置き換える
>>> new_str                                   # 置き換え後の文字列を確認する
'aaaXYZaaa'                                    # すべて置き換わっている
>>> new_str = my_str.replace("abc", "aaa", 1) # 引数に1を指定して置き換える
>>> new_str                                   # 置き換え後の文字列を確認する
'aaaXYZabc'                                    # 1か所だけ置き換わっている
```

> ### 練習問題
>
> 以下の文章の [　　　　] に適切な語句を入れてください。
>
> `my_str = "This is a pen."` という文字列を作成した場合、`my_str.lower()` は [　a　] を返し、`my_str.upper()` は [　b　] を返します。`my_str.replace("is", "at")` は [　c　] を返し、`my_str.replace("is", "at", 1)` は [　d　] を返します。
>
> **■a～dに関する解答群**
>
> **ア** "THIS IS A PEN."　　**イ** " tHIS IS A PEN."　　**ウ** "this is a pen."
>
> **エ** "atat at a ata."　　**オ** "That is a pen."　　**カ** "That at a pen."

▶ 文字列の消去

str クラスで、文字列を消去するメソッドの使い方を説明しましょう。

210

lstripメソッドは、文字列の**先頭**から空白文字を消去します[※1]。
rstripメソッドは、文字列の**末尾**から空白文字を消去します[※2]。
stripメソッドは、文字列の**先頭と末尾**から空白文字を消去します。

これらのメソッドで、引数に文字列を指定すると、空白文字ではなく、指定した文字列を消去します。

以下は、

```
my_str = "   hello   "
```

という文字列を作成し **my_str.lstrip()**、**my_str.rstrip()**、**my_str.strip()** で、空白文字を消去するプログラムです。

▼ lstripメソッド、rstripメソッド、stripメソッドの使い方の例（対話モード）

```
>>> my_str = "   hello   "        # 文字列を作成する
>>> new_str = my_str.lstrip()     # lstrip メソッドで空白文字を消去する
>>> new_str                       # 生成された文字列の内容を確認する
'hello   '                        # 先頭の空白文字が消去されている。
>>> new_str = my_str.rstrip()     # rstrip メソッドで空白文字を消去する
>>> new_str                       # 生成された文字列の内容を確認する
'   hello'                        # 末尾の空白文字が消去されている
>>> new_str = my_str.strip()      # strip メソッドで空白文字を消去する
>>> new_str                       # 生成された文字列の内容を確認する
'hello'                           # 先頭と末尾の空白文字が消去されている
```

練習問題

以下の文章の ☐ に適切な語句を入れてください。

my_str = "*abc***"** という文字列を作成した場合、**my_str.lstrip("*")** は ☐ a ☐ を返し、**my_str.rstrip("*")** は ☐ b ☐ を返し、**my_str.strip("*")** は ☐ c ☐ を返します。

■a～cに関する解答群

　ア　"abc"　　　イ　"***"　　　ウ　"abc***"　　　エ　"***abc"

※1　lstrip は、left strip ＝「左側を取り去る」という意味です。
※2　rstrip は、right strip ＝「右側を取り去る」という意味です。

23 ▶ 文字列の操作　211

文字列の内容チェック

strクラスで、文字列の内容をチェックするメソッドの使い方を説明しましょう。
isalphaメソッドは、文字列がすべて**英字**かどうかをチェックします[1]。
isdigitメソッドは、文字列がすべて**数字**かどうかをチェックします[2]。
isalnumメソッドは、文字列がすべて**英数字**かどうかをチェックします[3]。
islowerメソッドは、文字列がすべて**小文字**かどうかをチェックします[4]。
isupperメソッドは、文字列がすべて**大文字**かどうかをチェックします[5]。

このように、名前が「**is～**」で始まるメソッドは、「**～であるかどうか**」をチェックし、そうであれば**True**を返し、そうでなければ**False**を返します。

以下は、「is～」で始まるメソッドの使い方の例です。一般的には、**my_str.isalpha()** のように、変数に代入された文字列をチェックしますが、ここでは、わかりやすいように **"abc".isalpha()** のように、文字列データを直接チェックしています。文字列データは、strクラスのオブジェクトなので、このようなことができるのです。

▼「is～」で始まるメソッドの使い方の例（対話モード）

```
>>> "abc".isalpha()          # "abc" は、すべて英字か
True                         # そうである
>>> "abc123".isalpha()       # "abc123" は、すべて英字か
False                        # そうではない
>>> "123".isdigit()          # "123" は、すべて数字か
True                         # そうである
>>> "abc123".isdigit()       # "abc123" は、すべて数字か
False                        # そうではない
>>> "abc123".isalnum()       # "abc123" は、すべて英数字か
True                         # そうである
>>> "abc123#$%".isalnum()    # "abc123#$%" は、すべて英数字か
False                        # そうではない
>>> "abc".islower()          # "abc" は、すべて小文字か
True                         # そうである
>>> "abcXYZ".islower()       # "abcXYZ" は、すべて小文字か
False                        # そうではない
```

※1 isalpha は、is alphabet ＝「アルファベットである」という意味です。
※2 isdigit は、is digit ＝「数字である」という意味です。
※3 isalnum は、is alphabet or number ＝「アルファベットか数字である」という意味です。
※4 islower は、is lower case ＝「小文字である」という意味です。
※5 isupper は、is upper case ＝「大文字である」という意味です。

```
>>> "ABC".isupper()              # "ABC" は、すべて大文字か
True                             # そうである
>>> "ABCxyz".isupper()           # "ABCxyz" は、すべて大文字か
False                            # そうではない
```

> ### 練習問題
>
> 以下の文章の　　　　　に適切な語句を入れてください。
>
> `my_str = "abc123"` という文字列を作成した場合、`my_str.isalpha()` は
> 　 a 　 を返し、`my_str.isdigit()` は 　 b 　 を返し、`my_str.isalnum()`
> は 　 c 　 を返します。
>
> ■a～cに関する解答群
>
> 　ア　True　　　　イ　False

文字列の探索

strクラスで、文字列の探索を行うメソッドの使い方を説明しましょう。

find メソッドは、文字列の**先頭**から文字列を探索します[1]。

rfind メソッドは、文字列の**末尾**から文字列を探索します[2]。

どちらも、見つかった場合は**添字（文字列の先頭からの位置）**を返し、見つから
なかった場合は **-1** を返します。

count メソッドは、文字列から文字列を探索し、見つかった**回数**を返します[3]。

これらのメソッドでは、探索対象には、スライスを使って部分的な文字列を指定
できますが、スライスを使わないと文字列全体が指定されます。

以下は、findメソッド、rfindメソッド、countメソッドの使い方の例です。

▼findメソッド、rfindメソッド、countメソッドの使い方の例（実行モード）

```
>>> my_str = "abcXYZabc"       # 文字列を作成する
>>> my_str.find("abc")         # find メソッドで先頭から "abc" を探索する
0                              # 0 文字目に見つかる
>>> my_str.rfind("abc")        # rfind メソッドで末尾から "abc" を探索する
```

※1　第4章で説明した index メソッドを使って文字列を検索することもできます。
※2　rfind は、right find＝「右から探索」という意味です。
※3　count メソッドは、文字列だけでなく、リストとタプルでも使えます。

23 ▶ 文字列の操作　213

```
6                              # 6 文字目に見つかる
>>> my_str.find("aaa")         # find メソッドで "aaa" を探索する
-1                             # 見つからないので -1 が返される
>>> my_str.count("abc")        # count メソッドで "abc" を探索する
2                              # 2 回見つかる
```

練習問題

以下の文章の 　　　　 に適切な語句を入れてください。

`my_str = "abccbc"` という文字列を作成した場合、`my_str.find("c")` は 　a　 を返し、`my_str.rfind("c")` は 　b　 を返し、`my_str.count("c")` は 　c　 を返します。

■a～cに関する解答群

　ア　1　　　イ　2　　　ウ　3　　　エ　4　　　オ　5　　　カ　6

▶ 文字列の書式指定（format メソッド）

str クラスで、文字列の書式指定を行うメソッドの使い方を説明しましょう。

format メソッド（フォーマット）は、文字列の書式指定を行います。書式指定とは、文字列を左詰めや右詰にすることや、数値を表示するときの小数点以下の桁数を指定することなどです。

format メソッドで書式指定を行う文字列の中には、**{添字:書式}** という形式の「**置換フィールド**」を置きます。この置換フィールドによって、format メソッドの引数に指定されたデータが書式指定した文字列に置き換わります。

以下の例では、0番目の **1111.1111** というデータが、10文字幅、左詰め、3桁ごとにカンマ表示あり、小数点以下2桁、実数型で文字列に置き換わり、1番目の **2222.2222** というデータが、10文字幅、右詰め、3桁ごとにカンマ表示なし、小数点以下1桁、実数型で文字列に置き換わります。

▼format メソッドによる書式指定の例（対話モード）

```
>>> "データは {0:<10,.2f} と {1:>10.1f} です。".format(1111.1111,
2222.2222)
'データは 1,111.11 と     2222.2 です。'
```

※ ページ枠に入らないプログラムは改行して示していますが、入力するときは改行しないでください。

214

`{0:<10,.2f}` は、formatメソッドの引数に指定された「0番目」のデータに「<10,.2f」という書式を指定して文字列に置き換えることを意味しています。

`{1:>10.1f}` は、formatメソッドの「1番目」のデータに「>10.1f」という書式を指定して文字列に置き換えることを意味しています。

`{0:<10,.2f}` を例にして、書式指定に使われる記号と文字の意味を以下に示します。書式は、どれも省略可能です。省略すると、デフォルトの書式になります。すべてを省略する場合は、`{0}` や `{1}` のように、コロンも省略して添字だけを指定します。formatメソッドの引数が1つだけのときは、添字を省略して `{:書式}` のようにして書式だけを指定できます。

▼書式指定に使われる記号と文字の意味

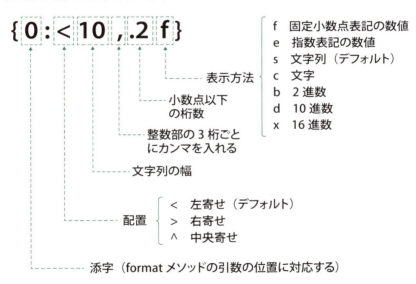

配置と文字幅を指定した場合、文字幅に足りない部分は、半角の空白文字で埋められます。他の文字で埋めたい場合は、配置を指定する < 、> 、^ の前に文字を指定します。たとえば、*>10 と指定すれば、右寄せで幅10文字に足りない部分は、* で埋められます。

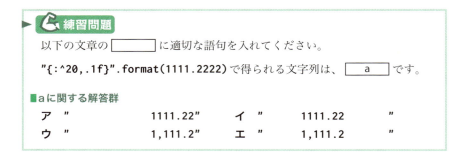

▶文字列の書式指定（format 関数）

シラバスには、組み込み関数としてformat関数が示されているので、使い方を説明しておきましょう。format関数は、

  format(データ, "書式指定")

という構文で使い、データを書式指定した文字列を返します。書式指定に使う記号や文字は、strクラスのformatメソッドと同様です。以下に例を示します

▼format関数による書式指定の例（対話モード）

```
>>> format(1111.1111, "<10,.2f")    # "<10,.2f" という書式指定をする
'1,111.11  '                         # 書式指定された文字列が得られる
>>> format(2222.2222, ">10.1f")     # ">10.1f" という書式指定をする
'    2222.2'                         # 書式指定された文字列が得られる
```

　第1章で、Pythonのプログラミング部品の形式に、**関数**と**クラス**があることを説明しました。**format**関数は、文字列の書式指定という**単独の機能**を持った小さな部品です。**str**クラスは、複数の機能を持った大きな部品であり、機能の1つとして**format**メソッドがあります。format関数とstrクラスのformatメソッドを比べることで、関数とクラスの違いがわかるでしょう。

> 練習問題
> 以下の文章の [___] に適切な語句を入れてください。
> format(1111.2222, ">10.2f")で得られる文字列は、[a]です。
>
> ■aに関する解答群
> ア "   1111.22"   イ "1111.22   "
> ウ " 1,111.22"   エ "1,111.22 "

文字列の書式指定（f文字列）

　Pythonのバージョン3.6からは、文字列の書式指定に、これまでに説明したformatメソッドとformat関数だけでなく、新たに「**f文字列**※」という表記方法も使えるようになりました。基本情報技術者試験では、Pythonのバージョン3.7.3を使うとされているので、新しいf文字列の表記方法も覚えておきましょう。

　f文字列は、**f"{変数名:書式指定}"** という形式の文字列です。f文字列の{変数名:書式指定}の部分が、変数の値を書式指定した文字列に置き換えられます。書式指定に使う記号や文字は、strクラスのformatメソッドと同様です。
　f文字列は、文字列の中に変数の値を挿入するときに便利です。たとえば、以下は、半径10の円の面積を「半径10.00の円の面積は314.00です。」という文字列にして表示するプログラムです。円の面積は、「半径×半径×円周率」という計算で求められます。ここでは、円周率を3.14としています。

▼f文字列による書式指定の例（対話モード）
```
>>> radius = 10                    # 変数 radius に円の半径を代入する
>>> area = radius * radius * 3.14  # 変数 area に円の面積を代入する
>>> # f 文字列で結果を表示する
>>> f"半径 {radius:.2f} の円の面積は {area:.2f} です。"
'半径 10.00 の円の面積は 314.00 です。'    # 変数の値が書式指定されて挿入される
```

※ f 文字列は、format 文字列という意味です。

▼円の面積の求め方

円の面積 ＝ 半径 × 半径 × 円周率

f" 半径 {radius:.2f} の円の面積は {area:.2f} です。"

という f 文字列において、{radius:.2f} の部分が変数 radius の値を「.2f」という書式指定をした文字列に置き換えられ、{area:.2f} の部分が変数 area の値を「.2f」という書式指定をした文字列に置き換えられます。

> 練習問題

以下の文章の □ に適切な語句を入れてください。

変数 a に 10、変数 b に 3 が代入され、変数 ans に a / b の演算結果が代入されている場合、f"{a} / {b} = {ans:.1f}" で得られる文字列は、 a です。

■a に関する解答群
ア "a / b = 3.3"　　　　　イ "10 / 3 = 3.3"
ウ "a / b = 3.333"　　　　エ "10 / 3 = 3.333"

f 文字列

変数の値を、書式指定した文字列に置き換えるよ

「.3f」だと
小数点以下 3 桁の
固定小数点表記の
文字列になるね

24 ▶ インポートと数学関数

- モジュールをインポートして別名を付けることができる。
- モジュールから指定した関数だけをインポートすることもできる。
- math モジュールは、数学関連の様々な関数を提供する。

▶ モジュールのインポート

　組み込み関数や組み込み型ではない標準ライブラリ、または外部ライブラリを使う場合には、**import文**を使って**インポート**を行う必要があります。インポートは、直訳すると「輸入する」という意味ですが、Pythonでは「**使うことを宣言する**」という意味です。

　import文の使い方には、いくつかのバリエーションがあります。ここでは、標準ライブラリの**mathモジュール**が持つ**sqrt関数**を使う場合を例にして、import文の使い方を説明しましょう。sqrt関数は、引数に指定された数値の平方根を返します※。

◆モジュールをインポートする

　「**import モジュール名**」という構文で、モジュールをインポートします。たとえば、

```
import math
```

を実行すれば、mathモジュールがインポートされます。これによって、**math.sqrt()** のように「**モジュール名.関数名()**」という構文で、mathモジュールが持つsqrt関数を使えます。以下に例を示します。

▼モジュールをインポートする例（対話モード）

```
>>> import math            # math モジュールをインポートする
>>> math.sqrt(2)           # math モジュールの sqrt 関数を使う
1.4142135623730951         # 2 の平方根が得られる
```

◆インポートしたモジュールに別名を付ける

　「**import モジュール名 as 別名**」という構文で、インポートしたモジュールに別名を付けられます。たとえば、

※ sqrt は、square root＝「平方根」という意味です。

```
import math as m
```

を実行すれば、math モジュールをインポートして **m** という別名を付けられます。
これによって、**m.sqrt()** のように「**別名.関数名()**」という構文で、math モジュー
ルが持つ sqrt 関数を使えます。この機能は、長いモジュール名に短い別名を付け
るときや、プログラムの中で使用している他の関数名や変数名とモジュール名が同
じになってしまう場合の対処として使います。以下に例を示します。

▼ モジュールをインポートして別名を付ける例（対話モード）

```
>>> import math as m        # math をインポートして m という別名を付ける
>>> m.sqrt(2)               # 別名の m モジュールで sqrt 関数を使う
1.4142135623730951          # 2 の平方根が得られる
```

◆ **モジュールから指定した関数だけをインポートする**

　「from モジュール名 import 関数名1, 関数名2, ……」という構文を使うと、モ
ジュールから指定した関数だけをインポートでき、モジュール名を指定せずに関数
を使えるようになります。たとえば、

```
from math import sqrt
```

を実行すれば、math モジュールから sqrt 関数だけをインポートし、math を指定せ
ずに **sqrt()** という構文で、sqrt 関数を使えるようになります。以下に例を示します。

▼ モジュールから指定した関数だけをインポートする例（対話モード）

```
>>> from math import sqrt   # math から sqrt 関数だけをインポートする
>>> sqrt(2)                 # 関数名だけで sqrt 関数を使う
1.4142135623730951          # 2 の平方根が得られる
```

◆ **モジュールから指定した関数だけをインポートして別名を付ける**

　さらに、「from モジュール名 import 関数名1 as 別名1, 関数名2 as 別名2,
……」という構文を使うと、関数に別名を付けられます。この場合も、モジュール
名を指定せずに、別名だけで関数を使えるようになります。たとえば、

```
from math import sqrt as root
```

を実行すれば、math モジュールから sqrt 関数だけをインポートして **root** という別

名を付け、mathを指定せずに **root()** という構文で、sqrt関数を使えるようになります。以下に例を示します。

▼モジュールから指定した関数だけをインポートして別名を付ける例（対話モード）

```
>>> from math import sqrt as root   # math の sqrt に root という別名を付ける
>>> root(2)                          # 別名の root で sqrt 関数を使う
1.4142135623730951                   # 2 の平方根が得られる
```

練習問題

以下の文章の □□□□ に適切な語句を入れてください。

モジュールAが持つ関数Aを使うとします。「`import　モジュールA`」を実行した場合は □ a □、「`import　モジュールA as 別名A`」を実行した場合は □ b □、「`from　モジュールA import　関数A`」を実行した場合は □ c □、「`from　モジュールA import 関数A as 別名A`」を実行した場合は □ d □ という構文になります。

■a〜dに関する解答群

ア　関数A()　　　　イ　別名A()

ウ　別名A.関数A()　エ　モジュールA.関数A()

math モジュールの使い方

標準ライブラリであるmathモジュールは、数学関連の様々な関数を提供します。以下に、mathモジュールが提供する主な関数と、使い方の例を示します。

▼mathモジュールが提供する主な関数

関数の構文	機能
`sqrt(x)`	xの平方根を返す
`sin(x)`	x（ラジアン）のサイン値を返す
`cos(x)`	x（ラジアン）のコサイン値を返す
`tan(x)`	x（ラジアン）のタンジェント値を返す
`radians(x)`	x（度）をラジアンに変換して返す
`degrees(x)`	x（ラジアン）を度に変換して返す

24 ▶ インポートと数学関数　221

`log(x[, base])`	baseを底としたxの対数を返す。 baseを省略するとxの自然対数を返す。
`fabs(x)`[※1]	xの絶対値を返す
`ceil(x)`	xの小数点以下を切り上げた整数を返す
`floor(x)`	xの小数点以下を切り捨てた整数を返す
`factorial(x)`	xの階乗を返す
`gcd(a, b)`[※2]	aとbの最大公約数を返す

▼mathモジュールが提供する主な関数の使い方の例（対話モード）

```
>>> import math          # math モジュールをインポートする
>>> math.log(8, 2)       # 2 を底とした 8 の対数を求める
3.0                      # 3.0 である
>>> math.fabs(-123)      # -123 の絶対値を求める
123.0                    # 123.0 である
>>> math.ceil(123.4)     # 123.4 の小数点以下を切り上げる
124                      # 124 に切り上げられる
>>> math.floor(123.4)    # 123.4 の小数点以下を切り捨てる
123                      # 123 に切り捨てられる
>>> math.factorial(5)    # 5 の階乗を求める
120                      # 120 である
>>> math.gcd(30, 50)     # 30 と 50 の最大公約数を求める
10                       # 10 である
```

　mathモジュールには、切り上げを行う**ceil関数**と、切り捨てを行う**floor関数**があありますが[※3]、四捨五入を行う関数はありません。四捨五入は、組み込み関数である**round関数**を使います。

　round関数は、「**round(number[, ndigit])**」という構文であり、引数numberの小数部を、引数ndigitで指定した桁に丸めた値を返します。引数ndigitを省略すると、整数に丸めます。以下に、round関数の使い方の例を示します。

▼組み込み関数であるround関数の使い方の例（対話モード）

```
>>> round(123.456, 1)    # 123.456 を小数点以下 1 桁に四捨五入する
123.5                    # 123.5 になる
>>> round(123.456)       # 123.456 を整数に四捨五入する
123                      # 123 になる
```

※1 fabs の先頭の f は、float 型で絶対値（absolute value）を返すことを意味しています。
※2 gcd は、greatest common divisor =「最大公約数」の略語です。
※3 ceil は ceiling =「天井」という意味で、floor は「床」という意味です。

練習問題

以下の文章の ⬜ に適切な語句を入れてください。

mathモジュールにおいて、 a は絶対値を返し、 b は小数点以下を切り上げた整数を返し、 c は小数点以下を切り捨てた整数を返します。四捨五入は、組み込み関数である d で求められます。

■a〜dに関する解答群
　ア　round関数　　イ　floor関数　　ウ　fabs関数　　エ　ceil関数

角度を持った線分のx座標とy座標を求める

Pythonのサンプル問題[※1]で示されたプログラムの中に、mathモジュールの**sin関数**と**cos関数**を使って、角度を持った線分のx座標とy座標を求める処理があるので、その方法を覚えておきましょう。sin関数とcos関数の引数に指定する角度は、「度」単位ではなく「**ラジアン**」単位なので、度をラジアンに変換する**radians関数**も使います[※2]。

以下のように、長さが val で角度が rad（ラジアン単位）の線分があるとしましょう。数学の定義で、
　　cos(rad) = x / val　　　sin(rad) = y / val
です。これらの式を変形すると、
　　x = val * cos(rad)　　　y = val * sin(rad)
になります。変形後の式を使えば、線分の長さ val と角度 rad から、線分のx座標とy座標を求めることができます。

▶ P 線分の長さ val と角度 rad から、線分のx座標とy座標を求める方法

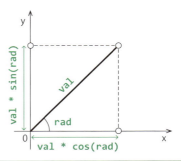

※1　これは、情報処理技術者試験を実施している情報処理推進機構が公開しているサンプル問題であり、試験対策として見ておくべきものです。本書では第10章で取り上げています。
※2　360度 = 2πラジアンです。

例として、長さが10で角度が30度の線分で、x座標とy座標を求めてみましょう。以下のように、長さの10を**変数val**に代入し、角度の30を**math.radians関数**でラジアンに変換して**変数rad**に代入すれば、

```
x = val * math.cos(rad)
y = val * math.sin(rad)
```

でx座標とy座標を求められます。ここでは、結果の表示に

```
f"x座標 = {x:.1f}, y座標 = {y:.1f}"
```

という**f文字列**を使っています。

▼線分の長さvalと角度radから、線分のx座標とy座標を求める例（対話モード）

```
>>> import math               # mathモジュールをインポートする
>>> val = 10                  # 変数valに長さを代入する
>>> rad = math.radians(30)    # 変数radにラジアン単位で角度を代入する
>>> x = val * math.cos(rad)   # x座標を求める
>>> y = val * math.sin(rad)   # y座標を求める
>>> f"x座標 = {x:.1f}, y座標 = {y:.1f}"  # x座標とy座標を表示する
'x座標 = 8.7, y座標 = 5.0'    # x座標とy座標が表示される
```

練習問題

以下の文章の［　　　］に適切な語句を入れてください（※aとbは順不同）。

以下の直角三角形において、aの長さは［　a　］で求められ、bの長さは［　b　］で求められます。

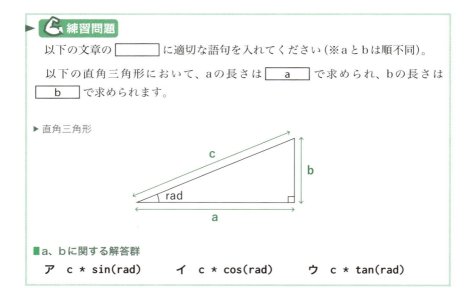

▶直角三角形

■a、bに関する解答群

　ア　c * sin(rad)　　　イ　c * cos(rad)　　　ウ　c * tan(rad)

25 ▶ グラフの描画

- matplotlib.pyplot の plot 関数を使うと折れ線グラフを描画できる。
- matplotlib.pyplot の bar 関数を使うと棒グラフを描画できる。
- matplotlib.pyplot の scatter 関数を使うと散布図を描画できる。

▶折れ線グラフを描画する

　外部ライブラリであるmatplotlibパッケージのpyplot（パイプロット）モジュールは、「**折れ線グラフ**」「**棒グラフ**」「**散布図**」など、様々な種類のグラフを描画する機能を提供します。グラフの描画は、
　　「**plot関数、bar関数、scatter関数**などの引数にデータを設定する」
　　　→「**show関数**を呼び出す」
という簡単な手順で行えます[※1]。

　パッケージの中にあるモジュールをインポートするときは、

```
import matplotlib.pyplot
```

のように「**パッケージ名.モジュール名**」を指定します[※2]。ただし、このままでは名前が長いので、**as**を使って別名を付けて、

```
import matplotlib.pyplot as plt
```

とするのが一般的です。これによって、**plt**という短い別名で、matplotlibパッケージのpyplotモジュールを使えるようになります。

　それでは、実際にグラフを描画してみましょう。次ページは、**折れ線グラフ**を描画するプログラムです。ここでは、x軸のデータを**x_data**というリストに格納し、y軸のデータを**y_data**というリストに格納しています。これらをカンマで区切って**plot**関数の引数に指定すると、リストの要素の値をつないだ折れ線グラフが作成されます。この折れ線グラフは、**show**関数を呼び出すことで表示されます。
　プログラムの実行結果を確認したら、グラフが描画されたウインドウの右上にあ

[※1] plot は「点を結んで線を描く」、bar は「棒」、scatter は「散る」という意味です。
[※2] 「from パッケージ名.モジュール名 import 関数名」と指定して、パッケージの中にあるモジュールから特定の関数だけをインポートすることもできます。

る[×]ボタンをクリックしてください。ウインドウが閉じて、プログラムが終了します。

▼折れ線グラフを描画するプログラム（対話モード）

```
import matplotlib.pyplot as plt   # モジュールをインポートする
x_data = [1, 2, 3, 4, 5]           # x 軸のデータを用意する
y_data = [20, 50, 30, 40, 10]      # y 軸のデータを用意する
plt.plot(x_data, y_data)           # 折れ線グラフを作成する
plt.show()                         # グラフを表示する
```

▶折れ線グラフを描画するプログラムの実行結果

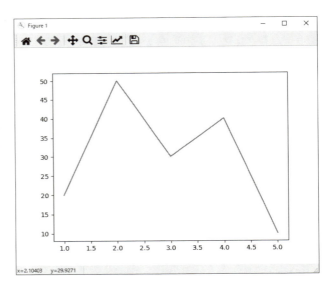

plot 関数と show 関数で折れ線グラフを描画！

練習問題

以下の文章の ☐ に適切な語句を入れてください。

matplotlibパッケージの**pyplot**モジュールをインポートして**plt**という別名を付けるには、 a とします。折れ線グラフを作成するには、**pyplot**モジュールの b を使います。

■a、bに関する解答群
ア　`import matplotlib.pyplot`　　イ　`import matplotlib.pyplot as plt`
ウ　`plot`関数　　エ　`bar`関数　　オ　`scatter`関数

226

棒グラフを描画する

棒グラフを描画してみましょう。棒グラフでは、**x軸のデータ**、**y軸のデータ**、および**x軸のラベル**という3つのデータが必要になります。

x軸のデータは、x軸方向の並び順を示す**0から始まる添字**です。たとえば、データが5個あるなら、0～4の添字を用意します。

y軸のデータは、棒の高さになります。

x軸のラベルは、個々の棒のx軸に付けられる文字列です。

以下は、棒グラフを描画するプログラムです。ここでは、x軸のデータを **x_data** というリストに格納し、y軸のデータを **y_data** というリストに格納し、x軸のラベルを **x_label** というリストに格納しています。**bar関数**の引数には、先頭から順に、「x軸のデータ」「y軸のデータ」「tick_label=x軸のラベル」をカンマで区切って指定します。これによって、棒グラフが作成され、**show関数**を呼び出すことで表示されます。

プログラムの実行結果を確認したら、グラフが描画されたウインドウの右上にある［×］ボタンをクリックしてください。ウインドウが閉じて、プログラムが終了します。

▼棒グラフを描画するプログラム（対話モード）

```
import matplotlib.pyplot as plt    # モジュールをインポートする
x_data = range(0, 5)               # x軸のデータとして0～4を用意する
y_data = [20, 50, 30, 40, 10]      # y軸のデータを用意する
x_label = ["A", "B", "C", "D", "E"] # 軸のラベルを用意する
plt.bar(x_data, y_data, tick_label=x_label)   # 棒グラフを作成する
plt.show()                                     # 棒グラフを表示する
```

▶棒グラフを描画するプログラムの実行結果

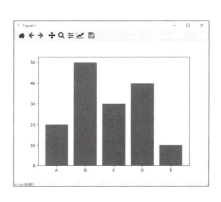

bar関数では
・x軸のデータ
・y軸のデータ
・x軸のラベル
のデータが必要です

> ### 💪 練習問題
>
> 以下の文章の _____ に適切な語句を入れてください。
>
> 棒グラフを作成する**bar**関数の引数には、先頭から順に [a] 、 [b] 、
> [c] をカンマで区切って指定します。
>
> ■a〜cに関する解答群
>
> **ア** `tick_label=x`軸のラベル   **イ** x軸のデータ
>
> **ウ** `tick_label=y`軸のラベル   **エ** y軸のデータ

▶ 散布図を描画する

　散布図を描画してみましょう。以下は、散布図を描画するプログラムです。ここでは、x軸のデータを **x_data** というリストに格納し、y軸のデータを **y_data** というリストに格納しています。これらをカンマで区切って **scatter** 関数の引数に指定すると、リストの要素の値で散布図が作成され、**show** 関数を呼び出すことで表示されます。x軸のデータとy軸のデータは、先ほど折れ線グラフを作成したときと同じものです。折れ線グラフでは、データの点と点を結ぶ線が描画されますが、散布図では、**点だけ**が描画されます。

　プログラムの実行結果を確認したら、グラフが描画されたウインドウの右上にある［×］ボタンをクリックしてください。ウインドウが閉じて、プログラムが終了します。

▼散布図を描画するプログラム（対話モード）

```
import matplotlib.pyplot as plt    # モジュールをインポートする
x_data = [1, 2, 3, 4, 5]           # x軸のデータを用意する
y_data = [20, 50, 30, 40, 10]      # y軸のデータを用意する
plt.scatter(x_data, y_data)        # 散布図を作成する
plt.show()                         # 散布図を表示する
```

▼散布図を描画するプログラムの実行結果

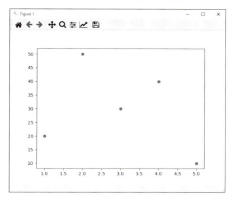

散布図はデータを線で結ばずに点で表します

練習問題

以下の文章の ☐ に適切な語句を入れてください。

折れ線グラフを作成するには、**pyplot**モジュールの ☐ a ☐ を使います。散布図を作成するには、**pyplot**モジュールの ☐ b ☐ を使います。折れ線グラフでは、データの ☐ c ☐ が描画されますが、散布図では、☐ d ☐ が描画されます。

■a〜dに関する解答群
　ア　点だけ　　イ　点と点を結ぶ線　　ウ　**plot**関数　　エ　**scatter**関数

第5章 ▶ 章末確認問題

▶ 組み込み関数と文字列の操作に関する確認問題

┌ 確認ポイント ─────────────────

- ファイルオブジェクトを生成する (p.203)
- 文字列の消去 (p.210)
- 文字列の書式指定 (f文字列) (p.217)

問題

　以下は、関東地方の都県名と人口を画面に表示するプログラムです。データ（出典：総務省統計局「統計でみる市区町村のすがた2020」）は、kanto.txtというテキストファイルに、「都県名」「人口」の順に交互に格納されています。このファイルからデータを読み出して画面に表示する際に、書式指定を行います。

　都県名は、左寄せ、幅5文字（文字幅に足りない部分は、全角スペースで埋める）で、文字列とします。

　人口は、右寄せ、幅12文字、3桁ごとにカンマを入れ、10進数として、末尾に「人」という文字を置きます。

　プログラム中の □□□□□ に入れる正しい答えを、解答群の中から選んでください。

▼kanto.txtの内容

```
茨城県
2916976
栃木県
1974255
群馬県
1973115
埼玉県
7266534
千葉県
6222666
東京都
13515271
```

230

神奈川県
9126214

▼ 関東地方の一都六県の人口を画面に表示するプログラム（sample501.py）

```
fobj = open("kanto.txt",  [  a  ] )    # ファイルを開く
for n, s in enumerate(fobj):           # 1行ずつsに読み込み添字nを対応付ける
    s = [  b  ]                        # 文字列の末尾にある改行文字を消去する
    if (n % 2 == 0):                   # 偶数番目のデータは都県名である
        print(f"{s: <5}", end="")      # 都県名を書式指定して表示する
    else:                              # 奇数番目のデータは人口である
        s = int(s)                     # 人口を整数に変換する
        print( [  c  ] )               # 人口を書式指定して表示する
fobj.close()                           # ファイルを閉じる
```

▼ プログラムの実行結果の例（実行モード）

```
(base) C:¥gihyo>python sample501.py
茨城県     2,916,976 人
栃木県     1,974,255 人
群馬県     1,973,115 人
埼玉県     7,266,534 人
千葉県     6,222,666 人
東京都    13,515,271 人
神奈川県    9,126,214 人
```

aに関する解答群

ア　mode="wt"　　　イ　mode="rt"　　　ウ　mode="wb"

エ　mode="rb"

bに関する解答群

ア　s.lstrip("¥n")　　　　イ　s.rstrip("¥n")

ウ　s.lstrip("¥t")　　　　エ　s.rstrip("¥t")

cに関する解答群

ア　f"{s:>12,d人}"　　　　イ　f"{s:<12,d人}"

ウ　f"{s:>12,d}人"　　　　エ　f"{s:<12,d}人"

第6章

関数の作成と利用

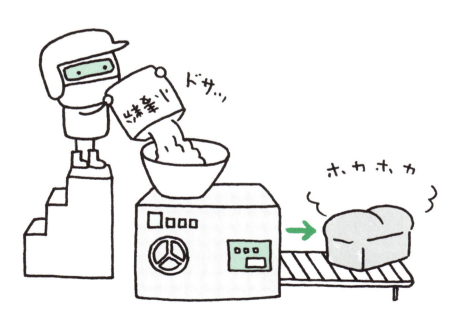

26 ▶ 関数の作り方と使い方

- 関数は、def 文のブロックで定義する。
- return 文には、戻り値を返す機能と、呼び出し元に戻る機能がある。
- 再利用する関数は、「モジュール名 .py」というファイルに記述しインポートして使う。
- タプルを使うと、関数から複数の戻りを返すことができる。

▶ オリジナルの関数を作る

　Pythonでプログラムを作るときには、あらかじめ用意されている**関数**や**クラス**を使うだけでなく、自分でオリジナルの関数やクラスを作り、それらを使うこともできます。これは、第1章で説明した**プログラマ脳の部品化の視点**です（→ **p.36**）。プログラムを部品化すると、同じ部品を様々なプログラムで再利用できて便利です。プログラム全体の構造がわかりやすくなる、という利点もあります。

　第6章では、オリジナルの関数の作り方と使い方を説明します。第7章では、オリジナルのクラスの作り方と使い方を説明します。

　関数を作ることを「**関数を定義する**」ともいいます。以下に、関数を定義する基本構文を示します。

　「**def 文**」は、define＝「定義する」という意味であり、関数を定義します。関数の定義は、1つのブロックになるので、処理内容をインデントして記述します。

　「**return 文**」には、戻り値を「返す」という機能と、呼び出し元に「戻る」という2つの機能があります。

> ▶関数を定義する基本構文
> ```
> def 関数名 ( 引数 , …… ):
>     処理内容
>         :
>     return 戻り値
> ```

　例として、三角形の面積を求める関数を作ってみましょう。第1章のプログラマ脳のところで説明しましたが、関数を作るときには、自分の考えで「**関数名**」「**引数**」「**戻り値**」を決めます。第1章では、関数名を「三角形の面積を求める」、引数を「底辺」

と「高さ」、戻り値を「面積」という日本語にしましたが、それらをPythonのプログラムにするときには、英語の言葉にします。ここでは、関数名を triangle_area、引数を bottom と height、戻り値を area にします。三角形の面積を求める関数の定義は、以下のようになります。

▼ 三角形の面積を求める関数の定義（sample601.py）

```
def triangle_area(bottom, height):
    area = bottom * height / 2
    return area
```

def triangle_area(bottom, height): の部分は、triangle_area という関数名で、bottom と height という引数を持つ関数を定義しています。

インデントされた area = bottom * height / 2 と return area は、関数の処理内容です。area = bottom * height / 2 は、引数として与えられた bottom と height の値を使って三角形の面積を求め、それを変数 area に代入しています。return area は、変数 area の値を戻り値として返し、この関数の呼び出し元に戻ります。

関数は、テキストエディタで記述して、任意のファイル名を付けて保存します。ここでは、「sample601.py」というファイル名で保存することにします。1つのファイルの中に、複数の関数を記述することもできます。もしも、再利用しないのであれば、Pythonの対話モードで関数を記述することもできます。

練習問題

以下の文章の ▢ に適切な語句を入れてください（※bとcは順不同）。

関数を定義する構文において、def 文は ▢a▢ を意味し、return 文は ▢b▢ と ▢c▢ を意味します。関数の定義は、1つのブロックになるので、処理内容を ▢d▢ して記述します。

■a～dに関する解答群

ア　インデント 　　　　　イ　戻り値を返す
ウ　呼び出し元に戻る 　　エ　定義する

---

26 ▶ 関数の作り方と使い方　235

▶ オリジナルの関数を使う

　関数が記述されたファイルは、**モジュール**になります。先ほど作成した**triangle_area**関数を使うには、それが記述されたモジュールをインポートします。ファイル名は「sample601.py」ですが、インポートするときには拡張子の **.py** を省略して

```
import sample601
```

とする約束になっています。

　以下は、sample601モジュールをインポートして、triangle_area関数を使うプログラムです。インポートされた関数は「**モジュール名.関数名(引数, ……)**」という構文で使います※。ここでは

```
sample601.triangle_area(10, 5)
```

を実行して、底辺が10で高さが5の三角形の面積を求めています。
　このように、自分で作成したオリジナルの関数の使い方は、あらかじめ用意されている関数と同じです。

▼三角形の面積を求める関数を使う（対話モード）
```
>>> import sample601              # モジュールをインポートする
>>> sample601.triangle_area(10, 5)  # 関数を使う
25.0                              # 関数の戻り値が表示される
```

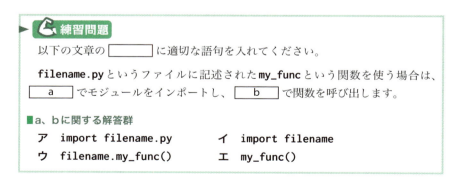

練習問題

以下の文章の　　　　に適切な語句を入れてください。

　filename.pyというファイルに記述された**my_func**という関数を使う場合は、　a 　でモジュールをインポートし、　b 　で関数を呼び出します。

■a、bに関する解答群
　ア　`import filename.py`　　　イ　`import filename`
　ウ　`filename.my_func()`　　　エ　`my_func()`

※ インポートするときに、「from モジュール名 import 関数名」とすれば、モジュール名を指定せずに「関数名(引数, ……)」という構文で、関数を使えます。

引数がない関数、戻り値がない関数

関数に**引数**と**戻り値**があることは、必須ではありません。機能によっては、**引数がない関数**も、**戻り値がない関数**もあります。以下に、それぞれの例を示します。これらの関数は、「sample602.py」という同じファイルに記述してください。

▼引数がない関数と戻り値がない関数の定義（sample602.py）

```python
# 引数がない関数
def get_circle_area():
    radius = input(" 半径を入力してください：")
    radius = float(radius)
    area =  radius * radius * 3.14
    return area

# 戻り値がない関数
def show_circle_area(radius):
    area =  radius * radius * 3.14
    print(f" 円の面積：{area}")
    return
```

get_circle_area関数は、キー入力された半径から円の面積を求めて返します。キー入力されたデータを処理するので、引数としてデータを与える必要がないのです。

show_circle_area関数は、引数に指定された半径から円の面積を求めて画面に表示します。処理結果を画面に表示するので、戻り値としてデータを返す必要がないのです。

どちらも関数も、あまり実用的なものではありませんが、関数の呼び出し元からデータを渡す必要がないなら、**引数がない関数**となり、関数の呼び出し元にデータを返す必要がないなら**戻り値がない関数**となることがわかったでしょう。以下に、それぞれの関数を呼び出した例を示します。

▼引数がない関数と戻り値がない関数を呼び出した例（対話モード）

```
>>> import sample602                    # モジュールをインポートする
>>> sample602.get_circle_area()         # 引数がない関数を呼び出す
半径を入力してください：10              # データをキー入力する
314.0                                   # 戻りが返される
>>> sample602.show_circle_area(10)      # 戻り値がない関数を呼び出す
円の面積：314.0                          # データが表示される
```

6

関数の作成と利用

26 ▶ 関数の作り方と使い方　237

戻り値がないshow_circle_area関数の処理は、return で終わっています。このように戻り値を指定しないreturn文には、関数の呼び出し元に戻るという機能だけがあります。ただし、戻り値がない関数では、return文を記述しなくても、処理が終わると呼び出し元に戻るようになっています。したがって、show_circle_area関数の return の記述は省略できます※。

return文を省略するかどうかは、自分の考えに合わせて決めてください。「呼び出し元に戻ることを明記したい」と考えたなら、return文を記述してください。「プログラムを短く記述したい」と考えたなら、return文を省略してください。プログラミング言語は、人間の考えを表す「言語」なのですから、自分の考えに合わせたプログラムを記述してください。

▼戻り値がない関数ではreturn文を省略できる

```
# 戻り値がない関数
def show_circle_area(radius):
    area =  radius * radius * 3.14
    print(f" 円の面積 : {area}")
    # ここにあった return を省略しています
```

練習問題

以下の文章の　　　　　に適切な語句を入れてください。

戻り値を指定しないreturn文には、　　a　　という機能だけがあります。ただし、戻り値がない関数では、return文を記述しなくても、処理が終わると呼び出し元に戻るようになっています。したがって、このreturn文の記述を　　b　　。

■a、bに関する解答群

　ア　省略できます　　　イ　省略できません
　ウ　戻り値を返す　　　エ　関数の呼び出し元に戻る

タプルで複数の戻り値を返す

関数から返すことができる戻り値は1つだけですが、タプルの形式で戻り値を返せば、タプルのアンパックによって、複数の戻り値を返すこともできます。

※ 戻り値を返さない関数であっても、実際には組み込み定数の None が返されています。None は、データが空であることを表します。

238

たとえば、a, b, c = (12, 45, 78) によって、左辺の**変数a、b、c**に、右辺の **(12, 45, 78)** というタプルの要素が順番に代入されます。これが、タプルのアンパックです。

この機能を利用して、関数で複数の戻り値を返したい場合は、戻り値をタプルにまとめて返せばよいのです。たとえば、3つの戻り値をタプルにまとめて返す**my_func関数**を作れば、**a, b, c = my_func()** によって、左辺の変数a、b、cに、戻り値として返されたタプルの要素を順番に代入できます。

複数の戻り値をタプルにまとめて返す関数を作ってみましょう。以下は、**引数radius**に指定された**半径**から、**円の直径、円周の長さ、円の面積**を返す**circle_info関数**[1]です。円の直径は、「半径×2」という計算で求められます。円周の長さは、「直径×円周率」という計算で求められます。ここでは、円周率を3.14としています。3つの戻り値は、**(diameter, circumference, area)** というタプルにまとめて返しています。

▼ 複数の戻り値をタプルにまとめて返す関数の定義（sample603.py）

```python
def circle_info(radius):
    diameter = radius * 2
    circumference = diameter * 3.14
    area = radius * radius * 3.14
    return (diameter, circumference, area)
```

以下は、引数に**10**を指定してcircle_info関数を呼び出し、戻り値として返される円の直径、円周の長さ、円の面積を変数d、c、aに代入するプログラムです。実際には、戻り値として1つのタプルが返されているのですが、タプルのアンパックによって、複数の戻り値を返すことが実現されています[2]。

▼ 複数の戻り値を返す関数を呼び出した例（対話モード）

```
>>> import sample603                      # モジュールをインポートする
>>> d, c, a = sample603.circle_info(10)   # 関数から複数の戻り値を得る
>>> d                                     # 1つ目の戻り値の値を確認する
20                                        # 直径が返されている
>>> c                                     # 2つ目の戻り値の値を確認する
62.800000000000004                        # 円周の長さが返されている
>>> a                                     # 3つ目の戻り値の値を確認する
314.0                                     # 円の面積が返されている
```

※1　circle_info は、circle information ＝「円の情報」という意味です。
※2　2つ目の戻り値の円周の長さが、62.8 ではなく 62.800000000000004 になっているのは、10 進数をコンピュータの内部で使われる 2 進数に変換すると、誤差が生じることがあるからです。

26 ▶ 関数の作り方と使い方　　**239**

6

関数の作成と利用

練習問題

以下の文章の ▢ に適切な語句を入れてください。

`my_func`関数は、`x`と`y`という引数を持ち、戻り値として`(x + y, x - y, x * y, x / y)`というタプルを返します。この関数を`a, b, c, d = my_func(10, 5)`という構文で呼び出すと、左辺の変数`a`、`b`、`c`、`d`には、それぞれ ▢ a ▢ 、 ▢ b ▢ 、 ▢ c ▢ 、 ▢ d ▢ が代入されます。

■a〜dに関する解答群
 ア 2.0 イ 5 ウ 15 エ 50

---

column プログラミングをマスターするコツ その5

バグの原因を探すことを楽しむ！

　プログラムを実行したときに、エラーにはならなくても、実行結果が正しくない場合があります。このようなプログラムの欠陥を「バグ(bug)」と呼びます。エラーを嫌がらないことと同様に、バグを嫌がらないことも、プログラミングの上達の秘訣です。

　推理小説の名探偵になったつもりで、バグの原因を探すことを楽しんでください。そのためには、「ここは、どうなっているのだろう？」と思う部分に、print関数を使った表示を入れてみるとよいでしょう。

　たとえば、処理がどのように進んでいるのかを確認するには、print("PASS1")、print("PASS2")、print("PASS3")、……というprint関数を入れて、どの部分まで処理が進んだのかを画面に表示させます。ある時点の変数dataの値を確認するには、print(f"data = {data}")というprint関数を入れて、変数の名前と値を画面に表示させます。

　これらの表示を見て、「ここまで進んで、この変数の値がこうなのだから、……」と考えて、バグの原因を推理するのです。「あっ、そういうことか！」と原因がわかって、それを修正できたときには、とっても嬉しい気分になれます。

27 ▶ 引数の形式

- 位置引数は、呼び出す側の引数の位置が、呼び出される側の引数の位置に対応する。
- キーワード引数を使うと、引数の位置に関係なく、任意の引数に値を渡せる。
- デフォルト引数には、引数を省略するとデフォルト値が設定される。
- タプル形式の可変長引数は、任意の数の位置引数を渡すことができる。
- 辞書形式の可変長引数は、任意の数のキーワード引数を渡すことができる。

▶ 位置引数とキーワード引数

　関数の引数の渡し方には、いくつかの形式があります。たとえば、第6章の冒頭で示した三角形の面積を返す関数は、「sample601.py」というファイルの中で

```
def triangle_area(bottom, height):
```

と定義されていました。この関数を

```
sample601.triangle_area(10, 5)
```

という形式で呼び出すと、前側の引数の10がbottomに渡され、後側の引数の5がheightに渡されます。このように、関数を呼び出す側で指定した引数の位置が、関数を定義している側の引数の位置に対応する形式を「位置引数」と呼びます。

　関数を呼び出す側で、「引数名=値」という構文で引数を指定すると、引数の位置に関係なく、任意の引数に値を渡すことができます。この形式を「キーワード引数」と呼びます。キーワード引数を使うと、

```
def triangle_area(bottom, height):
```

と定義された関数を、

```
sample601.triangle_area(bottom=10, height=5)
```

という形式で呼び出すことも、

```
sample601.triangle_area(height=5, bottom=10)
```

という形式で呼び出すこともできます。いずれの場合も、10がbottomに渡さ

れ、5 が height に渡されます。

　キーワード引数を使うと、関数を呼び出している側で、どの引数に値を渡しているかが明確になります。以下にキーワード引数で関数を呼び出す例を示します。キーワード引数の順序を変えて同じ関数を 2 回呼び出していますが、どちらも同じ 25.0 という戻り値が得られています。

▼キーワード引数で関数を呼び出す例（対話モード）

```
>>> import sample601                          # モジュールをインポートする
>>> sample601.triangle_area(bottom=10, height=5)   # 関数を呼び出す
25.0                                          # 戻り値が得られる
>>> sample601.triangle_area(height=5, bottom=10)   # 関数を呼び出す
25.0                                          # 同じ戻り値が得られる
```

🤸 練習問題

以下の文章の [　　　　] に適切な語句を入れてください。

def my_func(x, y): と定義された関数があるとします。この関数を my_func(123, 456) という引数で呼び出す形式を [　a　] と呼び、my_func(x=123, y=456) という引数で呼び出す形式を [　b　] と呼びます。[　b　] の場合は、my_func(y=456, x=123) のように引数の [　c　] に関係なく、任意の引数に値を渡すことができます。

■a〜cに関する解答群

ア 値　　　**イ** 位置　　　**ウ** キーワード引数　　　**エ** 位置引数

▶ デフォルト引数

　def 文を使って関数を定義する側で、「**引数名＝デフォルト値**」という構文で引数を記述することができます。このような引数を「**デフォルト引数**」と呼びます。関数を呼び出す側で、引数の指定を省略すると、デフォルト値が引数に設定されます。

　次ページ（sample604.py）は、円の面積を返す **circle_area** 関数です。引数には、半径を指定する **radius** と、円周率を指定する **pi** があります。**引数 pi** には、**3.14** というデフォルト値があります。

▶ 242

▼デフォルト引数を持つ関数の定義（sample604.py）

```
def circle_area(radius, pi=3.14):
    area = radius * radius * pi
    return area
```

以下は、circle_area関数を呼び出した例です。

▼デフォルト引数を持つ関数を呼び出した例（対話モード）

```
>>> import sample604                      # モジュールをインポートする
>>> sample604.circle_area(10, 3.1415)    # 引数を省略せずに関数を呼び出す
314.15000000000003                        # 引数に指定した値で面積が求められる
>>> sample604.circle_area(10)            # 引数を省略して関数を呼び出す
314.0                                     # デフォルト値で面積が求められる
```

```
sample604.circle_area(10, 3.1415)
```

では、引数を省略せずに関数を呼び出しています。この場合には、**引数piに3.1415**
が渡されます。

```
sample604.circle_area(10)
```

では、引数を省略して関数を呼び出しています。この場合には、**引数piにデフォ**
ルト値の**3.14**が設定されます。

　すべての引数をデフォルト引数にすることも、一部の引数だけをデフォルト引数
にすることもできます。一部の引数だけをデフォルト引数にする場合には、デフォ
ルト引数のあとに通常の引数（デフォルト引数ではない引数）があってはいけない
約束になっています。たとえば、円の面積を求める関数を

```
def circle_area(pi=3.14, radius):
```

と定義することはできません。もしも、引数piを前に置きたいなら、以下のように、
引数radiusもデフォルト引数にして、

```
def circle_area(pi=3.14, radius=0):
```

と定義します。

6

関
数
の
作
成
と
利
用

27 ▶ 引数の形式　243 ◀

▼すべての引数をデフォルト引数とした関数の定義（sample605.py）

```
def circle_area(pi=3.14, radius=0):
    area = radius * radius * pi
    return area
```

　以下は、すべての引数をデフォルト引数としたcircle_area関数を呼び出した例です。引数piと引数radiusは、どちらも省略できます。ここで、注目してほしいのは、引数piを省略して引数radiusだけを設定するときに、radiusをキーワード引数の形式にして

```
sample605.circle_area(radius=10)
```

としていることです。これは、

```
sample605.circle_area(10)
```

とすると、10が引数piに設定されるからです。

▼すべての引数をデフォルト引数とした関数を呼び出した例（対話モード）

```
>>> import sample605               # モジュールをインポートする
>>> sample605.circle_area()        # すべての引数を省略する
0.0                                # すべての引数がデフォルト値になる
>>> sample605.circle_area(3.1415)  # 引数を1つ省略する
0.0                                # 引数radiusがデフォルト値になる
>>> sample605.circle_area(radius=10)  # 引数radiusだけを設定する
314.0                              # 引数piがデフォルト値になる
>>> sample605.circle_area(3.1415, 10)  # すべての引数を設定する
314.15000000000003                 # すべての引数が指定された値になる
```

練習問題

　以下の文章の　　　　　に適切な語句を入れてください。

　デフォルト引数を使って def my_func(x=0, y=0): と定義されている関数があります。この関数を my_func(123) という引数で呼び出すと、引数xには　 a 　が設定され、引数yには　 b 　が設定されます。my_func(y=456) という引数で呼び出すと、引数xには　 c 　が設定され、引数yには　 d 　が設定されます。

■a～dに関する解答群

ア 0　　　**イ** 123　　　**ウ** 456　　　**エ** 579

244

タプル形式の可変長引数

組み込み関数であるprint関数は、**print(a)**、**print(a, b)**、**print(a, b, c)** のように任意の数の引数を指定できます。このような引数を「可変長引数」と呼びます。オリジナルの関数を作るときに、引数を可変長引数にするには、*args のように引数名の前に**アスタリスク（*）**を付けます[※]。

可変長引数は、関数を呼び出す側が指定した複数の引数が1つのタプルにまとめられて、呼び出された側の関数に渡されることで実現されます。

以下（sample606.py）は、可変長引数 *args の要素を画面に表示するmy_func関数です。* は可変長引数であることを示す目印であり、* を取った args がタプルです。my_func関数は、for文でタプルの要素を1つずつ取り出して画面に表示しています。

▼可変長引数を持つ関数の定義（sample606.py）

```
def my_func(*args):
    for data in args:
        print(data)
```

以下は、可変長引数を持つmy_func関数を、**12**、**34**、**56**という3つの引数を与えて呼び出した例です。タプルとして渡された可変長引数の個々の要素が表示されています。

▼可変長引数を持つ関数を呼び出した例

```
>>> import sample606              # モジュールをインポートする
>>> sample606.my_func(12, 34, 56) # 3つの引数で関数を呼び出す
12                                # 1つ目の引数の値が表示される
34                                # 2つ目の引数の値が表示される
56                                # 3つ目の引数の値が表示される
```

> 引数名の前に * を付けると可変長引数になるんだね
> 複数の引数を指定して関数を呼び出すと「タプル」にまとめられて渡されるよ

※ args は、arguments ＝「引数（複数形）」という意味です。args は、可変長引数の名前としてよく使われます。

27 ▶ 引数の形式

練習問題

以下の文章の [＿＿＿] に適切な語句を入れてください。

オリジナルの関数を作るときに、引数を可変長引数にするには、引数名の前に [a] を付けます。可変長引数は、関数を呼び出す側が指定した複数の引数が1つの [b] にまとめられて、呼び出された側の関数に渡されることで実現されます。

■a、bに関する解答群

　ア　リスト　　イ　タプル　　ウ　アスタリスク（＊）　　エ　アンパサンド（&）

辞書形式の可変長引数

オリジナルの関数を作るときに、引数を可変長引数にするには、**kwargs のように引数名の前にアスタリスク（＊）を2個付ける形式もあります※。この場合には、関数を呼び出す側が指定した複数のキーワード引数が「引数名：値」を要素とした1つの辞書にまとめられて、呼び出された側の関数に渡されます。

以下（sample607.py）は、辞書形式の可変長引数 **kwargs の要素を画面に表示する my_func関数です。** は辞書形式の可変長引数であることを示す目印であり、** を取った kwargs が辞書です。my_func関数は、for文で辞書の要素を1つずつ取り出して画面に表示しています。

▼可変長引数を持つ関数の定義（sample607.py）

```
def my_func(**kwargs):
    for key in kwargs:
        print(f" キー = {key}, バリュー = {kwargs[key]}")
```

次ページは、辞書形式の可変長引数を持つmy_func関数を、a=12、b=34、c=56 という3つのキーワード引数を与えて呼び出した例です。a、b、cというキーワード引数が辞書のキーとなり、12、34、56 という引数の値が辞書のバリューとなっていることがわかります。

※ kwargs は、keyword arguments ＝「キーワード引数（複数形）」という意味です。kwargs は、辞書形式の可変長引数の名前としてよく使われます。

246

▼辞書形式の可変長引数を持つ関数を呼び出した例

```
>>> import sample607                        # モジュールとインポートする
>>> sample607.my_func(a=12, b=34, c=56)     # 3つのキーワード引数で関数を呼び出す
キー = a, バリュー = 12                        # 1つ目の引数が表示される
キー = b, バリュー = 34                        # 2つ目の引数が表示される
キー = c, バリュー = 56                        # 3つ目の引数が表示される
```

練習問題

以下の文章の [____] に適切な語句を入れてください。

オリジナルの関数を作るときに、引数を可変長引数にするには、引数名の前にアスタリスク(*)を2個付ける形式もあります。この場合には、関数を呼び出す側が指定した複数のキーワード引数が [a] を要素とした1つの [b] にまとめられて、呼び出された側の関数に渡されます。

■a、bに関する解答群
　ア　辞書　　　イ　タプル　　　ウ　引数名:値　　　エ　引数の値

> 引数の前に ** を付ける可変長引数の形式もあるよ
> この場合は、複数のキーワード引数が「辞書」に
> まとめられて渡されるんだね

辞書の要素は「引数名:値」

28 変数のスコープ

- ローカル変数は、それが使われている関数の中だけで有効である。
- グローバル変数は、プログラムのどこからでも利用できる。
- グローバル変数に代入を行う場合は、グローバル宣言が必要である。

▶ローカル変数

　変数を利用できる範囲を「**変数のスコープ**」と呼びます。**スコープ（scope）**とは、「**見える範囲**」という意味です。Pythonの変数は、スコープによって、「**ローカル変数**」と「**グローバル変数**」に分類されます。

　ローカル変数は、関数の中で使われている変数であり、その関数の中だけで利用できます。**ローカル（local）**とは、直訳すると「**特定の地方の**」という意味です。特定の関数の中だけで利用できることを「ローカル」と呼んでいるのです。ある関数の中で使われているローカル変数と同じ名前のローカル変数が、別の関数の中で使われていても、それぞれ別々のものとして扱われます。

　たとえば、以下では、**my_funcA関数**と **my_funcB関数**の中で、同じ名前の**a**、**b**、**ans**というローカル変数※が使われていますが、それぞれ別のものとして扱われます。my_funcA関数で変数ansに代入を行っても、my_funcB関数の変数ansに影響を与えません。my_funcB関数で変数ansに代入を行っても、my_funcA関数の変数ansに影響を与えません。それぞれ別のものだからです。

▼ローカル変数は関数の中だけで有効である

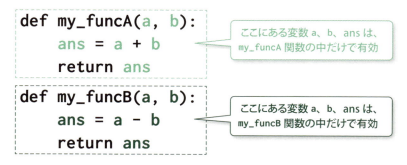

※ aとbは、引数ですが、引数もローカル変数の一種です。

ローカル変数は、とても便利なものです。なぜなら、オリジナルの関数を作るときには、自分で引数や変数の名前を考えますが、そのときに、すでに他の関数で使われている名前かどうかを気にする必要がないからです。

　たとえば、以下（sample608.py）は、三角形の面積を求める**triangle_area**関数と、台形の面積を求める**trapezoid_area**関数※です。どちらの関数にも、**bottom**、**height**、**area**という同じ名前の引数や変数がありますが、どれもローカル変数であり、別のものとして扱われるので、何の問題もありません。

▼triangle_area関数とtrapezoid_area関数の定義（sample608.py）

```python
# 三角形の面積を求める関数
def triangle_area(bottom, height):
    area = bottom * height / 2
    return area

# 台形の面積を求める関数
def trapezoid_area(top, bottom, height):
    area = (top + bottom) * height / 2
    return area
```

　以下に、triangle_area関数とtrapezoid_area関数を呼び出した例を示します。それぞれの関数が、同じ名前の引数や関数を使っていますが、何の問題もなく適切に動作していることがわかります。ローカル変数に関しては、これまで意識していなかったことかもしれませんが、その存在を知ると、とても便利な仕組みだと感じるでしょう。

▼triangle_area関数とtrapezoid_area関数を呼び出した例（対話モード）

```
>>> import sample608                      # モジュールをインポートする
>>> sample608.triangle_area(10, 5)        # 三角形の面積を求める
25.0                                      # 面積が得られる
>>> sample608.trapezoid_area(5, 15, 10)   # 台形の面積を求める
100.0                                     # 面積が得られる
```

※ trapezoid ＝「台形」という意味です。

28 ▶ 変数のスコープ　249

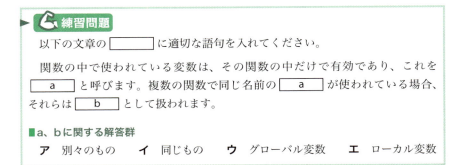

グローバル変数

グローバル変数は、関数の外にある変数であり、プログラムのどこからでも利用できます。**グローバル（global）**とは、直訳すると「世界的な」という意味です。プログラムのどこからでも利用できることを「グローバル」と呼んでいるのです。

たとえば、以下では、**my_funcA関数**と**my_funcB関数**の外に**グローバル変数data**があり、**100**という値が代入されています。グローバル変数dataは、my_funcA関数とmy_funcB関数のどちらからでも利用できます。

▼グローバル変数はプログラムのどこからでも利用できる

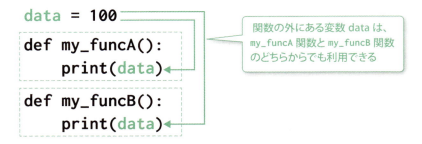

関数の外にある変数 data は、my_funcA 関数と my_funcB 関数のどちらからでも利用できる

グローバル変数は、プログラム全体として**共通のデータ**を持ちたい場合に使います。たとえば、円周の長さや円の面積を求めるときに使う円周率の3.14を、プログラム全体として共通のデータとするなら、**PI = 3.14**というグローバル変数にします。円周率は、値を変えない定数なので、Pythonの命名規約※にしたがって、すべて大文字の名前にしています。

※ Python の命名規約に関しては、第2章の p.64 を参照してください。

以下（sample609.py）は、円周の長さを求める**circumference関数**[1]と円の面積を求める**circle_area関数**の定義です。ここでは、円周率を表す**PI**を、グローバル変数[2]にしています。

▼グローバル変数、circumference 関数、circle_area 関数の定義（sample609.py）

```
# 円周率
PI = 3.14

# 円周の長さを求める関数
def circumference(radius):
    length = 2 * PI * radius
    return length

# 円の面積を求める関数
def circle_area(radius):
    area = radius * radius * PI
    return area
```

以下に、circumference関数とcircle_area関数を呼び出した例を示します。ここでは、グローバル変数PIの値も表示しています。モジュールの中で記述されている関数を「**モジュール名.関数名()**」という構文で呼び出すのと同様に、モジュールの中で記述されているグローバル変数を読み書きするときには、「**モジュール名.グローバル変数名**」という構文を使います。ここでは、**sample609.PI** という構文で、グローバル変数PIの値を読み出しています。

▼circumference関数とcircle_area関数を呼び出した例（対話モード）

```
>>> import sample609          # モジュールをインポートする
>>> sample609.circumference(5)  # 円周の長さを求める
31.400000000000002           # 円周の長さが得られる
>>> sample609.circle_area(10)   # 円の面積を求める
314.0                        # 円の面積が得られる
>>> sample609.PI              # グローバル変数の値を読み出す
3.14                         # グローバル変数の値が得られる
```

※1 circumference ＝「円周」という意味です。
※2 PI は、グローバル定数と呼ぶべきものですが、Python には変数と定数を区別する構文がないので、ここではグローバル
　　変数と呼んでいます。

28 ▶ 変数のスコープ　251 ◀

練習問題

以下の文章の ☐ に適切な語句を入れてください。

関数の外にある変数は、プログラムのどこからでも利用でき、☐ a ☐ と呼びます。モジュールの中に記述されている ☐ a ☐ を読み書きするときには、☐ b ☐ という構文を使います。

■a、bに関する解答群
　ア　ローカル変数　　　　　イ　グローバル変数
　ウ　グローバル変数名　　　エ　モジュール名.グローバル変数名

▶グローバル宣言

　関数の中でグローバル変数に代入を行う場合には、注意が必要です。たとえば、以下のプログラム（sample610.py）には、初期値を **100** とした**グローバル変数 data** があり、my_funcA関数で変数dataの値を画面に表示し、my_funcB関数で変数dataに200を代入しています。これらは、注意点を説明するための関数です。

▼グローバル変数に値を代入しているつもりのプログラム（sample610.py）

```python
# グローバル変数
data = 100

# dataの値を表示する関数
def my_funcA():
    print(data)

# dataに200を代入する関数
def my_funcB():
    data = 200
```

　my_funcA関数を呼び出してみましょう。**グローバル変数 data** は、初期値のままなので100が表示されます。次に、my_funcB関数を呼び出してみましょう。変数dataに200が代入されます。次に、my_funcA関数を呼び出してみましょう。グローバル変数dataの値として200が表示されることを期待しましたが、実際には100のままです。なぜでしょうか？

▼グローバル変数に値を代入しているつもりのプログラムの実行結果の例（対話モード）

```
>>> import sample610          # モジュールをインポートする
>>> sample610.my_funcA()      # グローバル変数 data の値を表示する
100                           # 初期値の 100 が表示される
>>> sample610.my_funcB()      # 変数 data に 200 を代入する
>>> sample610.my_funcA()      # グローバル変数 data の値を表示する
100                           # 初期値の 100 のまま変わらない
```

　グローバル変数に代入が行われないのは、my_funcB関数の **data = 200** という処理が、**グローバル変数の data** への代入ではなく、**ローカル変数の data** への代入であるとみなされるからです。Pythonでは、変数を宣言せずに使うので、**data = 200** という代入を行うことで、新たなローカル変数dataが作られるのです。したがって、このプログラムには、同じdataという名前でグローバル変数とローカル変数があることになります。

　グローバル変数への代入を行うには、関数の中で「**global グローバル変数名**」という構文で、グローバル変数を使うことを示さなければなりません。これを「**グローバル宣言**」と呼びます。
　ここでは、**data**という名前のグローバル変数を使うので、グローバル宣言は**global data** になります。これを my_funcB関数の **data = 200** の前に記述すれば、**data = 200** はグローバル変数dataへの代入になります。修正したプログラム（sample611.py）と実行結果を以下に示します。

▼グローバル変数に値を代入するプログラム（sample611.py）

```
# グローバル変数
data = 100

# data の値を表示する関数
def my_funcA():
    print(data)

# data に 200 を代入する関数
def my_funcB():
    global data     # グローバル宣言
    data = 200      # グローバル変数への代入とみなされる
```

28 ▶ 変数のスコープ　253

▼グローバル変数に値を代入するプログラムの実行結果の例（対話モード）

```
>>> import sample611          # モジュールをインポートする
>>> sample611.my_funcA()      # グローバル変数 data の値を表示する
100                            # 初期値の「100」が表示される
>>> sample611.my_funcB()      # グローバル変数 data に「200」を代入する
>>> sample611.my_funcA()      # グローバル変数 data の値を表示する
200                            # 代入された「200」が表示される
```

関数の処理の中で、グローバル変数の値を使うだけで、代入を行わない場合でも、グローバル宣言を記述したほうがよいでしょう。そうすることで、「グローバル変数を使っている」ということを、明確にプログラムに示せるからです。

練習問題

以下の文章の [　　　] に適切な語句を入れてください。

　関数の中で、変数 a のグローバル宣言をせずに **a = 123** という代入を行うと、a という [a] が新たに作られ、そこへの代入であるとみなされます。[b] という構文で変数 a のグローバル宣言をしてから **a = 123** という代入を行うと、a という [c] への代入であるとみなされます。

■a〜cに関する解答群

　ア　ローカル変数　　　　イ　グローバル変数
　ウ　global a　　　　　　エ　def a():

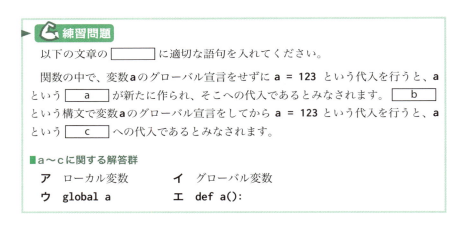

関数の外にある変数はグローバル変数で、プログラムのどこからでも利用できます

グローバル変数にあとからデータを代入するには、関数内で「グローバル宣言」してからね！

global 変数名

29 ジェネレータ関数

- ジェネレータ関数は、ジェネレータオブジェクトを生成する。
- ジェネレータオブジェクトは、複数のデータを1つずつ返すことができる。
- ジェネレータ関数では、yield文でデータを生産する。
- ジェネレータ関数は、要素が要求されるたびに1つのデータを産出する。

▶ ジェネレータ関数と yield 文

たとえば、

```
my_list = ["apple", "grape", "banana"]
```

というリストを作成すると、**for data in my_list:** という for 文で、リストの要素を1つずつ取り出せます。このように、要素を1つずつ返す機能を、オリジナルの関数として作成することができ「ジェネレータ関数」と呼びます。ジェネレート（generate）は「生成する」という意味なので、ジェネレータ（generator）は「生成装置」という意味です。

以下（sample612.py）は、文字列データを1つずつ返すジェネレータ関数 my_func です。yield "apple"、yield "grape"、yield "banana" の部分で使われている「yield文」は、データを1つずつ返す機能を持っています。yieldは、「生産する」という意味です。通常の関数は、return文で戻り値を返しますが、ジェネレータ関数はyield文でデータを生産するのです。

▼文字列データを1つずつ返すジェネレータ関数（sample612.py）

```
def my_func():
    yield "apple"
    yield "grape"
    yield "banana"
```

ジェネレータ関数を使ってみましょう。次ページのプログラムでは、ジェネレータ関数 my_func を for文の in のあとに指定して、そこから得られたデータを画面に表示しています。yield "apple"、yield "grape"、yield "banana" で生産されたデータが順番に得られていることがわかります。

29 ▶ ジェネレータ関数 255

▼for文のinのあとにジェネレータ関数を指定した例（対話モード）

```
>>> import sample612            # モジュールをインポートする
>>> for s in sample612.my_func():  # in のあとにジェネレータ関数を指定する
...     print(s)                # 得られたデータを表示する
...                             # ［Enter］キーだけを押す
apple                           # データが 1 つずつ順番に得られている
grape
banana
```

　ジェネレータ関数は、戻り値として「**ジェネレータオブジェクト**」を返すように
なっています。このジェネレータオブジェクトが、複数のデータを1つずつ返す機
能を持っているのです※。

　以下のように、**type関数**を使って、ジェネレータ関数my_funcが返すオブ
ジェクトのデータ型を確認すると、**generatorクラス**であることがわかります。
generatorクラスは、ジェネレータオブジェクトのデータ型です。

▼ジェネレータ関数が返すオブジェクトのデータ型を確認する（対話モード）

```
>>> type(sample612.my_func())   # type 関数でデータ型を確認する
<class 'generator'>             # generator クラスであることがわかる
```

練習問題

　以下の文章の　□□□□□　に適切な語句を入れてください。

　ジェネレータ関数では、複数の　□ a □　を実行して複数のデータを生産しま
す。ジェネレータ関数を呼び出すと、複数のデータを1つずつ返す機能を持つ
□ b □　が生成されます。

■a、bに関する解答群

　ア　return文　　　　　イ　ジェネレータオブジェクト
　ウ　yield文　　　　　　エ　イテレータオブジェクト

※ 文字列、リスト、タプルなどのイテラブルから 1 つずつ要素を返す機能もオブジェクトによって実現されていて「イテレー
　タオブジェクト」と呼ばれます。

256

繰り返し処理の中で yield 文を使う

ジェネレータ関数で繰り返し処理を行い、その中でyield文を使うこともできます。この場合には、ジェネレータ関数により生成されたジェネレータオブジェクトによって、yield文が実行されるごとに得られる値が1つずつ返されます。

以下（sample613.py）は、引数で指定された start ～ stop未満の整数を1つずつ返すジェネレータ関数my_funcです。range関数と同様の機能を、ジェネレータ関数で実現しています。while文による繰り返しで、変数nの値をstart～stop未満まで1つずつ増加させ、yield文で変数nの値を返しています。

▼繰り返し処理の中でyield文を使うジェネレータ関数（sample613.py）

```python
def my_func(start, stop):
    n = start
    while n < stop:
        yield n
        n += 1
```

以下は、for文のinのあとにジェネレータ関数my_funcを指定し、1つずつ順番に返された値を表示するプログラムです。ここでは、**sample612.my_func(0, 10)**としているので、**0～10未満**の整数が得られています。

▼for文のinのあとにジェネレータ関数を指定した例（対話モード）

```
>>> import sample613                      # モジュールをインポートする
>>> for n in sample613.my_func(0, 10):    # inのあとにジェネレータ関数を指定する
...     print(n)                          # 得られたデータを表示する
...                                       # ［Enter］キーだけを押す
0                                         # 0 ～ 10 未満の整数が得られる
1
2
3
4
5
6
7
8
9
```

29 ▶ ジェネレータ関数 257

練習問題

以下の文章の [＿＿＿＿] に適切な語句を入れてください。

ジェネレータ関数の中で繰り返し処理を行い、その中でyield文を実行すると、ジェネレータ関数によって生成された [a] が、yield文が使われるごとに得られる値を [b] 返します。

■a、bに関する解答群

ア 1つずつ　　　　　　**イ** イテレータオブジェクト
ウ すべてまとめて　　　**エ** ジェネレータオブジェクト

ジェネレータ関数の利点

ジェネレータ関数には、要素が要求されるたびにデータを産出するので、メモリを多く消費しないという利点があります。

たとえば、**1〜100の平方根**を格納した**リスト**を作ると、以下のように要素数が100個のリストになります。このリストは、メモリを多く消費します。

▼1〜100の平方根を格納したリスト

```
my_list = [1.0, 1.4142135623730951, 1.7320508075688772, 2.0,
2.23606797749979, 2.449489742783178, 2.6457513110645907,
2.8284271247461903,
3.0, 3.1622776601683795, 3.3166247903554, 3.4641016151377544,
3.605551275463989,
        :
（　中　略　）
        :
9.433981132056603, 9.486832980505138, 9.539392014169456,
9.591663046625438,
9.643650760992955, 9.695359714832659, 9.746794344808963,
9.797958971132712,
9.848857801796104, 9.899494936611665, 9.9498743710662, 10.0]
```

1〜100の平方根を**生産**する**ジェネレータ関数**なら、次ページ（sample614.py）のように短いプログラムになるので、メモリを多く消費しません。

258

▼1〜100の平方根を生産するジェネレータ関数（sample614.py）

```python
import math

def my_func():
    n = 1
    while n <= 100:
        yield math.sqrt(n)
        n += 1
```

　for文のinのあとに1〜100の平方根を格納した**リスト**を指定すれば、要素を1つずつ取り出して処理できますが、リストのすべての要素がメモリ上に存在することになります。

　それに対して、以下のように、for文のinのあとに1〜100の平方根を返す**ジェネレータ関数**を指定すれば、リストと同様に要素を1つずつ取り出して処理できますが、メモリ上に存在する要素は、取り出された時点の1つだけです。

　このように、要素が要求されるたびに1つのデータを**産出**するので、**ジェネレータ**（generator＝生成装置）と呼ぶのです。

▼for文のinのあとにジェネレータ関数を指定した例（対話モード）

```
>>> import sample614              # モジュールをインポートする
>>> for r in sample614.my_func(): # for 文でジェネレータ関数を使う
...     print(r)                  # 産出された要素を表示する
...                               # ［Enter］キーだけを押す
1.0                               # 産出された要素の値が表示される
1.4142135623730951
1.7320508075688772
          :
（ 中 略 ）
          :
9.899494936611665
9.9498743710662
10.0
```

　もしも、ジェネレータ関数で得られるデータをまとめて取得したいなら、**list関数**を使ってジェネレータオブジェクトが返すデータをリストに変換することができます。

　次ページでは、list関数の引数に1〜100の平方根を返すジェネレータ関数を指定しています。これによって、ジェネレータオブジェクトが返すデータを要素とし

29 ▶ ジェネレータ関数　　259 ◀

たリストが作成されます。

▼ジェネレータオブジェクトが返すデータをリストに変換する（対話モード）

```
>>> my_list = list(sample614.my_func())     # リストに変換する
>>> my_list                                  # リストの内容を確認する
[1.0, 1.4142135623730951, 1.7320508075688772, 2.0,
2.23606797749979,
2.449489742783178, 2.6457513110645907, 2.8284271247461903, 3.0,
3.1622776601683795, 3.3166247903554, 3.4641016151377544,
3.605551275463989,
        :
（  中  略  ）
        :
9.539392014169456, 9.591663046625438, 9.643650760992955,
9.695359714832659,
9.746794344808963, 9.797958971132712, 9.848857801796104,
9.899494936611665,
9.9498743710662, 10.0]
```

> **練習問題**

以下の文章の ☐☐☐☐☐ に適切な語句を入れてください。

1～100の平方根を格納したリストと比べた場合、1～100の平方根を返すジェネレータ関数の利点は、リストはメモリを ☐ a ☐ が、ジェネレータ関数はメモリを ☐ b ☐ ということです。これは、リストでは ☐ c ☐ が、ジェネレータ関数では ☐ d ☐ からです。

■a～dに関する解答群

ア 多く消費する   イ 要素が要求されるたびに1つのデータが産出される

ウ 多く消費しない   エ すべての要素がメモリ上に存在する

ジェネレータ関数の generator は
「生成装置」という意味なんだね

要求されるたびにデータを算出！

260

30 ▶ 再帰呼び出し

- 再帰呼び出しは、関数の中で同じ関数を呼び出して繰り返しを実現する。
- 引数 n の階乗を求める関数は、再帰呼び出しの定番の例である。
- 再帰呼び出しは、while 文や for 文ではプログラムの記述が面倒になる場面で使う。

▶ 再帰呼び出しの仕組み

「関数の中で同じ関数を呼び出すことで繰り返し処理を実現する」というプログラミングテクニックがあり、これを「再帰呼び出し (recursive call)」と呼びます。再帰呼び出しは、基本情報技術者試験の出題範囲であり、Python の出題範囲の中にも示されているので、その仕組みとプログラムの記述方法を知ってください。

Python には、while 文や for 文という繰り返しのための構文がありますが、それとは別に、再帰呼び出しという繰り返しの方法があるのです。再帰呼び出しは、Python に限らず、C 言語や Java など、様々なプログラミング言語で利用できます。擬似言語のプログラムでも、再帰呼び出しが使われることがあります。

再帰呼び出しの仕組みは、決して難しいものではありません。関数を呼び出すと、関数の入口から処理が行われます。それでは、関数の中で同じ関数を呼び出すとどうなるでしょう？ 処理の流れが関数の入口に戻って、同じ処理が繰り返されることになります。これが、再帰呼び出しの仕組みです。

▼ 再帰呼び出しの仕組み

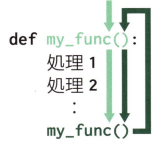

30 ▶ 再帰呼び出し　261

関数の中で同じ関数を呼び出すだけでは、処理が永遠に繰り返されてしまいます。そこで、一般的に、再帰呼び出しを行う関数を作るときには、同じ関数を呼び出すときに引数の値を変えて、引数がある条件に一致したら、再帰呼び出しをやめるようにします。再帰呼び出しの具体例は、あとで示します。

▶ 💪 練習問題

以下の文章の [____] に適切な語句を入れてください。

「関数の中で同じ関数を呼び出すことで繰り返し処理を実現する」というプログラミングテクニックを [a] と呼びます。関数の中で同じ関数を呼び出すと、処理の流れが [b] 、処理が繰り返されます。関数の中で同じ関数を呼び出すだけでは、処理が [c] しまうので、一般的に、引数の値を変えて関数を呼び出し、引数がある条件に一致したら、[a] をやめます。

■a～cに関する解答群

ア 永遠に繰り返されて   **イ** 関数の入口に戻って

ウ 関数の出口に進んで   **エ** 再帰呼び出し

▶ 再帰呼び出しで階乗を求める

再帰呼び出しの具体例として、**引数nの階乗を求めるfact関数**[※]を作ってみましょう。Pythonのmathモジュールのfactorial関数を使えば、階乗を求められますが、ここでは、階乗を求める関数を手作りします。再帰呼び出しを行うプログラムの記述方法を知るためです。

nの階乗は、nから1までの整数をすべて掛け合わせたものです。たとえば、**5の階乗**なら、**5×4×3×2×1＝120**になります。数学の約束で、**0の階乗**は、0ではなく**1**です。これから作成するfact関数では、**引数nに0以上の整数を指定する**と、戻り値として**nの階乗**を返すようにします。

◆ 再帰呼び出しを使わずに階乗を求める

再帰呼び出しを使わずに、fact関数を作ってみましょう。次ページ（sample615.py）のように、**for x in range(n, 0, -1):** というfor文で、**変数xにn～1までの整数**を得て、それらを掛け合わせれば、nの階乗を求めることができます。戻り値を格納する**変数ansの初期値を1**にしているので、**引数nに0**が指定された場合は、0

※ fact は、factorial =「階乗」という意味です。

262

の階乗として1が返されます。

▼for文とrange関数を使って作成したfact関数（sample615.py）

```
def fact(n):
    ans = 1
    for x in range(n, 0, -1):
        ans *= x
    return ans
```

以下に、再帰呼び出しを使わないfact関数を使って階乗を求めた例を示します。引数に5を指定すると120が得られ、0を指定すると1が得られます。

▼再帰呼び出しを使わないfact関数で階乗を求めた例（対話モード）

```
>>> import sample615           # モジュールをインポートする
>>> sample615.fact(5)          # fact 関数の引数に 5 を指定する
120                            # 120 が得られる
>>> sample615.fact(0)          # fact 関数の引数に 0 を指定する
1                             # 1 が得られる
```

◆ 再帰呼び出しを使って階乗を求める

先ほど作成したfact関数は、「nの階乗は、nから1までの整数をすべて掛け合わせたものである」という考えをプログラムにしたものですが、これとは、別の考えで、階乗を求めることもできます。

たとえば、「5の階乗＝5×4×3×2×1」です。「5×4×3×2×1」の部分は、「5×4の階乗」と考えることもできます。つまり、「5の階乗＝5×4の階乗」です。

5をnに置き換えると、「nの階乗＝n×（n−1の階乗）」です。「階乗」の部分をfact関数に置き換えると、「fact(n)＝n×fact(n−1)」です。左辺の fact(n) というfact関数の値を求めるために、右辺の n×fact(n−1) という処理でfact関数を使っています。この考えをプログラムにしたものが、**再帰呼び出し**です。

次ページ（sample616.py）は、再帰呼び出しを使って作成したfact関数です。注目してほしいのは、**while**文や**for**文を使った繰り返しがないということです。その代わりに、

```
return n * fact(n - 1)
```

の部分で再帰呼び出しを使っています。

30 ▶ 再帰呼び出し　263 ◀

▼再帰呼び出しを使って作成したfact関数（sample616.py）

```python
def fact(n):
    if n == 0:
        return 1
    else:
        return n * fact(n - 1)
```

　以下に、再帰呼び出しを使ったfact関数で階乗を求めた例を示します。引数に**5**を指定すると**120**が得られ、**0**を指定すると**1**が得られます。

▼再帰呼び出しを使ったfact関数で階乗を求めた例（対話モード）

```
>>> import sample616          # モジュールをインポートする
>>> sample616.fact(5)         # fact 関数の引数に 5 を指定する
120                           # 120 が得られる
>>> sample616.fact(0)         # fact 関数の引数に 0 を指定する
1                            # 1 が得られる
```

　再帰呼び出しの処理の流れを確認してみましょう。たとえば、**5の階乗を求める**場合、再帰呼び出しは、

　　「**5の階乗は、5×4の階乗**」→「**4の階乗は、4×3の階乗**」→「**3の階乗は、3×2の階乗**」→「**2の階乗は、2×1の階乗**」→「**1の階乗は、1×0の階乗**」

と fact関数の呼び出しが繰り返され、0の階乗を求めるときに **if n == 0:** の条件に一致するので、**return 1** が実行されて**1**が返されます。この if 文が、再帰呼び出しをやめる条件になっています。

　このあとは、

　　「**1の階乗として、1×1＝1を返す**」→「**2の階乗として、2×1＝2を返す**」→「**3の階乗として、3×2＝6を返す**」→「**4の階乗として、4×6＝24を返す**」→「**5の階乗として、5×24＝120を返す**」

と戻り値を返すことが繰り返されるのです。

　「引数nの階乗を求める関数」は、再帰呼び出しの仕組みを説明するためのサンプルプログラムとして定番ですが、「引数nの階乗を求める関数は、再帰呼び出しで作るべきである」というわけではありません。なぜなら、先ほど例に示したように、for文を使った繰り返しでも、同じ機能の関数を、何ら問題なく作れるからです。

　再帰呼び出しは、while文やfor文を使った繰り返しでは、プログラムの記述が面倒になる場面で使うべきものです。

264

> **練習問題**
>
> 以下の文章の ☐ に適切な語句を入れてください。
>
> 再帰呼び出しを使って、引数nの階乗を求める**fact**関数を作る場合、引数nが0なら ☐ a ☐ という処理で再帰呼び出しをやめて、そうでなければ ☐ b ☐ という処理で再帰呼び出しを行います。
>
> ■a、bに関する解答群
> ア　return 0　　　　　イ　return fact(n - 1)
> ウ　return 1　　　　　エ　return n * fact(n - 1)

column プログラミングをマスターするコツ その6

疑問を解決するために、実験プログラムを作る!

　プログラミングの学習において「どうして、こうなるのだろう？」という疑問が生じたら、実験プログラムを作って、疑問を解決してください。本書の中でも、いくつかの場面で、実験プログラムを作っています。Pythonの組み込み関数である、id関数、type関数、dir関数などは、実験プログラムで大いに活用できるものです。

　たとえば、第8章の高階関数のところで取り上げますが、「どうして、関数の引数に、別の関数の名前を渡せるのだろう？」と疑問に思ったら、対話モードで id(関数名) を実行してみましょう。関数名にオブジェクトの識別情報が格納されていることがわかります。この実験結果から、「関数の引数に、関数を丸ごと渡すのではなく、識別情報の数値を渡しているからだ」と、疑問が解決するはずです。id(関数名) は、たった1行ですが、立派な実験プログラムです。

第6章▶ 章末確認問題

関数の作り方と使い方に関する確認問題

確認ポイント

- オリジナルの関数を作る (p.234)
- タプルで複数の戻り値を返す (p.238)
- デフォルト引数 (p.242)

問題

「鶴亀算（つるかめざん）」の答えを求める **crane_turtle** 関数を作ってみましょう。鶴亀算とは、たとえば「鶴と亀が、合わせて10匹います。足の数は、全部で28本です。鶴と亀は、それぞれ何匹いるでしょうか?」という問題です。

crane_turtle 関数には、合わせて何匹いるかを指定する引数 **bodys**、足の数が全部で何本かを指定する引数 **legs**、および結果を「鶴は6羽、亀は4匹」という形式で画面に表示するかどうかを指定する引数 **display** があります。**display** は、**False** をデフォルト値としたデフォルト引数です。**display** に **True** を指定すると表示が行われて戻り値が返されず、**False** に設定すると鶴の数と亀の数がタプル形式の戻り値で返されます。

プログラム中の [_____] に入れる正しい答えを、解答群の中から選んでください。

▼鶴亀算の答えを求める crane_turtle 関数 (sample619.py)

```
def crane_turtle(bodys, legs,     a    ):
    turtle = (legs - bodys * 2) / 2      # 亀の数を求める
    crane = bodys - turtle               # 鶴の数を求める
    if display:
        print(f" 鶴は {crane} 羽、亀は {turtle} 匹 ")
          b
    else:
          c
```

266

▼crane_turtle 関数を呼び出した例（対話モード）

```
>>> import sample619
>>> sample619.crane_turtle(10, 28)
(6.0, 4.0)
>>> sample619.crane_turtle(10, 28, True)
鶴は6.0羽、亀は4.0匹
```

a に関する解答群

ア display 　　　イ display=False 　　　ウ *display

エ **display

b、c に関する解答群

ア return 　　　　　イ return (crane, turtle)

ウ yield 　　　　　エ yield (crane, turtle)

第 7 章

クラスの作成と利用

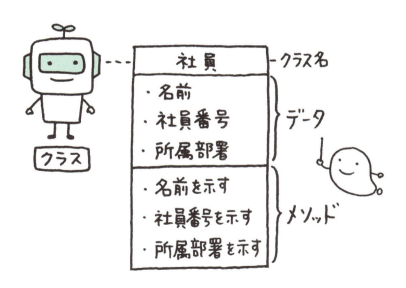

31 ▶ クラスの作り方と使い方

- クラスは、class 文のブロックで定義する。
- __init__ メソッドは、オブジェクトの生成時に自動的に呼び出される。
- オブジェクトは、「オブジェクト名 = クラス名 (引数 , ……)」という構文で生成する。
- インスタンス変数とインスタンスメソッドの所有者は、クラスのインスタンスである。
- クラス変数とクラスメソッドの所有者は、クラスである。

▶オリジナルのクラスを作る

　Pythonのプログラム部品の形式には、**関数**と**クラス**があります。Pythonでプログラムを作るときには、あらかじめ用意されている関数やクラスを使うだけでなく、自分でオリジナルの関数やクラスを作り、それらを使うこともできます。

　第6章では、オリジナルの関数の作り方と使い方を説明しました。第7章では、オリジナルのクラスの作り方と使い方を説明します。

　クラスを作ることを「**クラスを定義する**」ともいいます。以下に、クラスを定義する基本構文を示します。「**class文**」のブロックの中で、クラスの構成要素となる**メソッド**を定義します。メソッドは、関数の定義と同様に**def文**で定義します。__init__ メソッドや self の意味は、クラスの定義の具体例を示すときに説明します。

▶クラスを定義する基本構文
```
# クラスの定義
class クラス名:
    # 初期化メソッドの定義
    def __init__(self, 引数, ……):
        処理内容
            :

    # 通常のメソッドの定義
    def メソッド名(self, 引数, ……):
        処理内容
            :
        return 戻り値
```

例として、三角形の面積を求める機能を持つクラスを作ってみましょう。第1章の**プログラマ脳**のところで説明しましたが、クラスを作るときには、自分の考えで「**クラス名**」「**内部に保持するデータ**」「**メソッド**」を決めます。

第1章では、クラス名を「**三角形**」、内部に保持するデータを「**底辺**」と「**高さ**」、メソッドを「**面積を求める**」という日本語にしましたが、それらをPythonのプログラムにするときには、英語の言葉にします。ここでは、クラス名を**Triangle**[1]、内部に保持するデータの名前を**bottom**と**height**、メソッド名を**area**としましょう。

▼ 三角形の面積を求める機能を持つクラスの定義 (sample701.py)

```python
# クラスの定義
class Triangle:
    # 初期化メソッドの定義
    def __init__(self, bottom, height):
        # 内部に保持するデータを作成して、初期値を代入する
        self.bottom = bottom
        self.height = height

    # 三角形の面積を返すメソッドの定義
    def area(self):
        # 内部に保持するデータを使って処理を行う
        return self.bottom * self.height / 2
```

Triangleクラスの内容を詳しく説明しましょう。

Triangleクラスの中では、**__init__メソッド**と、**areaメソッド**が定義されています。__init__メソッドは、オブジェクトがメモリ上に生成されるときに自動的に呼び出される、という機能を持った**特殊メソッド**です[2]。Pythonでは、メソッド名の前後に**アンダースコア**（ _ ）を2つ付けることで、特殊メソッドであることを示します。areaメソッドは、任意のタイミングで呼び出す通常のメソッドです。

多くの場合に、__init__メソッドでは、**クラスが内部に保持するデータ**を作成して、それらに引数の値を代入して初期化します。これは、**self.bottom = bottom**および **self.height = height** の部分です。

代入の左辺と右辺にあるbottomとbottom、heightとheightは同じ名前ですが、左辺の **self.bottom** と **self.height** は、**self**が付いているので、クラスが内部に保持

※1 Pythonの命名規約で、クラス名は大文字で始まる名前にします。
※2 init は、initialize ＝ 「初期化する」という意味です。

31 ▶ クラスの作り方と使い方　271

するデータです。右辺のbottomとheightは、selfが付いていないので、クラスが内部に保持するデータではなくて引数です。

　このように、名前の前にselfを付けることで、クラスが内部に保持するデータと、引数やローカル変数を区別できます。

　selfには、オブジェクトが生成されたときの識別情報が格納されています。その識別情報を受け取るために、クラスが持つメソッドの第1引数は、self※にする約束になっているのです。selfを直訳すると「自分」という意味なので、self.bottomは「自分が内部に保持する底辺」であり、self.heightは「自分が内部に保持する高さ」を表します。

　三角形の面積を返すareaメソッドには、引数selfだけがあります。このメソッドは、オブジェクトが内部に保持しているself.bottomとself.heightを使って処理を行うので、引数が不要なのです。ただし、引数が不要であっても、self.bottomとself.heightの部分でselfという指定を使うので、引数としてselfだけは受け取る必要があります。

練習問題

以下の文章の　　　　　に適切な語句を入れてください。

　クラスが持つメソッドを定義するときには、第1引数を必ず　 a 　にします。　 a 　には、クラスのオブジェクトが生成されたときの識別情報が格納されます。クラスが持つ　 b 　は、クラスのオブジェクトが生成されるときに自動的に呼び出される特殊メソッドです。

■a、bに関する解答群
　ア　areaメソッド　　　　イ　__init__メソッド　　　　ウ　cls　　　エ　self

オリジナルのクラスを使う

　クラスが記述されたファイルは、モジュールになります。先ほど作成したTriangleクラスを使うには、それが記述されたモジュールをインポートします。ファイル名は「sample701.py」ですが、インポートするときには拡張子の.pyを省略して

※ selfという名前にすることは必須ではありませんが、慣例としてselfにします。

272

```
import sample701
```

または

```
from sample701 import Triangle
```

とする約束になっています。この章では、「**from モジュール名 import クラス名**」
のほうの構文を使います。

　以下は、sample701モジュールからTriangleクラスをインポートして、Triangle
クラスを使うプログラムです。クラスは、「オブジェクトを生成する」→「オブジェ
クトのメソッドを呼び出す」という手順で使います。

▼ 三角形の面積を求める機能を持つクラスを使う（対話モード）

```
>>> from sample701 import Triangle    # モジュールをインポートする
>>> t1 = Triangle(10, 5)              # オブジェクトを生成する
>>> t1.area()                         # オブジェクトのメソッドを呼び出す
25.0                                  # メソッドの戻り値が表示される
```

　クラスのオブジェクトの生成は、「**オブジェクト名 = クラス名 (引数, ……)**」とい
う構文で行います[1]。これによって、クラスのオブジェクトが1つ生成され、__
init__メソッドが自動的に呼び出され、オブジェクトが保持するデータが作成され、
データに_init__メソッドの引数の値が代入されます。

　ここでは、**t1 = Triangle(10, 5)** の部分で、Triangleクラスのオブジェクトが1
つ生成され、**self**にオブジェクトの識別情報が格納され、オブジェクトが保持する
データとして**self.bottom**と**self.height**が作成され、それらに**10**と**5**が代入され、
オブジェクトの識別情報[2]が**変数t1**に代入されます。

　オブジェクトを生成したら「**オブジェクト名.メソッド名 (引数, ……)**」という構
文で、メソッドを呼び出します。ここでは、**t1.area()** という構文で、t1の**areaメ
ソッド**を呼び出しています。Triangleクラスを作成したときには、引数selfがある
def area(self): という構文でareaメソッドを定義しましたが、areaメソッドを呼
び出すときには引数selfを指定しません。selfは、オブジェクトのメソッドを呼び
出すときに自動的に付加されるようになっているからです。

――――――――――――――――――――――――――――――――――――――

※1　インポートするときに、「import モジュール名」とした場合は、モジュール名を指定して「オブジェクト名 = モジュー
　　　ル名 . クラス名 (引数, ……)」という構文で、オブジェクトを生成します。
※2　これは、self と同じ識別情報です。

31 ▶ クラスの作り方と使い方　**273**

練習問題

以下の文章の ☐ に適切な語句を入れてください。

t1 = Triangle(10, 5) という構文で、**Triangle**クラスのオブジェクトを生成すると、**t1**に ☐ a ☐ が代入されます。このオブジェクトが持つ**area**メソッドを呼び出すときには、☐ b ☐ という構文を使います。

■a、bに関する解答群
- ア　__init__メソッドの引数の値
- イ　オブジェクトの識別情報
- ウ　t1.area(self)
- エ　t1.area()

インスタンス変数とインスタンスメソッド

クラスをデータ型としたオブジェクトを「**クラスのインスタンス**※」とも呼びます。この言葉を使うと、「オブジェクトの生成」は「**クラスのインスタンスの生成**」です。

以下は、先ほど作成した**Triangleクラス**のインスタンスを2つ生成して、それぞれの面積を画面に表示するプログラムです。

▼Triangleクラスのインスタンスを2つ生成するプログラム（対話モード）

```
>>> from sample701 import Triangle  # モジュールをインポートする
>>> t1 = Triangle(10, 5)     # 1つ目のインスタンスを生成する
>>> t2 = Triangle(20, 10)    # 2つ目のインスタンスを生成する
>>> t1.area()                # 1つ目のインスタンスのメソッドを呼び出す
25.0                         # 1つ目のインスタンスの面積が得られる
>>> t2.area()                # 2つ目のインスタンスのメソッドを呼び出す
100.0                        # 2つ目のインスタンスの面積が得られる
```

Triangleクラスの2つのインスタンスは、それぞれが**bottom**と**height**というデータを保持しています。このように、インスタンスが保持しているデータを「**インスタンス変数**」と呼びます。

2つのインスタンスは、それぞれが**__init__メソッド**と**areaメソッド**を持っています。このように、インスタンスが持っているメソッドを「**インスタンスメソッド**」と呼びます。

※ インスタンス（instance）＝「実例」という意味です。

274

以下に、メモリ上にTriangleクラスのインスタンスが2つあるイメージを示します。2つのインスタンスが、それぞれのインスタンス変数とインスタンスメソッドの所有者です。

▼メモリ上にTriangleクラスのインスタンスが2つあるイメージ

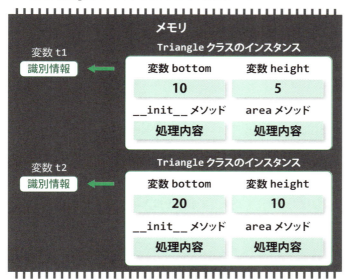

2つのインスタンスの識別情報は、それぞれt1およびt2に格納されています。そのため、インスタンスメソッドを呼び出すときには、t1.area()やt2.area()のようにt1やt2を指定するのです。インスタンスの識別情報は、メソッドを呼び出すときに引数selfとして渡されます。そのため、メソッドの処理の中でインスタンス変数を使うときには、self.bottomやself.heightのようにselfを指定するのです。

> **練習問題**
>
> 以下の文章の　　　　に適切な語句を入れてください。
>
> 複数のインスタンスを生成すると、それぞれがデータとメソッドを持ちます。これらをインスタンス　a　およびインスタンス　b　と呼びます。
>
> ■a、bに関する解答群
> 　ア　変数　　　イ　関数　　　ウ　メソッド　　　エ　クラス

31 ▶ クラスの作り方と使い方

クラス変数

　以下（sample702.py）は、円の面積を求める機能を持った **Circle クラス**の定義です。インスタンス変数として、**半径を保持する radius** と、**円周率を保持する PI** があります。インスタンスメソッドとして、初期化を行う **__init__ メソッド**と、**円の面積**を返す **area メソッド**があります。

▼ 円の面積を求める機能を持つクラスの定義 (sample702.py)

```
# クラスの定義
class Circle:
    # 初期化メソッドの定義
    def __init__(self, radius, PI):
        self.radius = radius
        self.PI = PI

    # 円の面積を返すメソッドの定義
    def area(self):
        # 内部に保持するデータを使って処理を行う
        return self.radius * self.radius * self.PI
```

　以下は、Circle クラスのインスタンスを 2 つ生成し、それぞれの面積を求めた例です。プログラムは、正しく動作していますが、無駄だと思うことがあるでしょう。それは、2 つのインスタンスそれぞれに、**円周率の値として同じ 3.14 というデータを保持させている**ことです。

▼ 三角形の面積を求める機能を持つクラスを使う (対話モード)

```
>>> from sample702 import Circle    # モジュールをインポートする
>>> c1 = Circle(10, 3.14)    # 1 つ目のインスタンスを生成する
>>> c2 = Circle(100, 3.14)   # 2 つ目のインスタンスを生成する
>>> c1.area()                # 1 つ目のインスタンスのメソッドを呼び出す
314.0                        # 1 つ目のインスタンスの面積が得られる
>>> c2.area()                # 2 つ目のインスタンスのメソッドを呼び出す
31400.0                      # 2 つ目のインスタンスの面積が得られる
```

　半径は、インスタンスごとに異なりますが、円周率は、すべてのインスタンスで同じです。このような場合には、円周率を「**クラス変数**」にするとよいでしょう。クラス変数は、**クラスのすべてのインスタンスから共有される変数**であり、インス

276

タンスが生成された数に関わらず、メモリ上に1つだけ存在します。インスタンスを生成しなくても存在します。

　以下（sample703.py）は、円周率を格納するPIをクラス変数にしたCircleクラスの定義です。Circleクラスのブロックで、メソッドの定義の外に「変数名 ＝ 初期値」と記述すると、クラス変数を定義できます。ここでは、PI ＝ 3.14というクラス変数を定義しています。

　クラス変数の所有者はクラスなので、メソッドの処理の中では「クラス名.クラス変数名」という構文で使います。ここでは、areaメソッドの処理の中にあるCircle.PIの部分でクラス変数を使っています。

▼円周率を格納するPIをクラス変数としたCircleクラスの定義（sample703.py）

```python
# クラスの定義
class Circle:
    # クラス変数の定義
    PI = 3.14

    # 初期化メソッドの定義
    def __init__(self, radius):
        self.radius = radius

    # 円の面積を返すメソッドの定義
    def area(self):
        # 内部に保持するデータを使って処理を行う
        return self.radius * self.radius * Circle.PI
```

　次ページは、Circleクラスのインスタンスを2つ生成し、それぞれの面積を求めた例です。今度は、2つのインスタンスそれぞれに、円周率の値として同じ3.14というデータを保持させるという無駄がありません。クラスの外部から「クラス名.クラス変数名」という構文でクラス変数を使うこともできます。ここでは、Circle.PIを実行して、クラス変数PIの3.14という値を得ています。

31 ▶ クラスの作り方と使い方　277 ◀

▼円周率を格納するPIをクラス変数としたCircleクラスを使う（対話モード）

```
>>> from sample703 import Circle    # モジュールをインポートする
>>> c1 = Circle(10)          # 1つ目のインスタンスを生成する
>>> c2 = Circle(100)         # 2つ目のインスタンスを生成する
>>> c1.area()                # 1つ目のインスタンスのメソッドを呼び出す
314.0                        # 1つ目のインスタンスの面積が得られる
>>> c2.area()                # 2つ目のインスタンスのメソッドを呼び出す
31400.0                      # 2つ目のインスタンスの面積が得られる
>>> Circle.PI                # クラス変数の値を読み出す
3.14                         # クラス変数の値が得られる
```

練習問題

以下の文章の 　　　　　 に適切な語句を入れてください。

クラスのブロックで、メソッドの定義の外に 　a　 と記述すると、クラス変数を定義できます。クラス変数は、クラスのすべてのインスタンスから共有される変数であり、メモリ上に 　b　 存在します。クラス変数の所有者はクラスなので、メソッドの処理の中では 　c　 という構文で使います。

■a～cに関する解答群

ア 1つだけ

イ インスタンスの数だけ

ウ クラス名.クラス変数名

エ 変数名 = 初期値

クラスメソッド

クラスの中に、インスタンスを生成しなくても使えるメソッドを定義することもでき、これを「**クラスメソッド**」と呼びます。クラスが持つクラス変数と、メソッドの外部から与えられる引数だけで処理ができるなら、つまりインスタンスが存在していなくても処理ができるなら、クラスメソッドにすることができます。

例として、これまでのCircleクラスに、**引数deg**で指定された度単位の角度をラジアン単位に変換して返す**radiansメソッド**を追加してみましょう[※]。「**ラジアン = 度 * (円周率 / 180)**」なので、引数degで指定される度と、**クラス変数Circle.PIに**格納された**円周率**だけで計算できます。したがって、radiansメソッドは、クラスメソッドにできます。

※ この機能を持つ関数は、標準モジュールの math にありますが、ここでは、クラスメソッドの例として作ります。

以下（sample704.py）は、**クラスメソッドradians**を追加したCircleクラスの定義です。**@classmethod**は、メソッドに意味を付加するもので、「**デコレータ**」と呼ばれます[1]。**@classmethod**は、クラスメソッドであることを示すデコレータです。クラスメソッドの第1引数の**cls**は、クラスメソッドを呼び出すときに自動的に付加されるもので、クラスの**識別情報**が格納されています[2]。

ここでは、**return deg * (cls.PI / 180)** の **cls.PI** の部分でCircleクラスが持つ**クラス変数PI**を使っています。この部分は、クラス名を使って**Circle.PI** と記述することもできます[3]。

▼ クラスメソッドradiansを追加したCircleクラスの定義（sample704.py）

```
# クラスの定義
class Circle:
    # クラス変数の定義
    PI = 3.14

    # 初期化メソッドの定義
    def __init__(self, radius):
        self.radius = radius

    # 円の面積を返すメソッドの定義
    def area(self):
        # 内部に保持するデータを使って処理を行う
        return self.radius * self.radius * Circle.PI

    # クラスメソッドの定義
    @classmethod
    def radians(cls, deg):
        return deg * (cls.PI / 180)
```

次ページは、Circleクラスの**クラスメソッドradians**を使った例です。クラスメソッドの所有者はクラスなので、「**クラス名.メソッド名(引数, ……)**」という構文で使います。ここでは、引数degに180を指定しているので、deg * (cls.PI / 180) ＝ 3.14 に近い値が表示されています。第1引数のclsは、自動的に付加されるので、クラスメソッドを呼び出すときには、clsを指定しません。

※1 デコレータ（decorator）＝「修飾する機能を持ったもの」という意味です。
※2 cls という名前にすることは必須ではありませんが、慣例として cls にします。cls は、class という意味です。
※3 このサンプルプログラムでは、cls.PI と Circle.PI は同じものですが、Circle クラスを継承して CircleEx クラスを作ったなら、両者は異なるものとなります。これに関しては、あとで説明します。

31▶ クラスの作り方と使い方 279

▼クラスメソッド radians を追加した Circle クラスを使う（対話モード）

```
>>> from sample704 import Circle    # モジュールをインポートする
>>> Circle.radians(180)             # クラスメソッド radians を呼び出す
3.1400000000000006                  # 戻り値が表示される
```

練習問題

以下の文章の ▢ に適切な語句を入れてください。

　クラスメソッドの定義には、▢ a ▢ というデコレータを付けます。クラスメソッドの第1引数 ▢ b ▢ には、クラスの識別情報が格納されます。クラスメソッドの処理では、▢ c ▢ という構文で、クラス変数を読み書きできます。

■a〜cに関する解答群
ア　self　　　イ　cls　　　ウ　cls.クラス変数名　　　エ　@classmethod

クラス名は大文字で始まる名前にするのがお約束

社員のクラスだから Worker とか……

クラスの持つメソッドの第1引数は、self にするのがお約束

self には識別情報が格納されるよ

まとめきれないけど、他にもポイントはたくさん！

__int__
オブジェクト
インスタンス

覚えることはいろいろあるけど、
サンプルプログラムをよく見て自分で
入力して実行しながら身に付けていこう！

32 ▶ 継承とオーバーライド

- 継承とは、既存のクラスに機能を追加して新たなクラスを作ることである。
- スーパークラスのメソッドをサブクラスで書き直すことをオーバーライドと呼ぶ。
- 「super().メソッド名」という構文で、スーパークラスのメソッドを呼び出せる。

▶ クラスの継承

クラスの「**継承**」とは、既存のクラスに機能を追加して新たなクラスを作ることです。既存のクラスの機能が、新たなクラスに受け継がれるので、継承（仕事や財産などを受け継ぐこと）と呼ばれます。ただし、「**受け継ぐ**」より「**追加する**」のほうが、イメージをつかみやすいでしょう。

例として、円の面積を求める機能を持った**Circle**クラスに、円周の長さを求める機能を追加した**CircleEx**[1]を作ってみましょう。継承元となるクラスを「**スーパークラス**」と呼び、継承先となるクラスを「**サブクラス**」と呼びます。ここでは、Circleクラスがスーパークラスで、CircleExクラスがサブクラスです[2]。

以下（sample705.py）は、CircleクラスとCircleExクラスの定義です。クラスの継承は、「**class サブクラス名(スーパークラス名):**」という構文で行います。ここでは、Circleクラスを継承してCircleExクラスを作るので、

```
class CircleEx(Circle):
```

という構文でCircleExクラスを定義します。CircleExクラスでは、円周の長さを求める**circumference**というメソッドを追加しています。

▼ CircleクラスとCircleクラスを継承したCircleExクラスの定義（sample705.py）

```
# スーパークラスの定義
class Circle:
    # クラス変数の定義
    PI = 3.14

    # 初期化メソッドの定義
    def __init__(self, radius):
```

※1 Exは、extends＝「拡張する」という意味です。
※2 スーパー（super）＝「上位の」という意味で、サブ（sub）＝「下位の」という意味です。

```
        self.radius = radius

    # 円の面積を返すメソッドの定義
    def area(self):
        # 内部に保持するデータを使って処理を行う
        return self.radius * self.radius * Circle.PI

# サブクラスの定義
class CircleEx(Circle):
    # 円周の長さを返すメソッドの定義
    def circumference(self):
        # 内部に保持するデータを使って処理を行う
        return self.radius * 2 * Circle.PI
```

Circleクラスを継承したCircleExクラスを使ってみましょう。以下では、CircleExクラスのインスタンスを生成して、面積と円周の長さを求めています。

▼ Circleクラスを継承したCircleExクラスのインスタンスを使う（対話モード）

```
>>> from sample705 import CircleEx    # モジュールをインポートする
>>> c = CircleEx(10)                  # 半径を指定してインスタンスを生成する
>>> c.area()                          # 面積を求めるメソッドを呼び出す
314.0                                 # 面積が得られる
>>> c.circumference()                 # 円周の長さを求めるメソッドを呼び出す
62.800000000000004                    # 円周の長さが得られる
```

CircleExクラスに記述したのは、円周の長さを求める**circumferenceメソッド**だけですが、Circleクラスを継承しているので、Circleクラスで定義されている**クラス変数PI**、**インスタンス変数radius**、**__init__メソッド**、**areaメソッド**も持っています。そのため、インスタンスの生成時に__init__メソッドでradiusに初期値が代入でき、areaメソッドで面積を求められ、circumferenceメソッドで円周の長さを求められるのです。

次ページに、CircleクラスとCircleExクラスが持っている変数とメソッドのイメージを示します。

継承して機能を追加

Circle クラス → CircleEx クラス
（スーパークラス） （サブクラス）

282

▼CircleクラスとCircleExクラスが持っている変数とメソッド

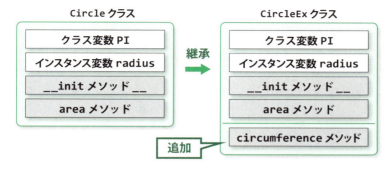

練習問題

以下の文章の ☐ に適切な語句を入れてください。

クラスAを継承してクラスBを作るときは、 a という構文でクラスBを定義します。この場合には、 b がスーパークラスであり、 c がサブクラスです。

■a〜cに関する解答群
　ア　class A(B):　　イ　class B(A):　　ウ　クラスA　　エ　クラスB

メソッドのオーバーライド

今度は、Circleクラスを継承して、円柱の体積を求める機能を持ったCylinderクラス※を作ってみましょう。Cylinderクラスの定義では、円柱の高さを保持するインスタンス変数heightと、円柱の体積を求めるvolumeメソッドを追加します。円柱の体積は、「底面の円の面積 × 高さ」という計算で求められます。

▶円柱の体積の求め方

円柱の体積 ＝ 底面の円の面積 × 高さ

※ cylinder = 「円柱」という意味です。

32 ▶ 継承とオーバーライド　283

以下（sample706.py）は、CircleクラスとCylinderクラスの定義です。Circleクラスの内容は、これまでと同じです。

Cylinderクラスでは、__init__メソッドを「オーバーライド」しています。オーバーライド（override）とは、スーパークラスで定義されているメソッドを、サブクラスで書き直すことです。__init__メソッドの中でインスタンス変数を作成して初期値を代入するので、Cylinderクラスでheightというインスタンス変数を追加するには、__init__メソッドをオーバーライドする必要があるのです。

さらに、Cylinderクラスでは、円柱の体積を求めるvolumeメソッドを追加しています。

▼ CircleクラスとCircleクラスを継承したCylinderクラスの定義（sample706.py）

```python
# スーパークラスの定義
class Circle:
    # クラス変数の定義
    PI = 3.14

    # 初期化メソッドの定義
    def __init__(self, radius):
        self.radius = radius

    # 円の面積を返すメソッドの定義
    def area(self):
        # 内部に保持するデータを使って処理を行う
        return self.radius * self.radius * Circle.PI

# サブクラスの定義
class Cylinder(Circle):
    # 初期化メソッドの定義
    def __init__(self, radius, height):
        super().__init__(radius)
        self.height = height

    # 円柱の対策を返すメソッドの定義
    def volume(self):
        # 内部に保持するデータを使って処理を行う
        return self.area() * self.height
```

Circleクラスを継承したCylinderクラスを使ってみましょう。次ページでは、Cylinderクラスのインスタンスを生成して、底面の円の面積と、円柱の体積を求めています。

284

▼Circleクラスを継承したCylinderクラスのインスタンスを使う（対話モード）

```
>>> from sample706 import Cylinder     # モジュールをインポートする
>>> cy = Cylinder(10, 100)              # 円柱のインスタンスを生成する
>>> cy.area()                           # 底面の円の面積を求める
314.0                                   # 底面の円の面積が得られる
>>> cy.volume()                         # 円柱の体積を求める
31400.0                                 # 円柱の対策が得られる
```

Cylinderクラスの__init__メソッドの処理の中にある

`super().__init__(radius)`

に注目してください。Pythonの組み込み関数である **super** は、「**super().スーパークラスのメソッド名(引数, ……)**」という構文で使い、スーパークラスで定義されているメソッドを呼び出します。ここでは、Cylinderクラスの__init__メソッドから、スーパークラスのCircleクラスの__init__メソッドを、**引数radius**を指定して呼び出しています。これによって、**self.radius = radius** という処理が行われます。

　Cylinderクラスでは、Circleクラスの__init__メソッドをオーバーライドしていますが、オーバーライドは上書き変更ではありません。Cylinderクラスを使うときに、Cylinderクラスでオーバーライドした__init__メソッドが優先して呼び出されるようになるのです。Circleクラスの__init__メソッドは、継承されたまま残っています。したがって、Cylinderクラスの__init__メソッドから、Circleクラスの__init__メソッドを呼び出すこともできるのです。
　次ページにCircleクラスとCylinderクラスが持っている変数とメソッドのイメージを示します。

オーバーライドしたCylinderクラス（サブクラス）の__init__メソッドから、Circleクラス（スーパークラス）の__init__メソッドを呼び出して使うとは？

32 ▶ 継承とオーバーライド

▼ CircleクラスとCylinderクラスが持っている変数とメソッド

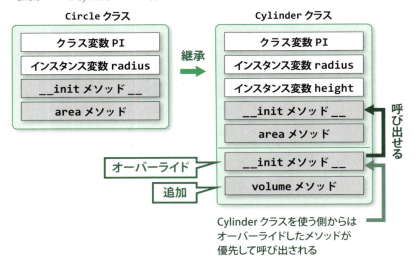

　CylinderクラスのvolumeメソッドをD

`return self.area() * self.height`

の **self.area()** にも注目してください。areaメソッドは、スーパークラスで定義されているので、この部分は **super().area()** と記述するべきでではないか？ と思われるかもしれません。確かに、super().area() と記述しても動作しますが、areaメソッドは、オーバーライドしていないので、スーパークラスのareaメソッドが、そのままサブクラスに継承されています。したがって、サブクラスが自分の持ち物としてareaメソッドを使えるので、self.area() と記述したのです。

　super() は、サブクラスでメソッドをオーバーライドしたが、スーパークラスのメソッドの機能も使いたいという場面で使うものです。

クラスを使うときオーバーライドしたメソッドが優先して呼び出されるけど、super() を指定してスーパークラスのメソッドを呼び出すことができるんだね

► **練習問題**

以下の文章の ☐ に適切な語句を入れてください。

スーパークラスで定義されているメソッドを、サブクラスで書き直すことを ☐ a ☐ と呼びます。☐ a ☐ しても、スーパークラスのメソッドは、そのまま残っているので、サブクラスから ☐ b ☐ という構文で呼び出すことができます。

■ a、bに関する解答群

ア　オーバーロード　　　イ　super().スーパークラスのメソッド名(引数 , ……)
ウ　オーバーライド　　　エ　self.スーパークラスのメソッド名(引数 , ……)

► 継承における cls.PI と Circle.PI の違い

「**クラスメソッド**」(→p.278)のところで取り上げた cls.PI と Circle.PI の違いを説明しましょう。ここでは、実験的なプログラムを作ります。

以下(sample707.py)は、**クラス変数PIとクラスメソッド show_PI**を持つCircleクラスの定義です。クラス変数PIの値は、**3.14**にしています。show_PIメソッドでは、cls.PI と Circle.PI の値を画面に表示しています。

▼ 実験的な Circle クラスの定義 (sample707.py)

```
class Circle:
    # クラス変数の定義
    PI = 3.14

    # クラスメソッドの定義
    @classmethod
    def show_PI(cls):
        print(f"cls.PI = {cls.PI}")
        print(f"Circle.PI = {Circle.PI}")
```

次ページは、Circle クラスを使ったプログラムです。実行結果を見ると、cls.PI と Circle.PI は、どちらの値も **3.14** です。このように継承を行わないなら、cls.PI と Circle.PI は同じものです。

32 ► **継承とオーバーライド**　287 ◄

▼実験的なCircleクラスを使うプログラム（対話モード）

```
>>> from sample707 import Circle    # モジュールをインポートする
>>> Circle.show_PI()                # クラスメソッドを呼び出す
cls.PI = 3.14                       # クラスが持つ PI は 3.14 である
Circle.PI = 3.14                    # Circle が持つ PI は 3.14 である
```

　次の実験です。Circleクラスを継承して、**CircleExクラス**を作ります（sample708.py）。CircleExクラスでは、クラス変数PIを書き直して、値を**3.1415**にしています。このように、メソッドのオーバーライドと同様、スーパークラスで定義されたクラス変数を、サブクラスで書き直すことができます。この場合も、スーパークラスで定義されたクラス変数は、そのまま残っています。

▼実験的なCircleクラスとCircleExクラスの定義（sample708.py）

```
# スーパークラスの定義
class Circle:
    # クラス変数の定義
    PI = 3.14

    # クラスメソッドの定義
    @classmethod
    def show_PI(cls):
        print(f"cls.PI = {cls.PI}")
        print(f"Circle.PI = {Circle.PI}")

# サブクラスの定義
class CircleEx(Circle):
    # クラス変数の定義
    PI = 3.1415
```

　次ページは、CircleExクラスを使ったプログラムです。実行結果を見ると、**cls.PI**の値は**3.1415**で、**Circle.PI**の値は**3.14**です。両者は、異なったものとなっています。これは、**cls**に現在のクラス（ここではCircleExクラス）の識別情報が格納されていて、**Circle**にCircleクラスの識別情報が格納されているからです。

　Circleクラスを使うときは、現在のクラスがCircleなので、cls.PIとCircle.PIが同じものでしたが、CircleExクラスを使うときは、現在のクラスがCircleExなので、cls.PIは**CircleEx.PI**（値は**3.1415**）であり、Circle.PI（値は**3.14**）とは別のものです。

288

▼実験的な CircleEx クラスを使うプログラム（対話モード）

```
>>> from sample708 import CircleEx    # モジュールをインポートする
>>> CircleEx.show_PI()                 # クラスメソッドを呼び出す
cls.PI = 3.1415                        # クラスが持つ PI は 3.1415 である
Circle.PI = 3.14                       # Circle が持つ PI は 3.14 である
```

　以上が、cls.PI と Circle.PI の違いですが、スーパークラスで定義されたクラス変数を、サブクラスで書き直すようなことをしないなら、cls.PI と Circle.PI の違いを気にする必要はありません。自分の考えに合わせて、「**現在のクラスのクラス変数 PI**」と考えたなら cls.PI と記述し、「**Circle クラスのクラス変数 PI**」と考えたなら Circle.PI と記述してください。

練習問題

以下の文章の [　　　] に適切な語句を入れてください。

　クラスメソッドの中では、「**cls.クラス変数名**」と記述すると [a] クラスのクラス変数が指定され、「クラス名.クラス変数名」と記述すると [b] クラスのクラス変数が指定されます。

■a、bに関する解答群
　ア　スーパー　　　イ　クラス名の　　　ウ　サブ　　　エ　現在の

すべてのクラスのスーパークラス

　Python の**組み込みクラス**に「**object クラス**」があります。object クラスには、Python のすべてのクラスが持つメソッドが定義されています。クラスを定義すると、自動的に object クラスが継承されるようになっているので、Python のすべてのクラスは、object クラスで定義されているメソッドを持っています。

　次ページは、dir 関数を使って object クラスが持つメソッドを一覧表示したものです。2つのアンダースコア（_）で囲まれた名前の**特殊メソッド**が、数多く定義されていることがわかります。これらは、特定の場面で自動的に呼び出される特殊メソッドです。

▼objectクラスが持つメソッドを一覧表示する（対話モード）

```
>>> dir(object)
['__class__', '__delattr__', '__dir__', '__doc__', '__eq__', '__
format__', '__ge__', '__getattribute__', '__gt__', '__hash__', '__
init__', '__init_subclass__', '__le__', '__lt__', '__ne__', '__
new__', '__reduce__', '__reduce_ex__', '__repr__', '__setattr__',
'__sizeof__', '__str__', '__subclasshook__']
```

　特殊メソッドの中には、クラスのインスタンスの生成時に自動的に呼び出される__init__メソッドもあります。これまでに作成したクラスでは、__init__メソッドを定義していますが、それはobjectクラスで定義された__init__メソッドをオーバーライドしていたのです。すべてのクラスは、objectクラスから継承した__init__メソッドを持つことになるので、クラスを作成するときに__init__メソッドを定義することは、必須ではありません。

> **練習問題**

以下の文章の□□□に適切な語句を入れてください。

　□a□には、すべてのクラスが持つメソッドが定義されています。Pythonのすべてのクラスは、自動的に□a□を継承するようになっているので、すべてのクラスが□a□で定義されているメソッドを持っています。これらのメソッドは、特定の場面で自動的に呼び出される□b□です。__init__メソッドも、□a□で定義されています。したがって、クラスを作成するときに__init__メソッドを定義することは、□c□。

■a～cに関する解答群

　ア　特殊メソッド　　　**イ**　抽象メソッド　　　**ウ**　**object**クラス
　エ　必須です　　　　　**オ**　必須ではありません

object クラスはすべてのクラスのスーパークラス！

特殊メソッドがたくさん定義されているね
__init__ メソッドも！

290

33 ▶ プロパティ

- オリジナルのクラスのオブジェクトが持つ変数の値は、あとから変更できる。
- プロパティは、オブジェクトが持つ変数を間接的に読み書きするメソッドである。
- プロパティのゲッタだけを作ると、リードオンリーのプロパティになる。

▶クラスのインスタンスが保持するデータの変更

　Pythonのオブジェクトには、ミュータブル（値を変更できるもの）と、イミュータブル（値を変更できないもの）があります。オリジナルのクラスのインスタンスは、ミュータブルです。これは、クラスのインスタンスが保持しているデータの値を、あとから変更できるということです。

　たとえば、第7章の冒頭で作成した、三角形の面積を求める機能を持ったTriangleクラス（sample701.py）には、bottomとheightというインスタンス変数があります。これまでのサンプルプログラムでは、__init__メソッドでbottomとheightに初期値を設定したままTriangleクラスのインスタンスを使いましたが、あとから値を変更することもできるのです。

　例を示しましょう。以下のプログラムでは、t = Triangle(10, 5) で、初期値を10と5にしたインスタンスを生成して、インスタンス変数の値の取得と、値の変更を行っています。

　t.bottomやt.heightのように「インスタンス名.インスタンス変数名」とすれば、インスタンス変数の値を取得できます。

　t.bottom = 20やt.height= 10のように「インスタンス名.インスタンス変数名 = 値」とすれば、インスタンス変数の値を変更できます。areaメソッドを呼び出すと、その時点でbottomとheightに格納されている値を使って面積が求められます。

▼クラスのインスタンスが保持しているデータの値を変更する（対話モード）
```
>>> from sample701 import Triangle   # モジュールをインポートする
>>> t = Triangle(10, 5)              # インスタンスを生成する
>>> t.bottom                         # bottom の値を取得する
10                                   # 初期値のままである
```

```
>>> t.height          # height の値を取得する
5                     # 初期値のままである
>>> t.area()          # 面積を求める
25.0                  # 現在の値で求めた面積が得られる
>>> t.bottom = 20     # bottom の値を変更する
>>> t.height = 10     # height の値を変更する
>>> t.bottom          # bottom の値を取得する
20                    # 値が変更されている
>>> t.height          # height の値を取得する
10                    # 値が変更されている
>>> t.area()          # 面積を求める
100.0                 # 現在の値で求めた面積が得られる
```

　これまでに示したサンプルプログラムの多くでは、初期値を設定したままでクラスのインスタンスを使ってきましたが、それでは**プログラム部品としてクラスを使う**意味がありません。たとえば、三角形の面積を1回だけ求めるなら、Triangleクラスのインスタンスを使うより、第6章で示した**triangle_area関数**を使ったほうが効率的でしょう。関数では、クラスのインスタンスを生成する処理が不要だからです。

　関数とクラスのインスタンスの大きな違いは、関数は引数として外部からデータを受け取りますが、**クラスのインスタンスは内部にデータを保持している**ことです。したがって、内部に保持しているデータの値が、初期値の状態から様々に変更されて、それぞれの時点で、その時点のデータの値で処理を行う、という用途があってこそ、プログラム部品としてクラスを使う意味があります。

練習問題

以下の文章の　　　　　に適切な語句を入れてください。

　クラスのインスタンスを生成したあとで、　　a　　は、インスタンス変数の値を取得し、　　b　　は、インスタンス変数の値を変更します。

■a、bに関する解答群

ア インスタンス変数名 = 値　　**イ** インスタンス名.インスタンス変数名 = 値
ウ インスタンス変数名　　　　　**エ** インスタンス名.インスタンス変数名

プロパティで間接的にデータを読み書きする

　クラスのインスタンスが保持しているデータは、あとから値を変更できますが、不適切な値を避けたい場合もあります。たとえば、以下は、**Triangleクラス**のインスタンスを生成し、あとから**インスタンス変数bottom**の値を **"abc"** という**文字列**に変更しています。この状態で、面積を求めるareaメソッドを呼び出すと、"abc" という文字列では計算ができないので、エラーになります。

▼ クラスのインスタンスのデータを不適切な値に変更した例 (対話モード)

```
>>> from sample701 import Triangle      # モジュールをインポートする
>>> t = Triangle(10, 5)                 # インスタンスを生成する
>>> t.area()                            # area メソッドを呼び出す
25.0                                    # 面積が得られる
>>> t.bottom = "abc"                    # bottom に不適切な値を代入する
>>> t.area()                            # area メソッドを呼び出す
Traceback (most recent call last):      # エラーになる
  File "<stdin>", line 1, in <module>
  File "C:\gihyo\sample701.py", line 12, in area
    return self.bottom * self.height / 2
TypeError: unsupported operand type(s) for /: 'str' and 'int'
```

　このようなエラーを避けるには、クラスを使う側のプログラムで、不適切な値をチェックすればよいのですが、**クラスを定義する側**で、「**プロパティ**※」という技法を使うことで、不適切な値が代入されないようにする機能を持たせることもできます。何が不適切なのかは、クラスを使う側よりクラスを定義する側のほうがわかっているので、クラスを定義する側にチェックをさせたほうが確実でしょう。

　プロパティは、クラスが持つ変数を間接的に読み書きするメソッドです。ただし、**クラスを使う側**からは、メソッドではなく変数と同様に取り扱えるようになっています。

　例として、Triangleクラスの**bottom**と**height**をプロパティにしてみましょう。次ページ (sample709.py) のようになります。

※ プロパティ (property) =「性質」という意味です。

33 ▶ プロパティ　293

▼bottomとheightをプロパティにしたTriangleクラスの定義（sample709.py）

```python
class Triangle:
    # 初期化メソッドの定義
    def __init__(self, bottom, height):
        self.__bottom = bottom
        self.__height = height

    # インスタンス変数 __bottom のゲッタ
    @property
    def bottom(self):
        return self.__bottom

    # インスタンス変数 __bottom のセッタ
    @bottom.setter
    def bottom(self, bottom):
        if isinstance(bottom, int) or isinstance(bottom, float):
            self.__bottom = bottom

    # インスタンス変数 __height のゲッタ
    @property
    def height(self):
        return self.__height

    # インスタンス変数 __height のセッタ
    @height.setter
    def height(self, height):
        if isinstance(height, int) or isinstance(height, float):
            self.__height = height

    # 三角形の面積を返すメソッドの定義
    def area(self):
        # 内部に保持するデータを使って処理を行う
        return self.__bottom * self.__height / 2
```

◆ **インスタンス変数 __bottom、__height ／メソッド bottom、height**

　Triangle クラスの bottom と height をプロパティにするには、**インスタンス変数**を **__bottom** と **__height** という名前にして、それらを間接的に読み書きする **bottom** と **height** という名前の**メソッド**を作ります。これらのメソッドに、プロパティであることを示す設定を行うと、**クラスを使う側**からは、bottom と height がメソッドではなく変数と同様に取り扱えるようになるのです。

　インスタンス変数を **__bottom** と **__height** という名前にしたのは、クラスを使

う側から利用できなくするためです。先頭が2つのアンダースコア（＿）で始まる名前の変数は、**クラスを使う側**から利用できなくなるのです。これによって、インスタンス変数に、不適切な値を直接代入できなくなります。

◆ セッタとゲッタ

＿＿bottom と **＿＿height** は、**bottom** と **height** という名前の**メソッド**で、間接的に読み書きします。bottom と height は、同じ名前で2つずつ作り、一方が**インスタンス変数の値を読み出し**、もう一方が**インスタンス変数に書き込み**ます。値を読み出すメソッドを「**ゲッタ**」と呼び、値を書き込むメソッドを「**セッタ**」と呼びます[※1]。

メソッドの定義に **@property** という**デコレータ**を付けることで、ゲッタであるとみなされます。ゲッタの役割は、return文でインスタンス変数の値を返すだけです。

メソッドの定義に **@bottom.setter** および **@height.setter** のように、「**@プロパティ名.setter**」というデコレータを付けることで、セッタであるとみなされます。セッタの役割は、引数で指定された値が適切なものなら、インスタンス変数に代入することです。

◆ isinstance 関数

セッタである bottom と height では、Python の組み込み関数である **isinstance 関数**[※2]を使って、引数で指定された値が **int クラス**または **float クラス**のインスタンスなら、つまり**数値**であれば、適切な値としてインスタンス変数に代入し、そうでないなら無視しています。これによって、適切な値だけがインスタンス変数に代入されるようになります。

isinstance 関数は、「**isinstance(オブジェクト, クラス名)**」という構文で使い、引数で指定されたオブジェクトが、引数で指定されたクラス名のインスタンスなら True を返し、そうでないなら False を返します。

◆ ＿＿bottom と ＿＿height を area メソッドから利用

＿＿bottom と ＿＿height というインスタンス変数は、クラスを使う側から利用できませんが、クラスの中で定義されているメソッドからは利用できます。三角形の面積を求める **area メソッド**では、**return self.＿＿bottom * self.＿＿height / 2** の部分で、＿＿bottom と ＿＿height を利用しています。これらのインスタンス変数は、

※1 ゲッタ（getter）＝「取得する人」、セッタ（setter）＝「設定する人」という意味です。
※2 isinstance は、is instance ＝「〜のインスタンスである」という意味です。

33 ▶ プロパティ　295

__init__メソッドで作成して、初期値を代入しています。__init__メソッドでも、引数が不適切な値でないことをチェックするべきですが、ここではチェックを省略しています。

以下に、bottomとheightをプロパティにしたTriangleクラスを使った例を示します。ここで、注目してほしいのは、bottomとheightというプロパティの実体は、ゲッタとセッタの2つのメソッドですが、それらを使う側からは、変数と同様に取り扱えることです。

t.bottomは、変数bottomを読み出す構文ですが、bottomというプロパティのゲッタが呼び出されます。

t.bottom = 20は、変数bottomに20という値を代入する構文ですが、引数に20を指定してbottomというプロパティのセッタが呼び出されます。

このように、変数と同様に取り扱えて、不適切な値の代入を防げるのが、プロパティの利点です。

▼bottomとheightをプロパティにしたTriangleクラスを使った例

```
>>> from sample709 import Triangle    # モジュールをインポートする
>>> t = Triangle(10, 5)               # インスタンスを生成する
>>> t.bottom                          # bottom の値を取得する
10                                    # 初期値の 10 である
>>> t.height                          # height の値を取得する
5                                     # 初期値の 5 である
>>> t.area()                          # area メソッドを呼び出す
25.0                                  # 現在の値で面積が得られる
>>> t.bottom = 20                     # bottom の値を 20 に変更する
>>> t.height = 10                     # height の値を 10 に変更する
>>> t.bottom                          # bottom の値を取得する
20                                    # 20 に変更されている
>>> t.height                          # height の値を取得する
10                                    # 10 に変更されている
>>> t.area()                          # area メソッドを呼び出す
100.0                                 # 現在の値で面積が得られる
>>> t.bottom = "abc"                  # bottom に不適切な値を代入する
>>> t.bottom                          # bottom の値を取得する
20                                    # 20 のまま変更されていない
>>> t.height = "xyz"                  # height に不適切な値を代入する
>>> t.height                          # height の値を取得する
10                                    # 10 のまま変更されていない
```

296

練習問題

以下の文章の □□□ に適切な語句を入れてください。

プロパティは、クラスを使う側からは □ a □ と同様に取り扱えますが、その実体は □ b □ です。プロパティのゲッタには □ c □ というデコレータを付け、セッタには □ d □ というデコレータを付けます。

■a〜dに関する解答群

　ア　@プロパティ名.setter　　イ　@property　　ウ　メソッド　　エ　変数

リードオンリーのプロパティ

プロパティのゲッタだけを作ると、値の読み出しだけができるリードオンリー[※1]のプロパティになります。__init__メソッドで設定した初期値をあとから変更できないようにしたい場合は、リードオンリーのプロパティにするとよいでしょう。

例として、銀行口座の機能を持つBankAccountクラス[※2]を作ってみましょう。BankAccountクラスは、「口座番号」を保持する__numberと、「残金」を保持する__balanceを、インスタンス変数として持ちます。残高の__balanceは、入金、出金、手数料、利息などによって変更されますが、口座番号の__numberは、初期値から変更しないはずです。__numberのプロパティとなるnumberを、リードオンリーにしましょう。

次ページ（sample710.py）にBankAccountクラスの定義を示します。__init__メソッドで、インスタンス変数の__numberと__balanceに初期値を代入しています。

__numberには、@propertyというデコレータが付けられたゲッタだけがあります。これによって、numberプロパティは、リードオンリーになります。

__balanceには、@propertyというデコレータが付けられたゲッタと、@balance.setterというデコレータが付けられたセッタがあります。これによって、balanceは、読み書きができる通常のプロパティになります。

※1　read only＝「読み出しだけ」という意味です。
※2　BankAccountは、bank account＝「銀行口座」という意味です。

33 ▶ プロパティ　297

▼銀行口座の機能を持つBankAccountクラスの定義（sample710.py）

```python
class BankAccount:
    # 初期化メソッドの定義
    def __init__(self, number, balance):
        self.__number = number
        self.__balance = balance

    # インスタンス変数 __number のゲッタ
    @property
    def number(self):
        return self.__number

    # インスタンス変数 __balance のゲッタ
    @property
    def balance(self):
        return self.__balance

    # インスタンス変数 __balance のセッタ
    @balance.setter
    def balance(self, balance):
        self.__balance = balance
```

　以下に、BankAccountクラスを使った例を示します。はじめに、"123456"という口座番号と、10000という残金で、インスタンスを生成しています。これは、銀行口座の新規開設に相当します。そのあとで、balanceに20000を書き込んでから、値を読み出しています。balanceは、読み書きできる通常のプロパティなので、どちらも行えます。続いて、numberを読み出してから、値を"777777"に更新しようとすると、numberはリードオンリーのプロパティなのでエラーになります※。

▼銀行口座の機能を持つBankAccountクラスを使う（対話モード）

```
>>> from sample710 import BankAccount     # モジュールをインポートする
>>> a = BankAccount("123456", 10000)      # インスタンスを生成する
>>> a.balance = 20000                      # balance に値を書き込む
>>> a.balance                              # balance の値を確認する
20000                                      # 書き込まれた値になっている
>>> a.number                               # number の値を確認する
'123456'                                   # 初期値になっている
>>> a.number = "777777"                    # number に値を書き込む
Traceback (most recent call last):         # リードオンリーなのでエラーになる
```

※ リードオンリーのプロパティのサンプルプログラムなので、ここでは不適切な値のチェックはしていません。

298

```
  File "<stdin>", line 1, in <module>
AttributeError: can't set attribute
```

> 練習問題
>
> 以下の文章の ☐ に適切な語句を入れてください。
>
> プロパティの ａ だけを作成し ｂ を作成しないと、値の読み出しだけができる ｃ オンリーのプロパティになります。
>
> ■a〜cに関する解答群
> **ア** リード　　**イ** セッタ　　**ウ** ライト　　**エ** ゲッタ

column プログラミングをマスターするコツ その7

気に入った教材は、何度も繰り返し学習する！

　情報過多の現代では、同じ本を何度も繰り返し読むことなど滅多にないでしょう。ただし、プログラミングの教材は、何度も繰り返し学習してください。プログラミングは、暗記して覚えるものではなく、体に覚え込ませるものだからです。1回学習しただけで、やすやすと覚えられるものではありません。

　プログラミングの教材に示されたサンプルプログラムを打ち込んで、自分の考えで改造することを、最初から最後までやり終えたなら、最初に戻って、学習を繰り返してください。

　これは、ぜひ経験してほしいことなのですが、1回目の学習で理解が不十分であったことが、2回目の学習ではスッキリわかるようになります。1回目の学習で大筋をつかんでいるからです。

　すべての教材を何度も学習する必要はありません。もしも「これはいい本だ！」と気に入った教材に出会えたら、何度も繰り返し学習してください。

 プログラミングは、体に覚え込ませよう！

サンプルプログラムを打ち込む→自分で考えて改造を繰り返すのが効果的！

34 ▶ 抽象クラスと抽象メソッド

- 「汎化」という考えで、継承元となるスーパークラスを作ることがある。
- メソッドの処理内容がないメソッドを「抽象メソッド」と呼ぶ。
- 抽象メソッドを持つクラスを「抽象クラス」と呼ぶ。
- 抽象クラスを継承したクラスは、抽象メソッドを実装することになる。

▶ 汎化と継承

　以下（sample711.py）は、「正社員」という意味の **FulltimeWorkerクラス** と、「パート社員」という意味の **ParttimeWorkerクラス** の定義です。

　FulltimeWorkerクラス には、「氏名」と「月給」を保持する **name** と **salary** というインスタンス変数があり、それぞれの内容を表示する **show_nameメソッド** と **show_salaryメソッド** があります。

　ParttimeWorkerクラス には、「氏名」と「時給」を保持する **name** と **wage**[※] というインスタンス変数があり、それぞれの内容を表示する **show_nameメソッド** と **show_wageメソッド** があります。

▼FulltimeWorkerクラスとParttimeWorkerクラスの定義（sample711.py）

```python
# 正社員を表すクラスの定義
class FulltimeWorker:
    # 初期化メソッドの定義
    def __init__(self, name, salary):
        self.name = name
        self.salary = salary

    # 名前を表示するメソッドの定義
    def show_name(self):
        print(f"私の名前は{self.name}です。")

    # 月給を表示するメソッドの定義
    def show_salary(self):
        print(f"私の月給は{self.salary}円です。")

# パート社員を表すクラスの定義
class ParttimeWorker:
```

※ name =「氏名」、salary =「月給」、wage =「時給」という意味です。

```
# 初期化メソッドの定義
def __init__(self, name, wage):
    self.name = name
    self.wage = wage

# 名前を表示するメソッドの定義
def show_name(self):
    print(f" 私の名前は {self.name} です。")

# 時給を表示するメソッドの定義
def show_wage(self):
    print(f" 私の時給は {self.wage} 円です。")
```

以下は、FulltimeWorkerクラスとParttimeWorkerクラスを使うプログラムの例です。正社員として、月給250000円の鈴木花子を生成し、パート社員として、時給1200円の山田太郎を生成して、それぞれの名前、月給、時給を表示しています。

▼FulltimeWorkerクラスとParttimeWorkerクラスを使うプログラムの例（対話モード）

```
>>> from sample711 import FulltimeWorker, ParttimeWorker  # インポートする
>>> f = FulltimeWorker(" 鈴木花子 ", 250000)          # 正社員を生成する
>>> p = ParttimeWorker(" 山田太郎 ", 1200)             # パート社員を生成する
>>> f.show_name()                        # show_name メソッドを呼び出す
私の名前は鈴木花子です。                    # 名前が表示される
>>> f.show_salary()                      # show_salary メソッドを呼び出す
私の月給は 250000 円です。                  # 月給が表示される
>>> p.show_name()                        # show_name メソッドを呼び出す
私の名前は山田太郎です。                    # 名前が表示される
>>> p.show_wage()                        # show_wage メソッドを呼び出す
私の時給は 1200 円です。                    # 時給が表示される
```

　プログラムの実行結果に問題はありません。ただし、プログラムの内容には改善の余地があります。それは、FulltimeWorkerクラスとParttimeWorkerクラスの**show_nameメソッド**の処理内容が、まったく同じであるということです。同じことを何度も記述するのは、無駄なことです。

　このような場合には、FulltimeWorkerクラスとParttimeWorkerクラスに共通する**show_nameメソッド**を抽出して、両者の上位概念となる**スーパークラス**を作ります。これを「**汎化**」と呼び出す。正社員とパート社員の上位概念ですから、「社員」を意味する**Workerクラス**という名前がよいでしょう。次ページに、汎化のイメージを示します。

34 ▶ 抽象クラスと抽象メソッド　301 ◀

▼FulltimeWorkerクラスとParttimeWorkerクラスを汎化してWorkerクラスを作る

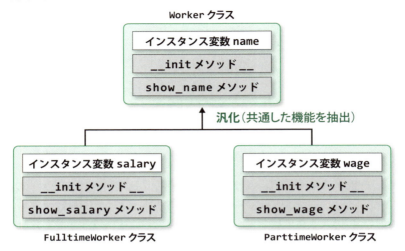

　汎化によって、show_nameメソッドとインスタンス変数nameは、Workerクラスで定義されるものになります。インスタンス変数nameを作成するために、Workerクラスでも__init__メソッドを定義します。Workerクラスを先に作って、それを継承したサブクラスとしてFulltimeWorkerクラスとParttimeWorkerクラスを作れば、同じ処理を記述しないですむので効率的です。このように、汎化という考えで、**継承元となるスーパークラス**を作ることがあります。

　以下（sample711.py）は、**スーパークラス**のWorkerクラスと、それを**継承**した**サブクラス**のFulltimeWorkerクラスとParttimeWorkerクラスの定義です。Workerクラスでshow_nameメソッドを定義していることと、FulltimeWorkerクラスとParttimeWorkerクラスにshow_nameメソッドの定義がないことに注目してください。機能は同じなので、FulltimeWorkerクラスとParttimeWorkerクラスを使うプログラムの例は、省略します。

▼Workerクラス、FulltimeWorkerクラス、ParttimeWorkerクラスの定義（sample712.py）

```
# 社員を表すスーパークラスの定義
class Worker:
    # 初期化メソッドの定義
    def __init__(self, name):
```

```
        self.name = name

    # 名前を表示するメソッドの定義
    def show_name(self):
        print(f" 私の名前は {self.name} です。")

# 正社員を表すサブクラスの定義
class FulltimeWorker(Worker):
    # 初期化メソッドの定義
    def __init__(self, name, salary):
        super().__init__(name)
        self.salary = salary

    # 月給を表示するメソッドの定義
    def show_salary(self):
        print(f" 私の月給は {self.salary} 円です。")

# パート社員を表すサブクラスの定義
class ParttimeWorker(Worker):
    # 初期化メソッドの定義
    def __init__(self, name, wage):
        super().__init__(name)
        self.wage = wage

    # 時給を表示するメソッドの定義
    def show_wage(self):
        print(f" 私の時給は {self.wage} 円です。")
```

練習問題

以下の文章の [ ] に適切な語句を入れてください。

複数のクラスに共通した機能を抽出して、上位概念となるクラスを作ることを [a] と呼びます。[a] によって作られたクラスは [b] となり、それを [c] することで複数の [d] を効率的に作成できます。

■a〜dに関する解答群

ア スーパークラス **イ** サブクラス **ウ** 継承 **エ** 汎化

34 ▶ 抽象クラスと抽象メソッド 303 ◀

抽象クラスと継承

「イヌ」という意味の**Dog**クラスと、「ネコ」という意味の**Cat**クラスを作るとしましょう。どちらにも、「鳴く」機能を持った**make_voice**メソッド[1]があることがわかったので、それを**汎化**して「動物」という意味の**Animal**クラスを作ることにしました。ところが、Animalクラスのmake_voiceメソッドには、処理内容を記述できません。「イヌ」なら「**ワン**」と鳴き、「ネコ」なら「**ニャン**」と鳴きますが、「動物」では鳴き声が決められないからです。

このように、汎化によって作られた上位概念のスーパークラスでは、メソッドの処理内容を記述できない場合があります。これは、Animalクラスが抽象的なものだからです。

このような場合には、「**class Animal(metaclass=ABCMeta):**」という構文でAnimalクラスを定義し、**Animalクラス**を「**抽象クラス**」にして、@**abstractmethod**というデコレータを付けて**make_voice**メソッドを「**抽象メソッド**」として定義します[2]。

そして、Animalクラスを継承した**Dog**クラスと**Cat**クラスで、それぞれに合わせて**make_voice**メソッドの処理内容を**実装**します。「実装」とは、処理内容を記述することです。

次ページ（sample713.py）は、抽象クラスであるAnimalクラスと、それを継承したDogクラスとCatクラスの定義です。**ABCMeta**と**@abstractmethod**は、**abc**という**モジュール**で定義されているので、最初にインポートを行っています。**Python**では、ブロックの中を空にできないので、Animalクラスのmake_voiceメソッドには**pass文**を記述しています。pass文は、何もしないことを意味します。DogクラスとCatクラスでは、Animalクラスのmake_voiceメソッドを**print("ワン！")** および**print("ニャン！")** で実装しています。

※1 make voice ＝「声を出す」という意味です。

※2 ABCMeta の ABC は abstract base class ＝「抽象的な基底クラス」という意味で、abstractmethod は abstract method ＝「抽象的なメソッド」という意味です。基底クラスは、スーパークラスと同じ意味です。meta（メタ）は、「次元が高い」ことを意味する接頭辞です。

304

▼Animalクラス、Dogクラス、Catクラスの定義 (sample713.py)

```python
from abc import ABCMeta, abstractmethod

# 動物を表す抽象クラス（スーパークラス）の定義
class Animal(metaclass=ABCMeta):
    # 抽象メソッドの定義
    @abstractmethod
    def make_voice(self):
        pass

# イヌを表すサブクラスの定義
class Dog(Animal):
    # 抽象メソッドの実装
    def make_voice(self):
        print("ワン！")

# ネコを表すサブクラスの定義
class Cat(Animal):
    # 抽象メソッドの実装
    def make_voice(self):
        print("ニャン！")
```

以下は、DogクラスとCatクラスを使った例です。DogクラスとCatクラスのインスタンスを生成し、それぞれのmake_voiceメソッドを呼び出しています。

▼DogクラスとCatクラスを使った例（対話モード）

```
>>> from sample713 import Dog, Cat   # クラスをインポートする
>>> d = Dog()                        # Dogクラスのインスタンスを生成する
>>> c = Cat()                        # Catクラスのインスタンスを生成する
>>> d.make_voice()                   # Dogのインスタンスのメソッドを呼び出す
ワン！                                # Dogクラスで実装した処理が行われる
>>> c.make_voice()                   # Catのインスタンスのメソッドを呼び出す
ニャン！                              # Catクラスで実装した処理が行われる
```

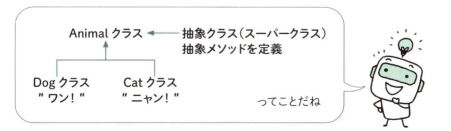

練習問題

以下の文章の □□□□□ に適切な語句を入れてください。

処理内容のないメソッドを □ a □ と呼び、□ a □ を持つクラスを □ b □ と呼びます。□ b □ を継承したクラスで、□ a □ の処理内容を □ c □ します。

■a〜cに関する解答群

ア 実装　　**イ** 実行　　**ウ** 抽象クラス　　**エ** 抽象メソッド

抽象クラスで約束事を守らせる

抽象クラスは、何の役に立つのでしょうか？ 抽象クラスの用途のひとつとして、「約束事を取り決める」ということがあります。たとえば、先ほど作成した抽象クラスの Animal クラスは、「**Animal なら make_voice メソッド持つこと**」つまり「動物なら鳴く機能を持つこと」という約束事を取り決めているといえます。なぜなら、Animal クラスを継承したクラスは、抽象メソッドである make_voice メソッドを実装することになるからです。もしも、抽象メソッドを実装しないと、つまり約束事を守らないと、クラスのインスタンスの生成時にエラーになります。

約束事を守らないとエラーになることを確認してみましょう。次ページでは、抽象クラスの Animal クラスを継承して「ネズミ」を意味する **Mouse クラス**を定義し、そのブロックの中で make_voice メソッドを実装していません（クラスの内容を、pass 文だけで空にしています）。

このまま **m = Mouse()** を実行して Mouse クラスのインスタンスを生成しようとすると、エラーになりました。エラーメッセージの内容は

「Can't instantiate abstract class Mouse with abstract methods make_voice（抽象メソッドを持つ抽象クラスの Mouse のインスタンスを生成することはできません）」

です。つまり、抽象メソッドを実装していない Mouse クラスは、それ自体も抽象クラスになってしまい、インスタンスを生成できないのです。

▼抽象メソッドを実装しないとインスタンスを生成できない（対話モード）

```
>>> from sample713 import Animal    # Animal クラスをインポートする
>>> class Mouse(Animal):     # Animal を継承して Mouse クラスを定義する
...      pass               # make_voice メソッドを実装しない
...                         # ［Enter］キーだけを押してクラスの定義を終える
>>> m = Mouse()             # Mouse クラスのインスタンスを生成する
Traceback (most recent call last):  # エラーになる
  File "<stdin>", line 1, in <module>
TypeError: Can't instantiate abstract class Mouse with abstract
methods make_voice
```

　約束事を守ってみましょう。以下では、Mouseクラスの定義で、make_voice
メソッドを実装しています。今度は、m = Mouse() でMouseクラスのインスタン
スを生成でき、m.make_voice() でネズミを鳴かせることができました。

▼抽象メソッドを実装すればインスタンスを生成できる（対話モード）

```
>>> from sample713 import Animal     # Animal クラスをインポートする
>>> class Mouse(Animal):          # Animal を継承して Mouse クラスを定義する
...      def make_voice(self):    # make_voice メソッドを実装する
...          print(" チュウ ")     # 処理内容を記述する
...                              # ［Enter］キーだけを押してクラスの定義を終える
>>> m = Mouse()                  # Mouse クラスのインスタンスを生成する
>>> m.make_voice()               # Mouse のインスタンスのメソッドを呼び出す
チュウ                            # Mouse クラスで実装した処理が行われる
```

練習問題

　以下の文章の　　　　　　に適切な語句を入れてください。

　抽象クラスを継承したクラスで、抽象メソッドを実装しないと、クラスの定義
では　 a 　が、インスタンスの生成時に　 b 　。これは、抽象メソッドを
実装しないクラスは、それ自体が　 c 　になるからです。

■a〜cに関する解答群

　ア　スーパークラス　　　　**イ**　抽象クラス

　ウ　エラーになります　　　**エ**　エラーになりません

34 ▶ 抽象クラスと抽象メソッド　307

35 オブジェクトの代入とコピー

- 代入文では、オブジェクトの識別情報が代入され、コピーは生成されない。
- copy モジュールの copy 関数は、オブジェクトのシャローコピーを作成する。
- copy モジュールの deepcopy 関数は、オブジェクトのディープコピーを作成する。

▶ オブジェクトの代入

これまでに作成したTriangleクラス (sample701.py → p.271) を使って、オブジェクト[※1]の代入の実験をしてみましょう。

以下では、**t1 = Triange(10, 5)** で底辺10高さ5の**オブジェクトt1**を生成し、**t2 = t1** でt1をt2に代入しています。

▼代入ではオブジェクトのコピーは作られない（対話モード）

```
>>> from sample701 import Triangle    # Triangle クラスをインポートする
>>> t1 = Triangle(10, 5)              # オブジェクトを生成する
>>> t2 = t1                           # t2 に t1 を代入する
>>> id(t1)                            # t1 の識別情報を確認する
1343007093616                         # t1 の識別情報が得られる
>>> id(t2)                            # t2 の識別情報を確認する
1343007093616                         # t1 の識別情報と同じである
```

プログラミング言語によっては、このような代入でオブジェクトのコピーを作れるものもありますが、Pythonでは、そうではありません。

Pythonでは、変数にオブジェクトの識別情報が格納されているので、**t1 = Triange(10, 5)** で新たに生成されたオブジェクトの識別番号がt1に代入され、**t2 = t1** で同じ識別番号がt2に代入されるだけです。オブジェクトのコピー、すなわち**新たなオブジェクト**は生成されません。

これは、**id関数**を使って、t1とt2に代入されている識別情報を確認するとわかります。t1とt2は、同じ値になっています[※2]。

※1 これ以降の説明では、「クラスのインスタンス」を「オブジェクト」と呼びます。
※2 オブジェクトの識別情報の値は、プログラムの実行環境によって異なります。

練習問題

以下の文章の　□□□□　に適切な語句を入れてください。

t1 = Triangle(10, 5) を実行すると、**Triangle** クラスのオブジェクトが生成され、その　 a 　が**t1**に代入されます。続けて、**t2 = t1** を実行すると、**Triangle** クラスの　 b 　、**t1**に格納されている　 a 　が**t2**に代入されます。

■a、bに関する解答群

ア オブジェクト 　　　**イ** 新たなオブジェクトが生成され

ウ 識別情報 　　　　　**エ** 新たなオブジェクトは生成されず

オブジェクトのコピー

オブジェクトのコピーを生成したい場合は、標準モジュールである**copy**モジュールが持つ**copy**関数または**deepcopy**関数を使います。「**変数 = copy（オブジェクト）**」および「**変数 = deepcopy（オブジェクト）**」という構文で使い、どちらもオブジェクトのコピーが新たに生成され、その識別情報が左辺の変数に代入されます。それぞれの機能の違いは、あとで説明しますので、はじめに、copy関数を使ってみましょう。

以下は、**t1 = Triange(10, 5)** で底辺10高さ5の**オブジェクトt1** を生成し、**t2 = copy(t1)** でt1のコピーを作成し、その識別情報を**t2**に代入しています。**id関数**を使って、**t1**と**t2**に代入されている識別情報を確認すると、それぞれ違う値になっています。これは、copy関数によって、新たなオブジェクトが生成されたからです。

▼copy関数を使うとオブジェクトのコピーが生成される（対話モード）

```
>>> from sample701 import Triangle    # Triangle クラスをインポートする
>>> from copy import copy             # copy 関数をインポートする
>>> t1 = Triangle(10, 5)              # オブジェクトを生成する
>>> t2 = copy(t1)                     # オブジェクトのコピーを生成する
>>> id(t1)                            # t1 の識別情報を確認する
1343007145744                         # t1 の識別情報が得られる
>>> id(t2)                            # t2 の識別情報を確認する
1343007283568                         # t1 の識別情報と違う値である
```

35 ▶ オブジェクトの代入とコピー 309

練習問題

以下の文章の ☐☐☐☐ に適切な語句を入れてください。

オブジェクトの識別情報が格納された変数**obj1**があるとします。☐ a ☐ を実行すると、新たなオブジェクトは生成されず、同じオブジェクトの識別情報を**obj1**と**obj2**が持ちます。☐ a ☐ ではなく ☐ b ☐ を実行すると、新たなオブジェクトが生成され、**obj1**と**obj2**は異なるオブジェクトの識別情報を持ちます。

■a、bに関する解答群

ア obj1 = obj2   **イ** obj1 = copy(obj2)

ウ obj2 = obj1   **エ** obj2 = copy(obj1)

シャローコピーとディープコピー

copy関数と**deepcopy**関数の機能の違いを説明しましょう。これらの関数は、オブジェクトが内部に**別のオブジェクト**を保持している場合に、どこまでコピーするかに違いがあります。

ここでは、**Triangleクラス**（**sample701.py →p.271**）のオブジェクトを要素とした**リスト**を作り、そのリストをcopy関数およびdeepcopy関数でコピーする、という実験プログラムを作ってみます。リストはオブジェクトであり、リストの要素がTriangleクラスのオブジェクトなのですから、オブジェクトが内部に**別のオブジェクト**を保持していることになります。

以下に、実験プログラムの全体を示します。プログラムの内容は、あとで説明します。

▼copy関数とdeepcopy関数の違いを確認する実験プログラム（対話モード）

```
>>> from sample701 import Triangle
>>> from copy import copy, deepcopy
>>> list1 = [Triangle(5, 10)]
>>> list2 = copy(list1)
>>> list3 = deepcopy(list1)
>>> id(list1)
2432213619776
>>> id(list2)
2432213643072
>>> id(list3)
```

310

```
2432213670528
>>> id(list1[0])
2432206991264
>>> id(list2[0])
2432206991264
>>> id(list3[0])
2432213649104
```

少しずつ区切って、実験プログラムの内容を説明しましょう。まず、**Triangle クラス**、**copy 関数**、**deepcopy 関数**をインポートします。

```
>>> from sample701 import Triangle
>>> from copy import copy, deepcopy
```

次に、Triangle クラスのオブジェクトを要素としたリスト list1 を作成します。これは、要素が1つだけのリストです。

```
>>> list1 = [Triangle(5, 10)]
```

次に、**copy 関数**でリスト list1 をコピーして list2 に代入し、**deepcopy 関数**でリスト list1 をコピーして list3 に代入します。

```
>>> list2 = copy(list1)
>>> list3 = deepcopy(list1)
```

id 関数を使って、コピーによって生成されたオブジェクトの**識別情報**を確認してみましょう。識別情報が異なる値なら、コピーによって新たなオブジェクトが生成されています。識別情報が同じ値なら、識別情報の値がコピーされたのであって、新たなオブジェクトは生成されていません。

list1、list2、list3 の識別情報を確認すると、どれも異なる値なので、copy 関数でも deepcopy 関数でも、リストというオブジェクトのコピーが生成されていることがわかります。

```
>>> id(list1)
2432213619776
>>> id(list2)
2432213643072
>>> id(list3)
2432213670528
```

copy 関数でも deepcopy 関数でも、リストというオブジェクトのコピーを新たに生成している

さて、ここからがポイントです。リストの内部に保持されている Triangle クラスのオブジェクトの識別番号（リストの **[0]番目**の要素の識別番号）を確認すると、**list1[0]** と **list2[0]** は同じ値であり、**list1[0]** と **list3[0]** は異なる値です。

この実験プログラムの結果からわかるのは、オブジェクト（ここでは**リスト**）が内部に別のオブジェクト（ここでは Triangle）を保持している場合、copy 関数は外側のオブジェクト（ここでは**リスト**）のコピーだけを新たに生成し、deepcopy 関数は外側と内側（ここでは**リスト**と Triangle）のオブジェクトのコピーを新たに生成するということです。

これが、copy 関数と deepcopy 関数の機能の違いです。

```
>>> id(list1[0])
2432206991264
>>> id(list2[0])
2432206991264
>>> id(list3[0])
2432213649104
```

deepcopy 関数は、内側のオブジェクト（ここでは Triangle）のコピーも新たに生成している

copy 関数によって生成されるコピーを「**シャローコピー**」と呼び、deepcopy 関数によって生成されるコピーを「**ディープコピー**」と呼びます。**シャロー**（shallow）は「浅い」という意味で、**ディープ**（deep）は「深い」という意味です。オブジェクトの内部にある別のオブジェクトをコピーしないことを「浅い」という言葉で表現し、オブジェクトの内部にある別のオブジェクトもコピーすることを「深い」という言葉で表現しているのです。

オブジェクトのコピーを作成するときには、基本的に copy 関数を使えばよいのですが、オブジェクトが内部に別のオブジェクトを保持している場合には、内部にある別のオブジェクトの**コピーを共有**するのでよければ copy 関数を使い、内部にある別のオブジェクトの**コピーも作成**したいなら deepcopy 関数を使ってください。

▶ **練習問題**

以下の文章の ____ に適切な語句を入れてください。

オブジェクト A の内部に別のオブジェクト B が保持されている場合、**copy** 関数でオブジェクト A をコピーすると ____a____ のコピーが生成され、これを ____b____ コピーと呼びます。**deepcopy** 関数でオブジェクト A をコピーすると ____c____ のコピーが生成され、これを ____d____ コピーと呼びます。

■a～dに関する解答群

　ア ディープ　　　　　　**イ** オブジェクトAだけ
　ウ シャロー　　　　　　**エ** オブジェクトAとオブジェクトB

312

第7章 ▶ 章末確認問題

クラスの作り方と継承に関する確認問題

確認ポイント

- オリジナルのクラスを作る (p.270)
- クラスの継承 (p.281)
- メソッドのオーバーライド (p.283)

問題

以下のプログラムは、三角形を表す**Triangle**クラスと三角柱を表す**TrianglePole**クラスの定義です。

Triangleクラスは、インスタンス変数として、底辺を保持する**bottom**と高さを保持する**height**を持ち、インスタンスメソッドとして、初期化を行う**__init__**メソッドと三角形の面積を返す**area**メソッドを持ちます。

TrianglePoleクラスは、Triangleクラスを継承して作成され、初期化を行う**__init__**メソッドをオーバーライドし、三角柱の高さを保持するインスタンス変数**tall**と三角柱の体積を返すインスタンスメソッド**volume**を追加します。

プログラム中の □ に入れる正しい答えを、解答群の中から選んでください。

三角柱の体積の求め方

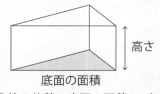

三角柱の体積＝底面の面積 × 高さ

▼ TriangleクラスとTrianglePoleクラスの定義 (sample714.py)

```
class Triangle:
    def __init__(   a   , bottom, height):
        self.bottom = bottom
```

```
            self.height = height

    def area(    a    ):
        return self.bottom * self.height / 2

class TrianglePole(    b    ):
    def __init__(    a    , bottom, height, tall):
        super().    c
        self.tall = tall

    def volume(    a    ):
        return self.area() * self.tall
```

▼ Triangle クラスと TrianglePole クラスを使った例 (対話モード)

```
>>> from sample714 import TrianglePole
>>> tp = TrianglePole(10, 5, 20)
>>> tp.area()
25.0
>>> tp.volume()
500.0
```

a、bに関する解答群

ア Triangle　　　イ TrianglePole　　　ウ self　　　エ cls

cに関する解答群

ア __init__(self, bottom, height, tall)

イ __init__(bottom, height, tall)

ウ __init__(self, bottom, height)

エ __init__(bottom, height)

第 8 章
覚えておくべき その他の構文

36 ▶ リスト内包表記

- リスト内包表記を使うと既存のイテラブルから新たなリストを効率的に作れる。
- リスト内包表記で if 文を使うと条件が True となる要素だけを取りだせる。
- リスト内包表記を多重にすれば、2次元配列から新たな2次元配列を作れる。

▶既存のイテラブルから新たなリストを効率的に作る

Python には、既存のイテラブルから新たなリストを効率的に作る機能が用意されていて、これを「リスト内包表記」と呼びます[※1]。

既存のイテラブル（ここではリスト）から新たなリストを作る例として、学生のテストの得点に下駄を履かせる[※2]プログラムを作ってみましょう。5人の学生のテストの得点が、score = [45, 52, 37, 48, 36] というリストに格納されているとします。60点以上を合格にしたいのですが、このままでは誰も合格者がいません。そこで、全員に20点ずつ下駄を履かせて、その結果を up_score というリストに格納することにします。このプログラムを、for文を使って記述すると以下のようになります。

▼for文を使って既存のリストから新たなリストを作る（対話モード）

```
>>> score = [45, 52, 37, 48, 36]     # 下駄を履かせる前のリスト
>>> up_score = []                     # 下駄を履かせた後のリスト
>>> for data in score:                # for文で得点を1つずつ取り出す
...     up_score.append(data + 20)    # 20を加えた要素を追加する
...                                   # ［Enter］キーだけを押す
>>> up_score                          # リストの内容を確認する
[65, 72, 57, 68, 56]                  # 要素に20が加えられている
```

リスト内包表記を使えば、同じ処理を短く効率的に記述できます。リスト内包表記とは、リストの要素を囲む [ ] の中に [式 for 変数 in イテラブル] という構文で、for文と式を記述したものです。これによって、for文で取り出された要素が変数に代入され、その変数に式で示された演算が行われた結果を要素にしたリストが作られます。

※1 辞書や集合にも同様の機能が用意されていますが、本書では、リスト内包表記だけを取り上げます。
※2 「下駄を履かせる」とは、点を加えるという意味です。

以下は、リスト内包表記を使って、score = [45, 52, 37, 48, 36] の要素に20を加え、その結果を要素とした **up_score** というリストを作るプログラムです。[data + 20 for data in score] の部分がリスト内包表記です。

▼リスト内包表記を使って既存のリストから新たなリストを作る（対話モード）
```
>>> score = [45, 52, 37, 48, 36]        # 下駄を履かせる前のリスト
>>> up_score = [data + 20 for data in score]   # 下駄を履かせた後のリスト
>>> up_score                             # リストの内容を確認する
[65, 72, 57, 68, 56]                    # 要素に 20 が加えられている
```

 練習問題

以下の文章の [　　　] に適切な語句を入れてください。

【式 for 変数 in イテラブル】という構文のリスト内包表記では、for文でイテラブルから取り出された要素が [a] に代入され、その [a] に式で示された演算が行われ、その結果を要素にした [b] が作られます。

■a、bに関する解答群
　ア　式　　　イ　変数　　　ウ　リスト　　　エ　タプル

if 文を使ったリスト内包表記

リスト内包表記の中でif文を使って、[式 for 変数 in イテラブル if 条件] とすると、**条件**が**True**となる要素だけを変数に取り出し、その変数に式を適用した結果を要素としたリストが作られます。

たとえば、5人の学生のテストの得点に20点の下駄を履かせた **up_score** というリストから、さらに**60点以上**の合格者の要素だけを取り出した**リスト pass_score**を作るには、次ページのようにします。ここでは、up_scoreから取り出した要素に演算を行っていません。

このように演算を行わずに、要素を取り出すだけの場合は、[式 for 変数 in イテラブル if 条件] の式の部分に変数だけを指定します。これは、[data for data in up_score if data >= 60] の [のすぐあとにある data の部分です。

36 ▶ リスト内包表記　　317

▼条件が True となった要素だけを取り出すリスト内包表記の例（対話モード）

```
>>> score = [45, 52, 37, 48, 36]             # 下駄を履かせる前のリスト
>>> up_score = [data + 20 for data in score]  # 下駄を履かせた後のリスト
>>> up_score                                  # リストの内容を確認する
[65, 72, 57, 68, 56]                          # 要素に 20 が加えられている
>>> pass_score = [data for data in up_score if data >= 60] # 合格者のリスト
>>> pass_score                                # リストの内容を確認する
[65, 72, 68]                                  # 60 以上の要素になっている
```

　リスト内包表記の for 文の in のあとには、リストだけでなく任意のイテラブル（文字列、リスト、タプル、range 関数、辞書、集合）を指定できます。

　たとえば、以下は、リスト内包表記を使って、西暦 2000 年〜 2099 年のうるう年の**リスト leap_list** を作るプログラムです。for 文の in のあとに、**range(2000, 2100, 1)** を指定しています。うるう年の判定は、Python の標準モジュールの calendar モジュール（カレンダー）が提供する **isleap 関数**※（イズリープ）で行っています。isleap 関数は、引数で指定された西暦がうるう年なら True を返し、そうでなければ False を返します。

▼ for 文の in のあとに range 関数を指定したリスト内包表記の例（対話モード）

```
>>> from calendar import isleap       # うるう年のリストを作成する
>>> leap_list = [year for year in range(2000, 2100, 1) if
isleap(year)]
>>> leap_list                         # うるう年のリストの内容を確認する
[2000, 2004, 2008, 2012, 2016, 2020, 2024, 2028, 2032, 2036, 2040,
2044, 2048, 2052, 2056, 2060, 2064, 2068, 2072, 2076, 2080, 2084,
2088, 2092, 2096]
```

※ ページ枠に入らないプログラムは改行して示していますが、入力するときは改行しないでください。

▶ **練習問題**

以下の文章の　　　　　に適切な語句を入れてください。

【**式 for 変数 in イテラブル if 条件**】という構文のリスト内包表記では、イテラブルから　 a 　を変数に取り出し、　 b 　を要素としたリストが作られます。

■ a、b に関する解答群

　ア　すべての変数　　　　　　　　イ　条件が True となる要素だけ

　ウ　その変数に式を適用した結果　エ　式を適用した条件が True となる要素だけ

※ isleap は、is leap year =「うるう年である」という意味です。

2次元配列から2次元配列を作るリスト内包表記

Pythonでは、イテラブルを要素としたイテラブルで**2次元配列**を表現します。たとえば、3教科のテストを行い、英語の得点を [41, 42, 43]、数学の得点を [44, 45, 46]、国語の得点を [47, 48, 49] というリストに格納し、全体を score = [[41, 42, 43], [44, 45, 46], [47, 48, 49]] というリストのリストにしたものは、2次元配列です[※]。

2次元配列 score のすべての得点に **20点**の下駄を履かせて、その結果を**2次元配列 up_score** にするプログラムを作ってみましょう。**for文**を使って記述すると以下のように、for文のブロックの中にfor文のブロックがある**多重ループ**になります。外側のfor文で全体から教科のリストを取り出し、内側のfor文で教科のリストから得点を取り出し、得点に20を加えています。

▼通常のfor文を使って2次元配列から新たな2次元配列を作る（対話モード）
```
>>> score = [[41, 42, 43], [44, 45, 46], [47, 48, 49]]   # 2次元配列
>>> up_score = []                 # 下駄を履かせた後の2次元配列（初期状態）
>>> for subject in score:         # 2次元配列から教科ごとのリストを取り出す
...     up_subject = []           # 下駄を履かせた後の教科のリスト
...     for data in subject:      # 教科から得点を取り出す
...         up_subject.append(data + 20)     # 20を加えた要素を追加する
...     up_score.append(up_subject)   # 教科のリストを2次元配列に追加する
...                               # [Enter] キーだけを押す
>>> up_score                      # 下駄を履かせた後の2次元配列の内容を確認する
[[61, 62, 63], [64, 65, 66], [67, 68, 69]]   # 20が加えられている
```

この多重ループも、リスト内包表記で効率的に表記できます。次ページに、多重ループと同じ結果が得られる処理を、リスト内包表記で記述した例を示します。[[data + 20 for data in subject] for subject in score] は、[…… for subject in score] というリスト内包表記の中で、[data + 20 for data in subject] というリスト内包表記が使われている、という構造になっています。

※ ここでは、処理を行う前と後の要素の値を比べやすいように、40点台の連続した得点にしています。

▼リスト内包表記を使って2次元配列から新たな2次元配列を作る（対話モード）

```
>>> score = [[41, 42, 43], [44, 45, 46], [47, 48, 49]]
>>> up_score = [[data + 20 for data in subject] for subject in score]
>>> up_score
[[61, 62, 63], [64, 65, 66], [67, 68, 69]]
```

　以下に、リスト内包表記を使って2次元配列から新たな2次元配列を作る仕組みを示します。①～④の順に処理の内容を確認してください。

▼リスト内包表記を使って2次元配列から新たな2次元配列を作る仕組み

②subjectから取り出した要素をdataに格納し20を加える。　①scoreから取り出した要素をsubjectに格納する。

up_score = [[data + 20 for data in subject] for subject in score]

③このリスト内包表記で教科ごとのリスト（1次元のリスト）が作られる。

④このリスト内包表記で全体のリスト（2次元のリスト）が作られる。

練習問題

以下の文章の　　　　　に適切な語句を入れてください。

　[[式 for 変数A in 変数B] for 変数B in イテラブル]という構文のリスト内包表記では、イテラブルから取り出された要素が　a　に代入され、　a　から取り出された要素が　b　に代入され、　b　に式で示された演算が行われ、その結果を要素とした　c　のリストが作られ、さらに　c　のリストを要素とした　d　のリストが作られます。

■a～dに関する解答群
ア　変数A　　　イ　変数B　　　ウ　1次元　　　エ　2次元

リスト内包表記を使うと、効率的に表記できるね

37 例外処理

- 例外の種類を示す例外クラスが、組み込み例外として数多く用意されている。
- try ブロックで例外が発生すると、処理が except ブロックに進む。
- 複数の except ブロックを用意して、例外の種類ごとに処理を分けることができる。

組み込み例外

Pythonでは、プログラムの実行に検出されたエラーを「**例外**」と呼びます。エラーと呼ばずに例外と呼ぶのは、英語で、errorではなく exception と呼ぶからです。exceptionは、「例外」という意味です。例外が発生すると、その時点でプログラムが終了して、エラーメッセージが表示されます。

例外は、様々な理由で発生します。たとえば、**10 / 0** という演算を行うと、**0**による除算が無限大になり、コンピュータは無限大を取り扱えないので、例外が発生します。**a = float("abc")** という関数呼び出しをすると、**"abc"** という文字列を数値に変換できないので、例外が発生します。

▼例外が発生するプログラムの例（対話モード）

```
>>> 10 / 0                              # 0 で除算する
Traceback (most recent call last):      # 例外が発生する
  File "<stdin>", line 1, in <module>
ZeroDivisionError: division by zero
>>> a = float("abc")                    # "abc" を数値に変換する
Traceback (most recent call last):      # 例外が発生する
  File "<stdin>", line 1, in <module>
ValueError: could not convert string to float: 'abc'
```

例外の種類は、例外を表すクラスで示され、これを「**例外クラス**」と呼びます。Pythonには、**組み込み例外**として様々な例外クラスが用意されています※。先ほど示したプログラムで表示されたエラーメッセージの中にある **ZeroDivisionError** と **ValueError** は、どちらも組み込み例外の例外クラスです。

例外の原因によって、通知される例外クラスが異なります。次ページに、主な組み込み例外の例外クラスの種類を示します。「例外」と呼んでいますが、例外クラ

※ 本書では取り上げませんが、様々な例外クラスを汎化した Exception クラスを継承することで、オリジナルの例外クラスを作ることもできます。

スの名前の末尾は、どれも「**Error**」になっています。

▼ 主な組み込み例外の例外クラス

例外クラス	発生する原因
`IndexError`	シーケンスの添字が範囲外である
`ModuleNotFoundError`	インポートするモジュールが見つからない
`SyntaxError`	プログラムの構文に間違いがある
`TypeError`	データの型が不適切である
`ValueError`	引数の値が不適切である
`ZeroDivisionError`	ゼロで除算を行った

練習問題

以下の文章の ☐ に適切な語句を入れてください。

例外が発生すると、その時点でプログラムが ☐ **a** ☐、エラーメッセージが表示されます。例外の原因によって、通知される例外クラスが異なります。たとえば、データ型が不適切であることが原因の場合は、☐ **b** ☐ という例外クラスで知らされます。

■a、bに関する解答群

ア　中断して　　　　　　　　イ　終了して

ウ　ZeroDivisionError　　　エ　TypeError

▶ try 文で例外を処理する

これまでに本書で取り上げてきたサンプルプログラムでは、例外の発生を考慮していませんでしたが、実用的なプログラムでは、例外を処理するべきです。なぜなら、もしも例外が発生してプログラムが終了してしまうと、プログラムで取り扱っていた重要なデータが消えてしまうかもしれないからです。

Pythonでは、「try文」という構文で、例外の処理を行います。try文を使って例外の処理を行えば、エラーメッセージは表示されず、プログラムは終了しません。次ページに、try文の基本構文を示します。tryとexceptはブロックになるので、それぞれの処理内容をインデントして記述してください。

> **try 文の基本構文**
>
> ```
> try:
> ```
>   例外が発生する可能性がある処理
> ```
> except:
> ```
>   例外が発生したときの処理

try ブロックに例外が発生する可能性がある処理を記述し、**except ブロック**に例外が発生したときの処理を記述します。try ブロックで例外が発生すると、その時点で処理の流れが except ブロックに進みます。

以下（sample801.py）は、2 つの数値の除算結果を求めるプログラムです。ここでは、**input 関数**によるキー入力、**float 関数**による実数への変換、**ans = a / b** という除算、**print 関数**による画面表示、**break 文**による繰り返しの中断、という一連の処理を **try ブロック**に記述しています。

except ブロックでは、**例外処理**として「**入力が不適切です！**」と画面に表示します。全体が **while True:** という無限ループのブロックで囲まれているので、try ブロックで例外が発生せずに、最後の break 文まで処理できれば、無限ループを抜けて、プログラムが終了します。

▼2つの数値の除算結果を求めるプログラム（sample801.py）

```
while True:
    try:
        a = input("1 つ目の数値：")
        a = float(a)
        b = input("2 つ目の数値：")
        b = float(b)
        ans = a / b
        print(ans)
        break
    except:
        print(" 入力が不適切です！ ")
```

次ページに、プログラムの実行結果の例を示します。

10 と 0 を入力すると、**ZeroDivisionError** の例外が発生するので、処理の流れが except ブロックに進み「**入力が不適切です！**」と表示されて処理が繰り返されます。

10 と "abc" を入力すると、**TypeError** の例外が発生するので、処理の流れが

37 ▶ 例外処理 323

exceptブロックに進み「**入力が不適切です！**」と表示されて処理が繰り返されます。

10と5を入力すると、例外は発生しないので、除算結果の**2.0**が表示されて、breakで繰り返しを抜けて、プログラムが終了します。

▼プログラムの実行結果の例（実行モード）

```
(base) C:¥gihyo>python sample801.py
1つ目の数値：10
2つ目の数値：0
入力が不適切です！
1つ目の数値：10
2つ目の数値：abc
入力が不適切です！
1つ目の数値：10
2つ目の数値：5
2.0
```

tryブロックで例外が発生すると、tryブロックの中にあるそれ以降の処理がスキップされて、処理の流れがexceptブロックに進みます。たとえば、**10**と**0**を入力したときは、**ans = a / b** で例外が発生するので、それ以降にある **print(ans)** と **break** がスキップされます。

▼10と0を入力したときの例外の処理の流れ

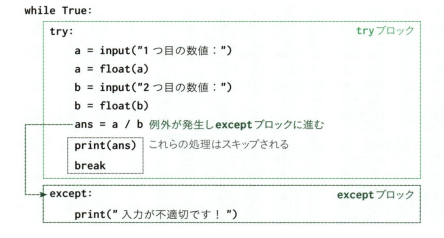

練習問題

以下の文章の [＿＿＿＿] に適切な語句を入れてください。

try文を使った例外処理では、**try**ブロックに [a] を記述し、**except**ブロックに [b] を記述します。**try**ブロックで例外が発生すると、**try**ブロックの中にあるそれ以降の処理が [c] 、処理の流れが**except**ブロックに進みます。

■a〜cに関する解答群
ア 実行されてから **イ** 例外が発生する可能性がある処理
ウ スキップされて **エ** 例外が発生したときの処理

例外の種類ごとに処理を分ける

発生した例外の種類ごとに処理を分けたい場合があるでしょう。たとえば、先ほどの2つの整数の除算結果を求めるプログラムでは、ZeroDivisionErrorとTypeErrorのどちらの例外が発生した場合も、同じ例外処理で「入力が不適切です！」と表示していました。これを、ZeroDivisionErrorのときは「ゼロで除算できません！」と表示し、TypeErrorのときは「整数を入力してください！」と表示するようにしたら、プログラムの利用者にわかりやすいはずです。

発生した例外の種類ごとに処理を分けるには、try文のexceptブロックを「except 例外クラス名:」という構文で複数記述します。

以下（sample802.py）は、ZeroDivisionErrorとTypeErrorそれぞれにexceptブロックを記述したプログラムです。例外クラス名を指定していない **except:** というブロックは、ZeroDivisionErrorとTypeErrorのどちらでもない例外が発生したときに実行されます。どのような例外が発生するかわからないので、念のためにこのブロックを置いているのです。このブロックでは、「何らかの例外が発生しました！」と表示しています。

▼ 例外の種類ごとにexceptブロックを用意した例（sample802.py）

```
while True:
    try:
        a = input("1つ目の数値：")
        a = float(a)
```

37 ▶ 例外処理　325

```
        b = input("2つ目の数値：")
        b = float(b)
        ans = a / b
        print(ans)
        break
    except ZeroDivisionError:
        print("ゼロで除算できません！")
    except ValueError:
        print("数値を入力してください！")
    except:
        print("何らかの例外が発生しました！")
```

以下に、プログラムの実行結果の例を示します。

10と**0**を入力すると、ZeroDivisionErrorの例外が発生するので、「**ゼロで除算できません！**」と表示されて処理が繰り返されます。

10と**"abc"**を入力すると、TypeErrorの例外が発生するので、「**数値を入力してください！**」と表示されて処理が繰り返されます。

10と**5**を入力すると、例外は発生しないので、除算結果の**2.0**が表示されて、プログラムが終了します。

▼プログラムの実行結果の例（実行モード）

```
(base) C:¥gihyo>python sample802.py
1つ目の数値：10
2つ目の数値：0
ゼロで除算できません！
1つ目の数値：10
2つ目の数値：abc
数値を入力してください！
1つ目の数値：abc
数値を入力してください！
1つ目の数値：10
2つ目の数値：5
2.0
```

発生した例外の種類ごとに処理を分けたい！
→ except ブロックを並べて複数記述だね

> **練習問題**
>
> 以下の文章の ____ に適切な語句を入れてください。
>
> 　発生した例外の種類ごとに処理を分けるには、 ___a___ という構文で複数のブロックを並べて記述し、最後に例外クラス名を指定しない ___b___ というブロックを記述します。 ___a___ のブロックは、 ___c___ に実行されます。 ___b___ のブロックは、 ___d___ に実行されます。
>
> ■a～dに関する解答群
> **ア** except: 　**イ** 例外クラス名で指定していない例外が発生したとき
> **ウ** except 例外クラス名: 　**エ** 例外クラス名で指定した例外が発生したとき

▶ raise 文で例外を発生させる

　オリジナルの関数やクラスのメソッドで、引数に指定された値が不適切なときには、「raise 文」で例外を発生させて、利用者に知らせることができます。

　raise 文は「**raise 例外クラス名("例外のメッセージ")**」という構文で使います※。raise 文を実行すると、その時点で関数やメソッドの処理が終了して、例外が発生した状態になります。

　つまり、Python の関数やメソッドを終了する命令には、return 文と raise 文の2種類があるのです。正常に終了するときは、**return 文**を使い、例外を発生させて終了するときは、**raise 文**を使うのです。

　例として、第6章で作成した三角形の面積を求める**triangle_area関数**（**sample601.py→p.235**）に、引数bottom と height のいずれかがマイナスの値なら、ValueError という例外を発生する機能を追加してみましょう。例外のメッセージは、「**引数がマイナスです！**」にします。以下（sample803.py）は、例外を発生する機能を追加した triangle_area 関数の定義です。

▼ 例外を発生する機能を追加した triangle_area 関数の定義（sample803.py）

```python
def triangle_area(bottom, height):
    # 引数がマイナスなら例外を発生させて関数を終了する
    if bottom < 0 or height < 0:
        raise ValueError("引数がマイナスです！")
```

※ raise ＝「起こす」という意味です。

```
# 面積を返して関数を終了する
area = bottom * height / 2
return area
```

以下は、triangle_area関数を使うプログラムです。

引数に**10**と**5**を指定してtriangle_area関数を呼び出すと、例外は発生せずに**2.0**という戻り値が返されます。

引数に**10**と**-5**を指定してtriangle_area関数を呼び出すと、例外が発生します。ここでは、**try**文を使って例外を処理していないので、画面に「**ValueError: 引数がマイナスです！**」と表示されます。このように、関数を使う側には、例外クラスと例外のメッセージが知らされます。

▼例外を発生する機能を追加したtriangle_area関数を使う（対話モード）

```
>>> from sample803 import triangle_area      # 関数をインポートする
>>> triangle_area(10, 5)                      # 適切な引数を指定する
25.0                                          # 戻り値が返される
>>> triangle_area(10, -5)                     # 不適切な引数を指定する
Traceback (most recent call last):            # 例外が発生する
  File "<stdin>", line 1, in <module>
  File "C:¥gihyo¥sample803.py", line 4, in triangle_area
    raise ValueError(" 引数がマイナスです！ ")
ValueError: 引数がマイナスです！              # エラーメッセージが表示される
```

練習問題

以下の文章の [   ] に適切な語句を入れてください。

例外を発生させる**raise**文は、[a] という構文で使います。**raise**文を実行すると、その時点で関数やメソッドの処理が終了し、例外が発生した状態になります。関数を使う側には、[b] と例外のメッセージが知らされます。

■a、bに関する解答群

ア　例外クラス　　　　　　イ　**return** "例外のメッセージ"

ウ　戻り値　　　　　　　　エ　**raise** 例外クラス名("例外のメッセージ")

38 ▶ 関数オブジェクトと高階関数

- 関数もオブジェクトであり、関数名に識別情報が格納されている。
- 関数オブジェクトを引数や戻り値とする関数を「高階関数」と呼ぶ。
- 組み込み関数の filter 関数は高階関数である。

▶ 関数オブジェクト

Pythonでは、すべての関数もオブジェクトであるとみなし、「**関数オブジェクト**」と呼びます。メモリ上に実体を持っているという点では、関数もデータと同様にオブジェクトだからです。

関数オブジェクトの**識別情報**は、関数名に格納されています。したがって、以下のように、**float関数**の関数名を**変数f**に代入すれば、**float**と**f**には同じ識別情報が格納されるので、変数fを使ってfloat関数の処理内容を呼び出すことができます。たとえば、**f("123.456")** を実行すれば、**"123.456"** という文字列が実数の**123.456**に変換されます。

▼関数名を変数に代入すると変数を使って関数を呼び出せる（対話モード）

```
>>> f = float        # 関数名 float に格納された識別情報を変数 f に代入する
>>> ans = f("123.456")   # 変数 f を使って float 関数を呼び出す
>>> ans              # 戻り値を確認する
123.456              # float 関数の戻り値が得られている
```

f = float のように、右辺にfloatという関数名だけを指定すると、左辺の変数には関数の識別情報が代入されます。

ans = float("123.456") のように、右辺にfloatという関数名と ( ) を指定すると、関数が呼び出されて、左辺の変数には関数の戻り値が代入されます。つまり、関数名のあとに付ける ( ) には、「**関数を呼び出す**」という意味があるのです。

float 関数の識別情報が格納されるんだね

練習問題

以下の文章の □ に適切な語句を入れてください。

メモリ上にある関数オブジェクトの a は、関数名に入っています。したがって、**p = print** とすれば、**p**という b を使って**print**という c を呼び出すことができます。

■a〜cに関する解答群
　ア　変数　　　イ　関数　　　ウ　処理内容　　　エ　識別情報

高階関数

　関数名に関数オブジェクトの識別情報が格納されていて、それを他の変数に代入できるのですから、関数オブジェクトを引数として受け取る関数や、関数オブジェクトを戻り値として返す関数を作ることもできます。このような関数を「高階関数」と呼びます。高階関数を作れることが、関数をオブジェクトとして取り扱うことの利点です[1]。

　高階関数の例として、関数オブジェクトを引数として受け取る関数を作ってみましょう。以下（sample804.py）は、キー入力された文字列データを、引数で指定された関数で変換して返す **conv_input** 関数[2]の定義です。

　conv_input関数の第1引数の **function** に、変換に使う関数（int関数やfloat関数など）を指定します。第2引数の **prompt** に、キー入力の際に画面に表示される文字列を指定します。

　conv_input関数の処理内容は、input関数でキー入力された文字列を、第1引数で指定された関数を使って変換し、その結果を戻り値として返しています。

▼キー入力を変換して返すconv_input関数の定義（sample804.py）

```
def conv_input(function, prompt):
    s = input(prompt)
    conv = function(s)
    return conv
```

※1 「高階関数」という言葉は、high-order function という英語を日本語に訳したものです。
※2 conv_input は、convert input =「入力を変換する」という意味です。

以下は、conv_input関数を使った例です。conv_input関数の第1引数に、int関数を指定すると整数型のデータが返され、float関数を指定すると実数型のデータが返されます。

　conv_input関数を使う側が、変換に使う関数を引数で指定していることに注目してください。このように、関数を使う側が、関数の処理内容の一部を任意に指定できることが、高階関数の特徴です。

▼キー入力を変換して返すconv_input関数を使った例（対話モード）

```
>>> from sample804 import conv_input     # conv_input 関数をインポートする
>>> a = conv_input(int, "整数を入力してください：")  #int 関数を指定する
整数を入力してください：123            # "123" をキー入力する
>>> a                                  # 戻り値を確認する
123                                    # 123 である
>>> type(a)                            # 戻り値のデータ型を確認する
<class 'int'>                          # int 関数で変換された int 型である
>>> b = conv_input(float, "実数を入力してください：") # float 関数を指定する
実数を入力してください：123.456        # "123.456" をキー入力する
>>> b                                  # 戻り値を確認する
123.456                                # 123.456 である
>>> type(b)                            # 戻り値のデータ型を確認する
<class 'float'>                        # float 関数で変換された float 型である
```

練習問題

　以下の文章の ⬚ に適切な語句を入れてください。

　関数オブジェクトを ⬚a⬚ として受け取る関数や、関数オブジェクトを ⬚b⬚ として返す関数を ⬚c⬚ と呼びます。関数を使う側が、関数の処理内容の一部を ⬚d⬚ ことが、 ⬚c⬚ の特徴です。

■a〜cに関する解答群
　ア　高階関数　　　イ　任意に指定できる　　　ウ　引数　　　エ　戻り値

38 ▶ 関数オブジェクトと高階関数　331

filter 関数の引数に関数を指定する

Pythonの組み込み関数の中には、高階関数がいくつかあります。ここでは、例として filter 関数の使い方を説明しましょう。

filter関数は「filter(function, iterable)」という構文で使い、**引数iterable**で指定されたイテラブルの要素に、**引数function**で指定された関数を適用し、**引数function**の戻り値が**True**である要素だけを返します。つまり、引数functionでフィルタをかけて（ろ過して）、それを通過した要素だけを返すのです。

例を示しましょう。以下（sample805.py）は、**score**というリストに格納された5人の学生の得点をfilter関数でフィルタにかけて、**60点以上**だけの得点を取り出すプログラムです。60点以上かどうかの判定は、**check_func**というオリジナルの関数で行います。

filter(check_func, score) を実行すると、引数に指定された**score**の要素に、引数に指定された**check_func**関数が適用され、その戻り値が**True**である要素だけが返されます。ここでは、返された要素をlist関数でリストに変換してから、画面に表示しています。

▼filter関数を使ったサンプルプログラム（sample805.py）

```python
# data が 60 以上なら True を返す関数
def check_func(data):
    return data >= 60

# 5 人の学生のテストの得点のリスト
score = [65, 72, 57, 68, 56]

# filter 関数でフィルタをかけた結果をリストに変換する
pass_score = list(filter(check_func, score))

# 結果を表示する
print(pass_score)
```

filter関数を使ったサンプルプログラムの実行結果を示します。**[65, 72, 57, 68, 56]** というリストが、60点以上というフィルタにかけられて、その結果として **[65, 72, 68]** というリストが得られています。

332

▼filter関数を使ったサンプルプログラムの実行結果（実行モード）

```
(base) C:\gihyo>python sample805.py
[65, 72, 68]
```

filter関数と同じ処理を、**リスト内包表記**でも実現できます。たとえば、先ほどのプログラムは、

`pass_score = [data for data in score if check_func(data)]`

というリスト内包表記でも実現できます。さらに、ここではcheck_funcの処理内容が data >= 60 だけなので、それをリスト内包表記のifのあとに記述して、

`pass_score = [data for data in score if data >= 60]`

としても実現できます。

▶ **練習問題**

以下の文章の [　　　] に適切な語句を入れてください。

`filter`関数は「`filter(function, iterable)`」という構文で使い、引数 [a] で指定されたイテラブルの要素に、引数 [b] で指定された関数を適用し、関数の戻り値が [c] である要素だけを返します。

■a〜cに関する解答群
　ア　True　　イ　False　　ウ　iterable　　エ　function

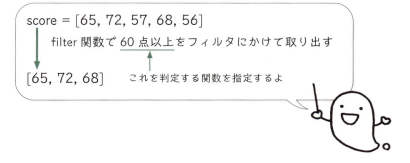

score = [65, 72, 57, 68, 56]

filter関数で 60点以上 をフィルタにかけて取り出す

[65, 72, 68]　　これを判定する関数を指定するよ

---

38 ▶ 関数オブジェクトと高階関数　333

39 ▶ ラムダ式と高階関数

- 関数の処理内容が1つの式だけなら、それをラムダ式として定義できる。
- 高階関数の引数には、通常の関数よりラムダ式を指定したほうが効率的である。
- 高階関数の filter 関数や sorted 関数の引数にラムダ式を指定することができる。

▶ ラムダ式で関数を定義する

　Pythonには、関数を定義する方法が2つ用意されています。1つは、これまでに説明してきた def文 を使う方法です。もう1つは、ここで新たに説明する「**ラムダ式**」です。def文を使えば、あらゆる関数を定義できます。もしも、関数の処理内容が1つの式だけで記述できるなら、それを**ラムダ式**として定義することもできます※。

　例として、底辺 bottom と高さ height から、三角形の面積を求める関数を作ってみましょう。これまでのサンプルプログラムでは、以下のように関数の処理を2行に分けて記述しましたが、return文のあとに bottom * height / 2 という式を置けば、処理を1行で記述できます。

▼三角形の面積を求める関数（処理を2行で記述した場合）

```
def triangle_area(bottom, height):
    area = bottom * height / 2
    return area
```

▼三角形の面積を求める関数（処理を1行で記述した場合）

```
def triangle_area(bottom, height):
    return bottom * height / 2
```

　処理内容を1行の式で記述できるので、三角形の面積を求める関数は、ラムダ式として定義することもできます。
　次ページにラムダ式で関数を定義する基本構文を示します。**lambda**のあとに関数の**引数**をカンマで区切って並べ、そのあとに**コロン（:）**を置き、コロンのあとに

※ 「ラムダ式」という名称は、この技法の考案者たちが、ギリシャ文字のλ（ラムダ）を使って式を表現したことに由来しています。Pythonでは、λではなく lambda でラムダ式を表現します。

334

引数を使った式を記述します。ラムダ式は、関数の定義ですが、関数名は指定しません。このことから、ラムダ式は、「**無名関数**」や「**匿名関数**」を定義しているといえます。

▶ **ラムダ式で関数を定義する基本構文**

`lambda` 引数 ,……: 引数を使った式

以下は、三角形の面積を求める関数をラムダ式で定義したものです。**lambda** のあとに引数の **bottom** と **heigt** をカンマで区切って並べ、そのあとにコロンを置き、コロンのあとに **bottom * height / 2** という式を記述します。

▼ 三角形の面積を求める関数 (ラムダ式で記述した場合)

```
lambda bottom, height : bottom * height / 2
```

ラムダ式は、関数の定義なので、呼び出すことができます。**def** 文で定義された関数を呼び出すときは、**triangle_area(10, 5)** のように、関数名のあとに**()**を置き、その中に引数の値を指定します。ラムダ式で定義された関数を呼び出すときは、ラムダ式全体を**()**で囲み、さらに、そのあとに**()**を置き、その中に引数の値を指定します。以下は、三角形の面積を求めるラムダ式を呼び出した例です。

▼ 三角形の面積を求めるラムダ式を呼び出した例 (対話モード)

```
>>> # ラムダ式を呼び出す
>>> (lambda bottom, height : bottom * height / 2)(10, 5)
25.0              # 戻り値が得られる
```

ラムダ式も、メモリ上に実体を持ったオブジェクトであり、識別情報を持っています。したがって、ラムダ式を変数に代入すれば、その変数を使って「**変数名(引数, ……)**」という構文で、ラムダ式を呼び出すことができます。こうすることで、名前のない関数であるラムダ式に、名前を付けることができます。

次ページは、三角形の面積を求めるラムダ式に **triangle_area** という名前を付けて呼び出した例です。ただし、このような方法でラムダ式を使うことは、ほとんどないでしょう。ラムダ式の実用的な使い方は、あとで説明します。

39 ▶ ラムダ式と高階関数　335

▼三角形の面積を求めるラムダ式に名前を付けて呼び出した例（対話モード）

```
>>> # 名前を付ける
>>> triangle_area = lambda bottom, height : bottom * height / 2
>>> triangle_area(10, 5)          # 名前を付けたラムダ式を呼び出す
25.0
```

練習問題

以下の文章の _____ に適切な語句を入れてください。

関数の処理内容が ___a___ で記述できるなら、それをラムダ式として定義する
ことができます。ラムダ式は、 ___b___ という構文で定義します。

■a、bに関する解答群

ア 1つの式だけ　　　　**イ** λ 引数 , …… : 引数を使った式

ウ 1つの文だけ　　　　**エ** lambda 引数 , …… : 引数を使った式

▶ filter 関数の引数にラムダ式を指定する

　先ほどは、三角形の面積を求めるラムダ式を直接呼び出す例を示しましたが、実
用的なプログラムでは、このような方法でラムダ式を使うことはないでしょう。多
くの場合に、ラムダ式は、高階関数の引数として使われます。そうすることで、プ
ログラミングが効率的になるからです。

　たとえば、これまでに示したサンプルプログラムでは、高階関数である filter 関
数の第1引数に指定するチェック用の関数を、以下のように def 文で定義していま
した。このチェック用の関数は、ある場面で filter 関数を呼び出すときにだけ使わ
れるものであり、何度も再利用されるものではないでしょう。さらに、関数の処理
内容は、1行の式だけです。たった1行の処理を記述するために、def 文で関数を
定義するのは、面倒なことです。

▼def文で定義したチェック用の関数

```
def check_func(data):
    return data >= 60
```

336

このように、プログラムの特定の場面だけに使われ、処理が1行だけの関数なら、def文で定義するより、ラムダ式で定義したほうが効率的です。以下は、ラムダ式で定義したチェック用の関数です。

▼ラムダ式で定義したチェック用の関数

```
lambda data : data >= 60
```

ラムダ式で定義したチェック用の関数を使うと、先ほど作成した **score** というリストに格納された5人の学生の得点を **filter関数** でフィルタにかけて、60点以上だけの得点を取り出すプログラム（**sample805.py → p.332**）は、以下のように記述できます。先ほどと比べて、def文を使った関数の定義がなくなったので、プログラム全体が短く効率的になっています。

▼filter関数の引数にラムダ式を指定するプログラム（sample806.py）

```
# 5人の学生のテストの得点のリスト
score = [65, 72, 57, 68, 56]

# filter関数でフィルタをかけた結果をリストに変換する
pass_score = list(filter(lambda data : data >= 60, score))

# 結果を表示する
print(pass_score)
```

以下に、プログラムの実行結果を示します。[65, 72, 57, 68, 56] というリストが、60点以上というフィルタにかけられて、その結果として [65, 72, 68] というリストが得られています。

▼filter関数の引数にラムダ式を指定するプログラムの実行結果（実行モード）

```
(base) C:\gihyo>python sample806.py
[65, 72, 68]
```

8

覚えておくべきその他の構文

39 ▶ ラムダ式と高階関数 337 ◀

練習問題

以下の文章の □□□□□ に適切な語句を入れてください。

プログラムの特定の場面だけ使われ、処理が1行だけの関数なら、　a　　で
定義するより、　b　　で定義したほうが効率的です。たとえば、**filter**関数の
引数に指定する関数の処理内容が**data >= 60**なら、　c　　というラムダ式を
指定します。

■a〜cに関する解答群

ア　ラムダ式　　　　　　　イ　lambda data : data >= 60

ウ　def文　　　　　　　　エ　lambda data >= 60

sorted 関数の引数にラムダ式を指定する

第4章で説明した組み込み関数の sorted 関数 (→p.158) も高階関数であり、引数
に関数オブジェクトを指定できます。sorted 関数の基本構文を以下に示します。

sorted 関数の基本構文

```
sorted(iterable, key=None, reverse=False)
```

第4章では説明しませんでしたが、sorted関数に、デフォルト値が**None**となっ
た**引数key**があることに注目してください。引数keyには、イテラブルの要素を比
較するときに、要素に適用する関数オブジェクトを指定します。デフォルト値が
Noneなので、引数keyを指定しないと、関数は適用されずに、要素の値がデフォ
ルトの方法で比較されます。

たとえば、以下は、**["cat", "dog", "mouse"]** という動物の名前のリストを、引数
keyを指定せずに sorted 関数でソートした結果です。アルファベット順にソートさ
れて、**["cat", "dog", "mouse"]** というリストが得られました。これは、デフォルト
の比較方法です。

▼引数keyを指定せずにsorted関数でリストをソートした結果 (対話モード)

```
>>> sorted(["cat", "dog", "mouse"])     # リストをソートする
['cat', 'dog', 'mouse']                 # ソート結果が得られる
```

338

sorted関数で、引数keyを指定せずに [["cat", 5], ["dog", 10], ["mouse", 0.5]] という [動物の名前, 体重] を要素とした2次元配列をソートするとどうなるでしょう。以下のように、要素の先頭にある動物の名前でソートされて、[['cat', 5], ['dog', 10], ['mouse', 0.5]] というリストが得られました。

▼引数keyを指定せずに2次元配列をソートした結果（対話モード）

```
>>> # 2 次元配列をソートする
>>> sorted([["cat", 5], ["dog", 10], ["mouse", 0.5]])
[['cat', 5], ['dog', 10], ['mouse', 0.5]]        # ソート結果が得られる
```

もしも、要素の2番目にある体重でソートしたい場合には、どうしたらよいでしょうか？ このような場合に使われるのが、sorted関数の引数keyです。引数keyに指定された関数オブジェクトは、要素を比較するときに呼び出されます。したがって、引数keyに要素の2番目を返す関数を指定すれば、要素の2番目にある体重でソートされます。

この関数をdef文を使って記述すると、以下のようになります。second_element関数[1]の引数dataには、sorted関数によって、2次元配列から取り出された [動物の名前, 体重] という形式の要素が指定されるので、return data[1] で2番目[2]の要素の体重を返すことができます。

▼要素の2番目の値を返す関数（def文で定義した場合）

```
def second_element(data):
    return data[1]
```

ただし、**return data[1]** という戻り値を返すために、def文を使ってsecond_element関数を定義するのは面倒でしょう。**data[1]** も1つの値が得られる式なので、以下のようにラムダ式で記述できます。sorted関数の引数に、このラムダ式を使えば、効率的です。

▼要素の2番目の値を返す関数（ラムダ式で定義した場合）

```
lambda data : data[1]
```

※1 second element ＝「2番目の要素」という意味です。
※2 Python では、先頭の要素の添字を 0 とするので、data[1] は 2 番目になります。

39 ▶ ラムダ式と高階関数　339

以下は、sorted関数の引数keyに、要素の2番目の値を返すラムダ式を指定して、2次元配列をソートした結果です。今度は、要素の2番目にある体重でソートされて、[['mouse', 0.5], ['cat', 5], ['dog', 10]] というリストが得られました。

▼引数keyにラムダ式を指定して2次元配列をソートした結果（対話モード）
```
>>> sorted([["cat", 5], ["dog", 10], ["mouse", 0.5]], key=lambda data:data[1])
[['mouse', 0.5], ['cat', 5], ['dog', 10]]    # 2次元配列をソートした結果
```

練習問題

以下の文章の ☐ に適切な語句を入れてください。

　sorted関数の引数 ａ には、イテラブルの要素を比較するときに、要素に適用する関数オブジェクトを指定します。デフォルト値が ｂ なので、引数 ａ を指定しないと、関数は適用されずに、要素の値がデフォルトの方法で比較されます。

■a、bに関する解答群
　ア　reverse　　　イ　True　　　ウ　key　　　エ　None

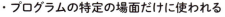

高階関数の filter 関数や
sorted 関数の引数として
ラムダ式を使うと効率的だね

・プログラムの特定の場面だけに使われる
・処理が1行だけ

そんな関数なら、def 文で定義するより、
ラムダ式で定義！

40 ▶ その他の構文

- 整数データは、10進数だけでなく、2進数、8進数、16進数でも表記できる。
- 実数データは、指数を使った形式でも表記できる。
- ￥記号には、そのあとに続く文字の機能を無効にする機能がある。
- カッコの中であれば、プログラムを途中で改行しても、同じ命令とみなされる。

▶ 数値データの表記

数値データを直接記述した場合には、**123**のように小数点がないデータは**整数型（intクラス）**であるとみなされ、**123.456**のように小数点があるデータは**実数型（floatクラス）**であるとみなされます。**123**と**123.0**のように、同じ値であっても、小数点がない**123**は整数型であり、小数点がある**123.0**は実数型です。以下は、**123**と**123.0**のデータ型を確認するプログラムです。

▼データ型を確認するプログラム（対話モード）

```
>>> type(123)          # 123のデータ型を確認する
<class 'int'>          # intクラスである
>>> type(123.0)        # 123.0のデータ型を確認する
<class 'float'>        # floatクラスである
```

123のような整数は、10進数であるとみなされます。整数データは、10進数だけでなく、2進数、8進数、16進数でも表記できます。

2進数は、**0b11101001**のように、**0 b**（ゼロビー）という接頭辞を付けます。**b**は、**binary**（バイナリ）＝「2進数」を意味します。**b**の前に**0**があるのは、**b**で始まると、変数名であるとみなされるからです。たとえば、**0b10**は2進数ですが、**b10**は変数名だとみなされます。

8進数は、**0o351**のように、**0o**（ゼロオー）という接頭辞を付け、16進数は、**0xE9**のように、**0 x**（ゼロエックス）という接頭辞を付けます。**o**は、**octal**（オクタル）＝「8進数」を意味し、**x**は、**hexadecimal**（ヘキサデシマル）＝「16進数」を意味します。**o**と**x**の前に**0**がある理由は、2進数と同様です。

実数は、**123.456**のような形式だけでなく、**1.23456e2**や**123456e-3**のように指数を使った形式でも表記できます。**1.23456e2**は、1.2345×10^2という意味で、**123456e-3**は、123456×10^{-3}という意味です。**e**は、**exponent**（エクスポーネント）＝「指数」を意味

します[※1]。

> **練習問題**
>
> 以下の文章の ☐☐☐☐☐ に適切な語句を入れてください。
>
> 　同じ値であっても、123は ☐ a ☐ であり、123.0は ☐ b ☐ です。2進数、8進数、16進数を表す接頭辞は、それぞれ ☐ c ☐ ☐ d ☐ ☐ e ☐ です。123456e-3を、指数を使わない形式で示すと ☐ f ☐ です。
>
> **■a～fに関する解答群**
>
> | | | | | | | |
> |---|---|---|---|---|---|---|
> | **ア** 実数 | **イ** 整数 | **ウ** 123.456 | **エ** 123456.0 |
> | **オ** 0x | **カ** 0b | **キ** 0o | |

文字列データの表記

　"abc" や 'abc' のように、ダブルクォーテーション（ " ）またはシングルククォーテーション（ ' ）で囲んだデータは、**文字列型（strクラス）**であるとみなされます。ダブルクォーテーションで囲まれた文字列の中では、**"I'm a boy"** のようにシングルクォーテーションを通常の文字として使え、シングルクォーテーションで囲まれた文字列の中では、**'I say "hello"'** のようにダブルクォーテーションを通常の文字として使えます。

　どちらの場合も、ダブルクォーテーションとシングルクォーテーションの前に**¥記号**を置いて、**¥"** や **¥'** とすると、ダブルクォーテーションとシングルクォーテーションを通常の文字として使えます。**¥記号**は、「**エスケープ文字**」と呼ばれ、そのあとに続く特殊文字の機能を無効にする機能があります[※2]。

　以下は、ここまでの説明を確認するプログラムです。

▼文字列データの表記方法を確認するプログラム（対話モード）

```
>>> "I'm a boy"          # " の中で ' を通常の文字として使う
"I'm a boy"              # 文字列の内容
>>> 'I say "hello"'      # ' の中で " を通常の文字として使う
'I say "hello"'          # 文字列の内容
>>> 'I¥'m a boy'         # ¥' で ' を通常の文字にする
```

※1　2進数の0b、8進数の0o、16進数の0x、および指数のeは、大文字を使って0B、0O、0X、Eと表記することもできます。
※2　エスケープ（escape）＝「逃れる」という意味です。¥記号は、特殊文字の機能を逃れるのです。

342

```
"I'm a boy"                        # 文字列の内容
>>> "I say ¥"hello¥""              # ¥" で " を通常の文字にする
'I say "hello"'                    # 文字列の内容
```

　¥記号を使って、タブ文字は **¥t** と表記され、改行文字は **¥n** と表記されます。
Windowsの環境では、ファイル名のパス名※を示すときに、**C:¥test¥newfile.
py** のように ¥記号でルートディレクトリとパス名の区切りを示します。した
がって、プログラムの中で **"C:¥test¥newfile.py"** という文字列でパス名を表す
と、**"C: タブ文字 est 改行文字 ewfile.py"** であると解釈されていまします。以下は、
print("C:¥test¥newfile.py") を実行した結果です。

▼文字列の中にある ¥t はタブ文字、¥n は改行文字とみなされる（対話モード）

```
>>> print("C:¥test¥newfile.py")    # ¥t と ¥n を含んだ文字列を表示する
C:      est                         # ¥t の部分がタブ文字と解釈される
ewfile.py                           # ¥n の部分が改行文字と解釈される
```

　この問題に対処する方法は、2つあります。
　1つは、**"C:¥¥test¥¥newfile.py"** のように、¥記号を2つ並べて表記することです。
これによって、**¥¥** の先頭の ¥記号が**エスケープ文字**として、次の ¥記号の機能を
無効にするので、**¥¥** で1つの **¥** という文字を表せます。
　もう1つは、**r"C:¥test¥newfile.py"** のように、文字列の先頭に **r** という文字を
置くことです。この形式の文字列を「**raw文字列**」と呼びます。raw文字列では、文
字列の中にある **¥記号**の機能が無効になります。rawは、「生の」という意味です。「¥
をそのまま ¥ という文字と解釈する」ことを「生の文字列」と呼んでいるのです。

　以下は、**print("C:¥¥test¥¥newfile.py")** と **print(r"C:¥test¥newfile.py")** を実
行した結果です。どちらも、**"C:¥test¥newfile.py"** が表示されています。

▼¥¥とraw文字列の機能を確認するプログラム（対話モード）

```
>>> print("C:¥¥test¥¥newfile.py")   # ¥¥ の機能を確認する
C:¥test¥newfile.py                   # ¥¥ で ¥ を表せている
>>> print(r"C:¥test¥newfile.py")     # raw 文字列の機能を確認する
C:¥test¥newfile.py                   # ¥ がそのまま ¥ と解釈されている
```

※ ファイルのパス名とは、ファイルにたどりつくまでのフォルダの階層に続けてファイル名を示したものです。

8

覚えておくべきその他の構文

40 ▶ その他の構文　343 ◀

練習問題

以下の文章の 　　　　 に適切な語句を入れてください。

ダブルクォテーションで囲まれた文字列の中では、 a が通常の文字として使え、シングルクォテーションで囲まれた文字列の中では、 b が通常の文字として使えます。Windowsの環境で、文字列の中で￥記号を通常の文字とするには、 c のように表記するか、文字列の先頭に d という文字を置いたraw文字列にします。

■a〜dに関する解答群

ア f 　　　　 **イ** r 　　　　 **ウ** ￥ 　　　　 **エ** ￥￥
オ ダブルクォテーション 　　　 **カ** シングルクォテーション

長いプログラムを途中で改行する方法

Pythonでは、プログラムの命令の末尾で改行することが、**命令の区切り**を示すものとなります。もしも、長い命令を途中で改行したい場合は、行の末尾に￥記号を置きます。これによって、改行が無効化され、改行したあとも同じ命令が続いているとみなされます。例として、

```
ans = 1 + 2 + 3 + 4 + 5 + 6 + 7 + 8 + 9 + 10
```

という命令を、5のあとで改行してみましょう。単に改行するだけでは、ans = 1 + 2 + 3 + 4 + 5 で1つの命令となり、+ 6 + 7 + 8 + 9 + 10 が別の命令になるので、+ 6 + 7 + 8 + 9 + 10 の結果の40が表示され、ansの値は15になります。これは、目的の値ではありません。

5のあとに￥記号を置くと、ans = 1 + 2 + 3 + 4 + 5 のあとに、+ 6 + 7 + 8 + 9 + 10 が続いているとみなされるので、ansの値は55という目的の値になります。

▼行の末尾に￥記号を置くと長い命令を改行して記述できる（対話モード）

```
>>> ans = 1 + 2 + 3 + 4 + 5        # 末尾に￥記号を置かずに改行する
>>> + 6 + 7 + 8 + 9 + 10           # 改行後は別の命令とみなされる
40                                  # + 6 + 7 + 8 + 9 + 10 の結果が表示される
>>> ans                             # ans の値を確認する
15                                  # 目的の値になっていない
>>> ans = 1 + 2 + 3 + 4 + 5￥       # 末尾に￥記号を置いて改行する
```

```
... + 6 + 7 + 8 + 9 + 10        # 改行も同じ命令が続いているとみなされる
>>> ans                         # ans の値を確認する
55                              # 目的の値になっている
```

　末尾に¥記号を置かなくても、何らかのカッコの中であれば、途中で改行しても、改行したあとも同じ命令が続いているとみなされます。これは、カッコを閉じるまでは、命令の記述が終わっていないと解釈されるからです。

　したがって、関数のカッコの中に指定する引数の数が多い場合や、多くの要素を持つリストやタプルを記述する場合には、引数や要素の区切りで改行することができます。

　この仕組みを利用すれば、先ほどの

```
ans = 1 + 2 + 3 + 4 + 5 + 6 + 7 + 8 + 9 + 10
```

という命令の右辺をカッコで囲んで、

```
ans = (1 + 2 + 3 + 4 + 5 + 6 + 7 + 8 + 9 + 10)
```

とすれば、末尾に¥記号を置かなくても途中で改行できます。以下に例を示します。

▼カッコの中であれば末尾に¥記号を置かなくても途中で改行できる（対話モード）

```
>>> ans = (1 + 2 + 3 + 4 + 5    # カッコの中で改行する
... + 6 + 7 + 8 + 9 + 10)       # 命令が続いているとみなされる
>>> ans                         # ans の値を確認する
55                              # 目的の値が得られている
```

🦾 練習問題

　以下の文章の ⬚ に適切な語句を入れてください。

　長い命令を記述する場合、行の末尾に ⬚a を置いて改行すると、 ⬚b と解釈されます。何らかの ⬚c の中であれば、行の末尾に ⬚a を置かずに改行しても、 ⬚b と解釈されます。

■a〜cに関する解答群

　ア カッコ　　**イ** 改行後も同じ命令である

　ウ ¥記号　　**エ** 改行後は別の命令である

第8章 ▶ 章末確認問題

リスト内包表記、高階関数、ラムダ式に関する確認問題

確認ポイント

- 2次元配列から2次元配列を作るリスト内包表記 (p.319)
- filter関数の引数にラムダ式を指定する (p.336)
- sorted関数の引数にラムダ式を指定する (p.338)

問題

　以下は、5人の学生のテストの結果と合格者を表示するプログラムです。処理の手順を、(1)～(6)に示します。プログラム中の　　　　　に入れる正しい答えを、解答群の中から選んでください。

処理の手順

(1) 加点前の5人の学生の氏名と得点は、2次元配列 **score** に格納されています。

(2) リスト内包表記を使って、**score** のすべての要素の得点に20を加え、その結果を **up_score** という2次元配列にします。

(3) **sorted** 関数を使って、**up_score** の要素を得点の大きい順(降順)にソートし、その結果を **sorted_score** という2次元配列にします。

(4) **for** 文を使って、順位を付けて名前と得点を表示します。

(5) **filter** 関数を使って、**sorted_score** の要素の中から得点が60点以上の要素だけを取り出し、その結果を **pass_score** という2次元配列に格納します。

(6) **for** 文を使って、順位を付けて名前と得点を表示します。

▼5人の学生のテストの結果と合格者を表示するプログラム (sample807.py)

```
# 5人の学生の氏名とテストの得点を格納した2次元配列
score = [["鈴木花子", 45], ["山田太郎", 52], ["佐藤一郎", 37], ["田中良子", 48], ["高橋次郎", 36]]

# 全員に20点の下駄を履かせる
up_score = [[   a   ] for student in score]
```

346

```
# 得点の大きい順にソートする
sorted_score = sorted(up_score, key=  b  , reverse=True)

# 順位を付けて氏名と得点を表示する
print("【成績順位】")
for n, data in enumerate(sorted_score, start=1):
    print(f"{n}位 {data[0]} {data[1]}点")

# filter 関数でフィルタをかけた結果をリストに変換する
pass_score = list(filter(  c  , sorted_score))

# 合格者の氏名と得点を表示する
print("【合格者】")
for data in pass_score:
    print(f"{data[0]} {data[1]}点")
```

▼ プログラムの実行結果（実行モード）

```
(base) C:¥gihyo>python sample807.py
【成績順位】
1位 山田太郎 72点
2位 田中良子 68点
3位 鈴木花子 65点
4位 佐藤一郎 57点
5位 高橋次郎 56点
【合格者】
山田太郎 72点
田中良子 68点
鈴木花子 65点
```

a〜cに関する解答群

ア `lambda data : data[0]`

イ `lambda data : data[1]`

ウ `lambda data : data[0] >= 60`

エ `lambda data : data[1] >= 60`

オ `student[0], student[1] + 20`

カ `student[0] + 20, student[1]`

第9章

総仕上げ
―試験問題のプログラムを読み取る

41 Pythonサンプル問題の プログラムを読み取る

POINT!
- プログラムを読む前に、プログラムの機能を理解する。
- 1行ごとの処理内容を詳しく見る前に、プログラムの全体構造を理解する。
- プログラムの処理内容の中に読み取れないものがあれば、該当する章を復習する。

▶ Pythonサンプル問題について

　この章では、情報処理推進機構が公開している Python のサンプル問題[※1]のプログラム（空欄に正解を入れたプログラム）を示しますので、プログラムを読み取ることにチャレンジしてください。

　本書の目標は、**基本情報技術者試験に出題されるレベルの Python のプログラムを読み取れる**ようになることです。この目標を達成できたことを確認しましょう。もしも、プログラムの処理内容の中に理解できないものがあれば、該当する章のセクションを復習してください。

notice

　試験と同様に問題を解いてみたい場合は、この章を学習する前に、本書の巻末に添付された別冊小冊子を利用してください。小冊子には、問題の全文を掲載しています[※2]。

▶ プログラムの機能

　はじめに、プログラムの機能を説明します。これから示すプログラムは、命令列を解釈実行することによって様々な図形を描くものです。たとえば、**"R3;R4;F100;T90;E0;F100;E0"** という形式の命令列を解釈して、$x-y$ 平面に図形を描画します。個々の命令は、1文字の英字で示された命令コードと、数値で示された数値パラメタから構成され、セミコロン（;）が命令の区切りを示します。

　命令コードと数値パラメタの説明を以下に示します。説明の中にある「マーカ」とは、現在の描画位置のことです。

※1 出典：基本情報技術者試験（FE）午後試験 Python のサンプル問題（https://www.jitec.ipa.go.jp/1_13download/fe_python_sample.pdf）
※2 解答および解説は第10章 p.396 に掲載しています。

▼命令コードと数値パラメタの説明

命令コード	数値パラメタ	説明
F	長さ	マーカを現在の進行方向に数値パラメタで指定した長さだけ進め、移動元から移動先までの線分を描く。
T	角度	マーカの進行方向を、数値パラメタが正の場合は反時計回りに、負の場合は時計回りに、数値パラメタの角度（度数法）だけ回転する。
R	繰返し回数	繰返し区間の開始を示す。この命令と対になる命令コードEとの間を、命令コードRの数値パラメタの回数だけ繰り返す。
E	0	繰返し区間の終了を示す。数値パラメタは、常に0である。

"R3;R4;F100;T90;E0;F100;E0" という命令列は、"R3"、"R4"、"F100"、"T90"、"E0"、"F100"、"E0" という7個の命令から構成されていて、「3回の繰返しの開始」「4回の繰返しの開始」「長さ100の線分を描く」「反時計回りに90度回転する」「4回の繰返しの終了」「長さ100の線分を描く」「3回の繰返しの終了」を意味しています。

マーカは、初期状態で $(0, 0)$ の位置にあり、進行方向は x 軸の正方向になっています。この命令列を解釈すると、以下のように3つの四角形が並んで描画されます。

▼命令列の解釈によって描画された図形の例

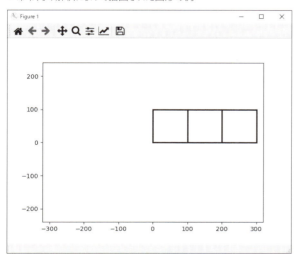

プログラムの全体構造

今度は、プログラムの全体構造を見てみましょう。以下にプログラム全体を示します。サンプル問題には、ファイル名が示されていませんが、ここでは、「fe_python_sample.py」というファイル名で保存することにします。ファイル名の先頭にあるfeは、基本情報技術者試験の英語表記Fundamental Information Technology Engineer Examination略称です。

▼基本情報技術者試験 Python サンプル問題 (fe_python_sample.py)

```python
import math  # 数学関数の標準ライブラリ
import matplotlib.pyplot as plt  # グラフ描画の外部ライブラリ

def parse(s):
    return [(x[0], int(x[1:])) for x in s.split(';')]

class Marker:
    def __init__(self):
        self.x, self.y, self.angle = 0, 0, 0
        plt.xlim(-320, 320)  # x軸の表示範囲を設定
        plt.ylim(-240, 240)  # y軸の表示範囲を設定

    def forward(self, val):
        # 度数法で表した角度を，ラジアンで表した角度に変換
        rad = math.radians(self.angle)
        dx = val * math.cos(rad)
        dy = val * math.sin(rad)
        x1, y1, x2, y2 = self.x, self.y, self.x + dx, self.y + dy
        # (x1, y1)と(x2, y2)を結ぶ線分を描画
        plt.plot([x1, x2], [y1, y2], color='black', linewidth=2)
        self.x, self.y = x2, y2

    def turn(self, val):
        self.angle = (self.angle + val) % 360

    def show(self):
        plt.show()  # 描画結果を表示

def draw(s):
    insts = parse(s)
    marker = Marker()
    stack = []
```

```python
    opno = 0
    while opno < len(insts):
        print(stack)
        code, val = insts[opno]
        if code == 'F':
            marker.forward(val)
        elif code == 'T':
            marker.turn(val)
        elif code == 'R':
            stack.append({'opno': opno, 'rest': val})
        elif code == 'E':
            if stack[-1]['rest'] > 1:
                opno = stack[-1]['opno']
                stack[-1]['rest'] -= 1
            else:
                stack.pop()  # stack の末尾の要素を削除
        opno += 1
    marker.show()
```

　Pythonでは、プログラムの構成要素を、**関数**または**クラス**という形式にします。このプログラムは、**parse関数**、**Markerクラス**、および**draw関数**から構成されていて、draw関数の処理の中で、parse関数とMarkerクラスが使われています。それぞれの処理内容は、後で詳しく説明します。

　プログラムの先頭部分で、数学関連の関数を提供する**math**と、グラフの描画の機能を提供する**matplotlib.pyplot**をインポートしています。matplotlib.pyplotは、名前が長いので、**as plt**で**plt**という別名をつけています。これによって、matplotlib.pyplotをpltという名前で使えるようになります。

　このプログラムを実行するには、Pythonの対話モードで、fe_python_sample.pyをインポートし、描画の命令列を引数に指定してdraw関数を呼び出します。次ページは、fe_python_sample.pyからdraw関数をインポートし、"R3;R4;F100;T90;E0;F100;E0"を引数に指定してdraw関数を呼び出した例です。これによって、3つの四角形が並んで描画されます。さらに、コマンドプロンプトには、描画の命令列が解釈される様子が表示されます。

41 ▶ Python サンプル問題のプログラムを読み取る　353

▼fe_python_sample.pyをインポートしてdraw関数を呼び出す例（対話モード）

▼プログラムの実行結果の例（対話モード）

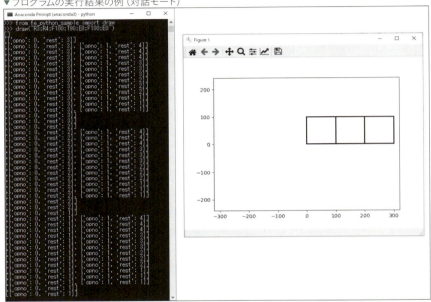

▶ parse関数の処理内容

　それでは、関数とクラスごとに、プログラムの処理内容を詳しく見て行きましょう。プログラムを読み取ることにチャレンジしてください。

　以下は、parse関数の内容です。parse関数は、引数に指定された描画の命令列を、命令コードと数値パラメタのタプルのリスト（タプルを要素としたリスト）に変換して返します。たとえば、

"R3;R4;F100;T90;E0;F100;E0"

という命令列を、

```
[('R', 3), ('R', 4), ('F', 100), ('T', 90), ('E', 0), ('F', 100), ('E', 0)]
```

というタプルのリストに変換して返します。

> **!notice**
>
> これ以降で示すプログラムには、行番号を付けてあります。もしも、プログラ
> ムの処理内容の中に理解できないものがあれば、該当する章のセクションを復習
> してください。章とセクションは、たとえば、第6章のセクション26なら、「(第
> 6章26)」と示しています。

▼parse関数の内容

```
01  def parse(s):
02      return [(x[0], int(x[1:])) for x in s.split(';')]
```

■**01行目、02行目**　関数の定義と戻り値（第6章26）
　関数は、「**def 関数名 (引数 , ……):**」というブロックで定義し、「**return 戻り値**」
で戻り値を返します。

■**02行目**　strクラスのsplitメソッド（該当する章とセクションなし）
　第5章では取り上げませんでしたが、strクラスの**split メソッド**は、引数で指定
した区切り文字で、文字列を分割したリストを返します。
　たとえば、"R3;R4;F100;T90;E0;F100;E0" という文字列を ";" という区切り文字
で分割すると、['R3', 'R4', 'F100', 'T90', 'E0', 'F100', 'E0'] というリストが得られます。

■**02行目**　for文（第3章14）
　繰返しを表すfor文は、「**for 変数 in イテラブル :**」という構文で、イテラブル
（range関数、リスト、タプル、文字列など）から繰返し要素を取り出して変数に格
納します。
　たとえば、イテラブルに ['R3', 'R4', 'F100', 'T90', 'E0', 'F100', 'E0'] というリストを
指定すれば、リストの要素を順番に取り出して変数に格納します。

■**02行目**　リスト内包表記（第8章36）
　リスト内包表記は、リストの要素を効率的に作成する表記です。「**[式 for 変数 in**

41▶ Python サンプル問題のプログラムを読み取る　355

イテラブル]」という構文で、for文で変数に取り出されたすべての要素に、同じ式を適用し、その適用結果をリストの要素とします。

たとえば、[(x[0], int(x[1:])) for x in ['R3', 'R4', 'F100', 'T90', 'E0', 'F100', 'E0']] というリスト内包表記では、[('R', 3), ('R', 4), ('F', 100), ('T', 90), ('E', 0), ('F', 100), ('E', 0)] というリストが作成されます。

■ 02行目　リストとタプルの表記（第4章17）

リストは、[**要素1, 要素2, ……, 要素n**] のように、要素を [ ] で囲みます。タプルは、(**要素1, 要素2, ……, 要素n**) のように、要素を ( ) で囲みます。リストの要素は、値を変更できますが、タプルの要素は、値を変更できません。

タプルを要素としたリストを作ることもできます。たとえば、[('R', 3), ('R', 4), ('F', 100), ('T', 90), ('E', 0), ('F', 100), ('E', 0)] は、(**文字列, 整数**) というタプルを要素としたリストです。

■ 02行目　添字を使った要素の取り出し（第4章19）

「**文字列[添字]**」という構文で、文字列から1文字を取り出せます。添字は、先頭を0として指定します。

たとえば、**x = "F100"** という文字列において、**x[0]** は、先頭の "F" を取り出します。

■ 02行目　スライス（第4章19）

「**文字列[開始位置:終了位置:ステップ]**」というスライスの構文で、文字列の開始位置から終了位置ー1までステップごとに、部分文字列字を切り出せます。終了位置を省略すると、末尾まで切り出します。ステップを省略すると、1文字ずつ切り出します。

たとえば、、**x = "F100"** という文字列xにおいて、**x[1:]** は、1文字目から末尾まで1文字ずつ切り出すという意味なので、"100" という部分文字列が切り出されます。

■ 02行目　int関数（第2章09）

int関数は、引数で指定されたオブジェクトを整数に変換します。たとえば、**int("100")** は、"100" という文字列を、100という整数に変換します。

▶ Marker クラスの処理内容

以下は、Markerクラスの内容です。Markerクラスには、インスタンス変数として、マーカの現在位置の**x座標**、**y座標**、および角度**angle**（進行方向を*x*軸の正方向から反時計回りに図った角度）があり、インスタンスメソッドとして、現在位置と移動先を結ぶ線分を描画する**forwardメソッド**、angleの値を更新して進行方向を変える**turnメソッド**、および描画結果を画面に表示する**showメソッド**があります。

▼ Markerクラスの内容

```
01  class Marker:
02      def __init__(self):
03          self.x, self.y, self.angle = 0, 0, 0
04          plt.xlim(-320, 320)    # x軸の表示範囲を設定
05          plt.ylim(-240, 240)    # y軸の表示範囲を設定
06
07      def forward(self, val):
08          # 度数法で表した角度を，ラジアンで表した角度に変換
09          rad = math.radians(self.angle)
10          dx = val * math.cos(rad)
11          dy = val * math.sin(rad)
12          x1, y1, x2, y2 = self.x, self.y, self.x + dx, self.y + dy
13          # (x1, y1)と(x2, y2)を結ぶ線分を描画
14          plt.plot([x1, x2], [y1, y2], color='black', linewidth=2)
15          self.x, self.y = x2, y2
16
17      def turn(self, val):
18          self.angle = (self.angle + val) % 360
19
20      def show(self):
21          plt.show()   # 描画結果を表示
```

■ **01行目**　クラスの定義（第7章31）

クラスは、「**class クラス名:**」というブロックで定義します。

■ **02行目、07行目、17行目、20行目**　メソッドの定義とselfの役割（第7章31）

メソッドは、クラスのブロックの中で、「**def メソッド名(self, 引数, ……):**」というブロックで定義します。メソッドの第1引数には、現在のインスタンスの参照を格納する引数を置きます。この引数は、慣例として**self**という名前にします。

■ **03行目** オブジェクトの生成と __init__ 関数の役割（第7章31）

オブジェクトは、「**オブジェクト名 = クラス名 (引数, ……)** 」という構文で生成します。オブジェクトの生成時に、オブジェクトが持つ **__init__ 関数**が自動的に呼び出されるので、そこで初期化処理を行うことができます。「**self. インスタンス変数名 = 値**」という処理を行えば、インスタンス変数に初期値を設定できます。

■ **03行目、12行目、15行目** タプルのアンパック（第4章20）

たとえば、(1, 2, 3) という 3 つの要素を持つタプルがあった場合、x, y, x = (1, 2, 3) という代入で、右辺のタプルの 3 つの要素を、左辺の 3 つの変数に順番に代入でき、これを**タプルのアンパック**と呼びます。タプルを囲む ( ) は、省略できるので、同じことを x, y, x = 1, 2, 3 と記述することもできます。

■ **04行目、05行目、14行目、21行目** matplotlib.pyplot の使い方（第5章25）

matplotlib.pyplot は、描画を行う様々なメソッドを提供しています。ここでは、matplotlib.pyplot に plt という別名を付けているので、「**plt. メソッド名 (引数,……)** 」という構文で、メソッドを使えます。

たとえば、直線を描画する場合は、はじめに、**plt.xlim(下限値, 上限値)** と **plt.ylim(下限値, 上限値)** で、$x-y$ 平面の x 軸と y 軸の表示範囲をします。次に、**plt.plot([x1, x2], [y1, y2], color="色", linewidth=幅)** で、(x1, y1) と (x2, y2) を結ぶ直線を、color に指定された色と、linewidth に指定された幅で、描画します。ただし、この時点では、まだ画面に表示は行われません。必要な描画がすべて終わったら、最後に **plt.show()** で描画の内容を画面に表示します。

■ **09行目、10行目、11行目** math の使い方（第5章24）

math は、数学関連の様々な関数を提供しています。ここでは、math に別名を付けていないので、「**math. 関数名 (引数, ……)**」という構文で、関数を使います。**radians 関数**は、引数で指定された度数法の角度をラジアン単位に変換します。**cos 関数**は、引数で指定されたラジアン単位の角度のコサイン値を求めます。**sin 関数**は、引数で指定されたラジアン単位の角度のサイン値を求めます。

▶ **draw 関数の処理内容**

以下は、draw 関数の内容です。draw 関数は、parse 関数を使って、描画の命令列を命令コードと数値パラメタのタプルのリストに変換し、Marker クラスを使っ

て、マーカを移動して描画を行い、その結果を画面に表示します。

▼ draw関数の内容

```
01  def draw(s):
02      insts = parse(s)
03      marker = Marker()
04      stack = []
05      opno = 0
06      while opno < len(insts):
07          print(stack)
08          code, val = insts[opno]
09          if code == 'F':
10              marker.forward(val)
11          elif code == 'T':
12              marker.turn(val)
13          elif code == 'R':
14              stack.append({'opno': opno, 'rest': val})
15          elif code == 'E':
16              if stack[-1]['rest'] > 1:
17                  opno = stack[-1]['opno']
18                  stack[-1]['rest'] -= 1
19              else:
20                  stack.pop()   # stack の末尾の要素を削除
21          opno += 1
22      marker.show()
```

■04行目　空のリストの作成（第4章17）
「変数＝[]」という構文で、空のリストを作成できます。

■14行目、20行目　リストへの要素の追加と削除（第4章20）
appendメソッドで、リストの末尾に要素を追加できます。popメソッドで、リストの末尾の要素を取り出して削除できます。

■06行目　while文（第3章13）
「while 条件:」というブロックは、繰返しを表します。ブロックの中にある処理は、条件がTrueである限り実行されます。

■09行目〜20行目　if文（第3章12）
「if 条件:」というブロックは、条件がTrueのときに実行されます。このブロッ

41 ▶ Python サンプル問題のプログラムを読み取る　359 ◀

クのあとに「**eilf 条件:**」というブロックを任意の数だけ続けることができ、その前にある条件がFalseであり、そこにある条件がTrueのときに実行されます。最後に「**else:**」というブロックを1つだけ追加することができ、その前にある条件がすべてFalseのときに実行されます。

■07行目　print関数（第5章21）

matplotlib.pyplotによる図形の描画は、あらかじめ用意されているウインドウの中で行われますが、**print関数**によるデータの表示は、コマンドプロンプトの中で行われます。print(stack)は、描画の命令列が解釈される様子をコマンドプロンプトに表示しています。

■09行目、11行目、13行目、15行目　== 演算子（第3章11）

== 演算子は、値が等しいときにTrueを返します。

■14行目　辞書（第4章20）

「**{キー1: バリュー1, キー2: バリュー2, ……, キーn: バリューn}**」という構文で、辞書を作成できます。辞書は、キーとバリューのペアを要素として、添字ではなく、キーを指定することで、要素のバリューを取得できます。

■16行目、17行目、18行目　辞書のリスト（第4章20）

リストは、任意のオブジェクトを要素にできるので、タプルを要素としたリストや、辞書を要素としたリストを作ることができます。このプログラムのstackというリストは、辞書のリストです。**stack[リストの添字][辞書のキー]** という指定で、リストにおいて添字で指定した位置にある辞書から、辞書のキーで指定したバリューを取り出せます。

■16行目、17行目、18行目　リストのマイナスの添字（第4章19）

リストの添字をマイナスにすると、末尾から要素を指定できます。末尾は、－1で表します。16行目、17行目、18行目で、リストの添字を－1にしているのは、末尾から取り出すためです。

第 10 章

練習問題・章末確認問題・サンプル問題の解答と解説

第1章の 問題の解答と解説

01 プログラムとは何か？

▶ハードウェアとソフトウェアの関係（練習問題　p.21）

解答　a－エ、b－ウ、c－ア、d－イ

解説　ハードウェアは、コンピュータを構成する［装置］であり、ソフトウェアは、コンピュータで実行する［プログラム］です。自動車の運転に例えるなら、［自動車］がハードウェアで、それを動作させる［運転手］がソフトウェアです。

▶コンピュータの五大装置の機能（練習問題　p.22）

解答　a－イ、b－オ、c－エ、d－ウ、e－ア

解説　［入力］装置は、コンピュータの外部から内部にデータを取り込みます。［記憶］装置は、コンピュータの内部にデータを格納します。［演算］装置は、コンピュータの内部に格納されたデータに何らかの加工を加えます。［出力］装置は、コンピュータの内部から外部にデータを送り出します。そして、［制御］装置は、プログラムの内容を解釈・実行して、他の4つの装置を動作させます。

▶パソコンにおけるコンピュータの五大装置（練習問題　p.23）

解答　a－イ、b－オ、c－ウ、d－エ、e－ア（※dとeは順不同）

解説　パソコンでは、キーボードやマウスが、［入力］装置です。メモリやディスク装置が、［記憶］装置です。液晶ディスプレイやプリンタが、［出力］装置です。そして、CPUが、［演算］装置と［制御］装置を兼務しています。

▶ハードウェアがわかればプログラムとは何かがわかる（練習問題　p.24）

解答　a－イ、b－オ、c－エ、d－ウ、e－ア

解説　プログラムは、ハードウェアを動作させる「～せよ」という命令を書き並べた文書です。「入力せよ」が［入力］装置を、「記憶せよ」が［記憶］装置を、「演算せよ」が［演算］装置を、「出力せよ」が［出力］装置を、それぞれ動作させます。［制御］装置は、プログラムの内容を解釈・実行するものなので、「制御せよ」という命令はありません。

▶プログラマ脳の視点（練習問題　p.26）

解答　a－イ、b－ウ、c－ア

解説　プログラマ脳の処理の視点では、プログラムを作るときに［「何を入力すればよいか？」「どのような演算をすればよいか？」「何を出力すればよいか？」］と考えます。流れの視点では、処理を進めるときに［「順次か？」「分岐するか？」「繰り返すか？」］と考えます。部品化の視点では、プログラムを部品に分けて作るときに、［「ど

ような関数を作ればよいか？」「どのようなクラスを作ればよいか？」と考えます。

02 処理の種類

▶ **入力、演算、出力の３つの処理を考える**（練習問題　p.27）

解答 a－オ、b－イ、c－エ、d－ウ（※b、c、dは順不同）

解説 処理の視点のプログラマ脳では、[記憶]は、常に付いて回ることなので、当たり前のこととして、[入力]、[演算]、[出力]の３つを考えます。

▶ **与えられたテーマから入力、演算、出力の処理を見出す**（練習問題　p.29）

解答 a－ウ、b－イ（※aとbは順不同）、c－エ、d－ア

解説 「長方形の面積を求めるプログラムを作成してください」というテーマから「入力」「演算」「出力」を見出すと、「入力」は[底辺]と[高さ]、「演算」は[面積 ＝ 底辺×高さ]、「出力」は[面積]になります。

03 流れの種類

▶ **順次、分岐、繰り返しの３つの流れを考える**（練習問題　p.31）

解答 a－エ、b－ウ、c－イ、d－ア（※bとdは順不同）

解説 プログラムの処理の流れには、上から下にまっすぐ進む[順次]、条件に応じて流れが分かれる[分岐]、条件に応じて処理を繰り返す[繰り返し]の3種類があります。[分岐]のことを[選択]と呼ぶ場合もあります。

▶ **与えられたテーマから処理の流れを見出す**（練習問題　p.33）

解答 a－ウ、b－エ（※aとbは順不同）、c－ア、d－イ

解説 「長方形の面積を求めるプログラムを作成してください」というテーマから処理の流れを見出すと[底辺を入力する]→[高さを入力する]→[面積 ＝ 底辺×高さという計算をする]→[面積を表示する]になります。

▶ **分岐と繰り返しの流れを見出す**（練習問題　p.35）

解答 a－イ、b－ウ

解説 年齢が20歳以上なら「成人です」、そうでないなら「未成年です」と表示する処理の流れは、[分岐]です。年齢がマイナスなら再入力にする処理の流れは、[繰り返し]です。

04 プログラム部品の形式

▶ **プログラム部品の形式と選び方**（練習問題　p.37）

解答 a－エ、b－ウ、c－ア、d－イ

▶ 第１章 の 問題の解答と解説　363

解説 プログラム部品の形式を選ぶときのポイントが2つあります。1つは、「単独の機能を持った[小さな部品]を作りたいなら関数を選び、複数の機能を持った[大きな部品]を作りたいならクラスを選ぶ」です。もう1つは、「[機械]のような部品を作りたいなら関数を選び、[物や生き物]のような部品を作りたいならクラスを選ぶ」です。

▶**関数のイメージをつかむ**（練習問題　p.38）

解答 a－エ、b－イ、c－ウ、d－ア

解説 関数は、外部から渡された[引数]を使って、内部に用意された[処理]を行い、その結果として[戻り値]を外部に返します。関数を使って処理を行うことを「関数を[呼び出す]」といいます。

▶**クラスのイメージをつかむ**（練習問題　p.39）

解答 a－エ、b－イ、c－ウ

解説 関数とメソッドの大きな違いは、関数が[外部]から渡されたデータ（引数）を使って処理を行うのに対し、メソッドは[クラス]が[内部]に保持しているデータを使って処理を行うことです。

▶**関数とクラスを作るときに考えること**（練習問題　p.40）

解答 a－イ、b－エ、c－オ（※a、b、cは順不同）、d－ウ、e－カ、f－ア（※d、e、fは順不同）

解説 プログラム部品の形式として、関数を選んだ場合は、自分の考えで[関数名]、[引数]、[戻り値]を決めます。クラスを選んだ場合は、自分の考えで[クラス名]、[データ名（クラスが保持するデータ名）]、[メソッド名]を決めます。

05 プログラムの作成と実行方法

▶**Pythonプログラムの作成と実行に必要なもの**（練習問題　p.42）

解答 a－エ、b－ウ、c－ア

解説 [Anaconda]は、Pythonインタプリタと主要なライブラリをセットにしたツールです。[Notepad++]は、プログラムを記述するときに使うテキストエディタです。テキストエディタでプログラムを記述して文書ファイルとして保存したものを[ソースファイル]と呼びます。

▶**Pythonの実行モード（ソースファイルの作成）**（練習問題　p.44）

解答 a－イ、b－ウ、c－ア

解説 実行モードでプログラムを実行する場合には、その準備段階として、[テキストエ

364

ディタ]でプログラムを記述し、拡張子を［.py］とした任意のファイル名の［**ソース
ファイル**］として保存しておきます。

▶Pythonの実行モード（プログラムの実行）（練習問題　p.46）

（**解答**）a－ウ、b－エ

（**解説**）実行モードによるプログラムの実行では、コマンドプロンプトで［**python ソース
ファイル名.py**］と入力して［Enter］キーを押します。これによって、［**python イ
ンタプリタ**］を起動してプログラムを実行できます。

▶Pythonの対話モード（プログラムの入力と実行）（練習問題　p.50）

（**解答**）a－ウ、b－エ、c－ア

（**解説**）対話モードによるプログラムの実行では、コマンドプロンプトで、［**python**］とだ
け入力して［Enter］キーを押します。Pythonインタプリタが起動したままの状態
になり［ >>> ］が表示されたら、そのあとにプログラムを入力して、［Enter］キー
を押します。これによって、プログラムが［**すぐに**］実行されます。

▍第1章　章末確認問題

▶処理の種類の確認問題（p.51）

（**解答**）a－ウ、b－イ、c－ア

（**解説**）「台形の面積を求めるプログラムを作成してください」というテーマから「入力」「演
算」「出力」を見出すと、「入力」は［**上底、下底、高さ**］、「演算」は［**面積＝（上底＋
下底）×高さ÷2**］、「出力」は［**面積**］になります。

▶流れの種類の確認問題（p.51）

（**解答**）a－ウ、b－ア、c－イ

（**解説**）「クイズを行うプログラムを作ります。問題と選択肢を表示し、キー入力で選択肢
を選びます。正解の場合は "○" を表示し、不正解の場合は "×" を表示します。
不正解の場合は、再度キー入力で選択肢を選びます」というテーマの中から「流れ」
を見出すと、［**問題と選択肢を表示し、キー入力で選択肢を選びます**］が順次、［**正
解の場合は "○" を表示し、不正解の場合は "×" を表示します**］が分岐、［**不正解
の場合は、再度キー入力で選択肢を選びます**］が繰り返しです。

▶プログラム部品の形式の確認問題（p.52）

（**解答**）a－エ、b－イ、c－オ、d－ア、e－ウ

（**解説**）「台形の面積を求める」という機能を持ったプログラム部品を、関数として作る場
合には、「関数名」は［**台形の面積を求める**］、引数は［**上底、下底、高さ**］、戻り値

▶ **第 1 章 の 問題の解答と解説**　365

は［面積］になります。同じ機能のプログラム部品を、クラスとして作る場合には、「クラス名」は［台形］、内部に保持する「データ」は［上底、下底、高さ］、「メソッド」は［面積を求める］になります。

第2章の 問題の解答と解説

06 変数、関数、算術演算子

▶「英語だ」「数式だ」と思ってプログラムを見る (練習問題　p.55)
(解答) a－ウ、b－ア（※aとbは順不同）、c－エ、d－イ
(解説) Pythonで記述されたプログラムを見たときに、［英語］だ、［数式］だ、という意識を持つことは、とても重要です。なぜなら、使用されている［単語］も、それらを並べる［順序］も、［英語］だ、［数式］だ、と思えば、すんなりと理解できるからです。

▶変数への代入と関数の呼び出し (練習問題　p.56)
(解答) a－エ、b－イ、c－ア
(解説) Pythonでは、y = f(x) という構文で、「引数に［変数］xを指定して、［関数］fを呼び出し、その戻り値を［変数］yに［代入］せよ」という命令を表現します。

▶入力と出力を行う関数 (練習問題　p.57)
(解答) a－イ、b－ウ、c－エ、d－ア
(解説) ［input］関数は、［引数］に指定された文字列を画面に表示し、キー入力された文字列を［戻り値］として返します。［print］関数は、［引数］に指定されたデータを画面に表示します。

▶演算子と演算式 (練習問題　p.59)
(解答) a－イ、b－エ
(解説) ans = a + b * c では、b * c が先に演算されるので、ans = 1 + 2 * 3 となり ans = 7 です。ans = (a + b) * c では、(a + b) が先に演算されるので、ans = (1 + 2) * 3 となり ans = 9 です。

▶算術演算子 (練習問題　p.61)
(解答) a－ウ、b－イ、c－ア
(解説) / 演算子では、除算の小数点以下の値も得られるので 7 / 2 の演算結果は 3.5 になります。// 演算子では、除算の商が得られるので 7 // 2 の演算結果は 3 になります。% 演算子では、除算の余りが得られるので 7 % 2 の演算結果は 1 になります。

▶**複合代入演算子**（練習問題　p.62）

解答 a－ア、b－ウ

解説 a = a * 100 を複合代入演算子で表すと［**a *= 100**］になります。このように、複合代入演算子を使うと、「変数 = 変数 演算子 データ」を「［**変数 演算子 = データ**］」と短く効率的に記述できます。

07 予約語、命名規約、コメント

▶**Pythonの予約語**（練習問題　p.64）

解答 a－ウ、b－ア

解説 Pythonのプログラムにおいて、あらかじめ意味が決められている言葉を［**予約語**］と呼びます。自分で作る変数名、関数名、クラス名に［**予約語**］を使うと、プログラムの実行時に［**エラーメッセージ**］が表示されます。

▶**Pythonの命名規約**（練習問題　p.65）

解答 a－イ、b－ア、c－ウ、d－オ（※b、c、dは順不同）、e－エ

解説 Pythonの命名規約では、［**定数名**］は、MINのようにすべて大文字にします。［**変数名**］［**関数名**］［**メソッド名**］は、sumのようにすべて小文字にします。［**クラス名**］は、Rectangleのように先頭を大文字にします。

▶**コメント**（練習問題　p.67）

解答 a－イ、b－ア、c－ウ、d－エ（※cとdは順不同）

解説 Pythonでは、［ # ］という記号がコメントの開始を表し、［ # ］のあとから［**改行**］までがコメントになります。複数行をコメントにする場合は、［ """ ］または［ ''' ］で囲みます。

08 データ型の種類

▶**Pythonのデータ型の種類**（練習問題　p.69）

解答 a－エ、b－ア、c－ウ、d－イ

解説 Pythonのデータ型には、小数点以下がない数値データの［**整数型**］、小数点以下がある数値データの［**実数型**］、文字が並んだデータの［**文字列型**］、True または False のいずれかの値を持つデータの［**論理型**］などがあります。

▶**Pythonの変数には何でも代入できる**（練習問題　p.70）

解答 a－エ、b－ウ、c－ア

解説 変数を宣言せずに使え、変数に様々なデータ型のデータを代入できるのは、Pythonでは、変数に、データの［**値**］ではなく、データの［**識別情報**］が代入され

▶ 第 2 章 の 問題の解答と解説　367

るようになっているからです。この[識別情報]は、[データ型に関わらず同じ]形式になっています。

▶ **id関数でデータの識別情報を確認する**（練習問題　p.72）

解答 a－イ、b－エ

解説 [id関数]を使うと、引数に指定したデータの識別情報を得ることができます。複数のデータが並んだリストを、1つの変数に代入できるのは、複数のデータのリスト全体に付けられた[1つの識別情報]が、変数に代入されるからです。

09 データ型の変換

▶ **データ型の変換が必要な場面**（練習問題　p.74）

解答 a－イ、b－エ

解説 キー入力されたデータは、文字、数字、記号のいずれであっても、すべて[文字列]です。Pythonでは、[文字列]どうしで＋演算子を使うと、[文字列]を連結します。たとえば、ans = "123" + "456" では、変数aに["123456"]が代入されます。

▶ **数字列を数値に変換する**（練習問題　p.76）

解答 a－イ、b－ア、c－エ、d－ウ

解説 [int関数]は、引数に指定された数字列を整数型のデータに変換します。[float関数]は、引数に指定された数字列を実数型のデータに変換します。どちらの関数も、引数に[数値]に変換できない[文字列]を指定すると、プログラムの実行時にエラーになります。

▶ **数値を文字列に変換する**（練習問題　p.77）

解答 a－エ、b－イ

解説 str関数は、引数に指定された数値を[文字列型]のデータに変換します。str関数で[文字列型]に変換されたデータは、＋演算子で他の文字列と[連結]できます。

10 プログラムの書き方

▶ **プログラマ脳をプログラムで表現する**（練習問題　p.80）

解答 a－エ、b－ウ、c－イ、d－ア

解説 コメントに対応したプログラムを選んでください。変数名、使われている関数、演算子などにも注目してください。

▶ **プログラムの様々な書き方**（練習問題　p.83）

解答 a－イ、b－ウ

▶ 368

解説 float関数の引数にinput関数を指定すると、先にinput関数が呼び出されて、その戻り値がfloat関数の引数に渡されます。**変数bottom**と**height**には、float関数で実数に変換された値が代入されているので、**bottom * height**で面積を演算できます。選択肢エのfloat(bottom) * float(height)とするのは冗長です。

▶ **関数の様々な使い方**（練習問題　p.85）

解答 ウ

解説 選択肢ウの **print(float(input("底辺：")) * float(input("高さ：")))** では、まず左側の**input関数**が呼び出されて「底辺」がキー入力され、その戻り値が**float関数**で実数に変換されます。次に、右側のinput関数が呼び出されて「高さ」がキー入力され、その戻り値がfloat関数で実数に変換されます。次に、実数に変換された「底辺」と「高さ」が乗算されて、その結果が**print関数**で画面に表示されます。その他の選択肢では、それぞれの関数を使う場所に誤りがあります。

第2章　章末確認問題

▶ **関数の種類の確認問題**（p.86）

解答 a－イ、b－ア、c－ウ、d－オ、e－エ

解説 キー入力を行う関数の基本構文は［**変数 = input("文字列")**］です。画面にデータを表示する関数の基本構文は［**print(データ)**］です。数字列を整数型のデータに変換する関数の基本構文は［**変数 = int("数字列")**］です。数字列を実数型のデータに変換する関数の基本構文は［**変数 = float("数字列")**］です。数値を文字列に変換する関数の基本構文は［**変数 = str(数値)**］です。

▶ **算術演算子の種類の確認問題**（p.86）

解答 a－イ、b－ウ、c－オ

解説 除算の商（整数部分）を求める演算子は［ **//** ］で、除算の余りを求める演算子は［**%**］です。変数aの値を2乗して、その結果をaに代入する処理は、a = a ** 2ですが、複合代入演算子を使うと、同じ処理を［**a **= 2**］と短く効率的に記述できます。

▶ **予約語と命名規約の確認問題**（p.87）

解答 a－ウ、b－オ

解説 Pythonでは、**None**は「無」を意味する予約語で、**True**は「真」を意味する予約語です。Pythonの命名規約では、**定数名**は、**MAX**のようにすべて大文字にします。

▶ **プログラムの書き方の確認問題**（p.87）

解答 a－ウ、b－イ、c－エ、d－ア

▶ 第2章 の 問題の解答と解説　369

解説 このプログラムでは、**input関数の戻り値の数字列を変数s**に代入し、変数sを**float関数**で実数に変換して、**変数top**、**bottom**、**height**に代入しています。変数top、bottom、heightは、それぞれの名前から、「上底」「下底」「高さ」だとわかります。変数top、bottom、heightを使って面積を求めて、その結果を**変数area**に代入しています。変数areaは、実数型なので、**str関数**で文字列型に変換して、**"面積は、"** および **"です。"** という文字列と連結して、**print関数**で画面に表示しています。

第3章の 問題の解答と解説

11 比較演算子と論理演算子

▶比較演算子（練習問題 p.91）

解答 a―ア、b―イ、c―イ、d―ア

解説 a = 5、b = 2 なので、5 > 2 は **True**、5 < 2 は **False**、5 == 2 は **False**、5 != 2 は **True** になります。

▶論理演算子（練習問題 p.93）

解答 a―イ、b―ア、c―イ

解説 a = True、b = False なので、True and False は **False**、True or False は **True**、not True は **False** になります。

▶複数の比較演算を論理演算でつなぐ（練習問題 p.95）

解答 a―イ、b―ア

解説 height = 175、weight = 70、age = 25 なので、**175 >= 170 and 70 <= 65 and 25 <= 30** は、True and False and True であり **False** になります。**not(175 >= 170 and 70 <= 65 and 25 <= 30)** は、False の not なので **True** になります。

▶演算子の優先順位（練習問題 p.97）

解答 a―ウ

解説 > および < という比較演算は、**and** という論理演算より優先順位が高いので、先に演算されます。> と < は同じ優先順位なので、前にある > が先に演算されます。

▶変数の値が範囲内にあることをチェックする表現（練習問題 p.98）

解答 a―ウ

解説 「価格が1000円台」は、「価格が1000円以上で2000円未満」と言い換えられます。したがって、**1000 <= price < 2000** が適切です。

370

12 if文による分岐

▶ if 〜 else で 2 つに分岐する（練習問題　p.101）

（解答） a －ウ、b －イ

（解説） **a**：「合格です。」と表示する条件は、「得点が 60 点以上」なので **score >= 60** が適切です。

b：「得点が 60 点以上」でなければ不合格なので、**print("不合格です。")** を実行します。

▶ インデントによるブロックの表現（練習問題　p.103）

（解答） a －ウ、b －エ

（解説） プログラムにおける処理のまとまりをブロックと呼びます。Python では、プログラムの行頭を［**インデント**］することでブロックを示します。1 つのブロックに複数の処理を記述する場合は、［**インデントを揃え**］なければなりません。

▶ if だけの if 文と pass 文（練習問題　p.104）

（解答） a －ウ、b －イ

（解説） if だけで else がない構文では、条件が［**True**］なら処理が行われ、そうでないなら何も行いません。Python では、ブロックを空にするとエラーになるので、何もすることがない場合は、［**pass**］と記述します。

▶ if 〜 elif 〜 else で 3 つ以上に分岐する（練習問題　p.106）

（解答） a －ア、b －ウ、c －イ

（解説） if 文の構文では、必ず 1 つの［**if ブロック**］がなければなりません。［**else ブロック**］は、1 つだけか、なしにすることができます。［**elif ブロック**］は、いくつあっても構いません。［**elif ブロック**］は、なくても構いません。

▶ ネストした if 文（練習問題　p.108）

（解答） ウ

（解説） 変数 score の値が **75** なので、外側の if 文の **if score >= 60:** が True となり「**合格**」と表示されます。さらに、内側の if 文で、**75** は **if score >= 90:** にも **elif score >= 80:** にも該当しないので、**else:** のブロックが実行されて「**なかなかだね！**」と表示されます。

▶ 第 3 章 の 問題の解答と解説　371

▶**二者択一の値を返す if～else の簡略表現**（練習問題　p.110）

(解答) ウ

(解説) 三項演算子の構文は、「値1 if 条件 else 値2」なので、変数 s に代入する右辺が **"成人です。" if age >= 20 else "未成年です。"** となっている選択肢ウが正解です。

|13 while 文による繰り返し

▶**条件が True である限り繰り返す**（練習問題　p.113）

(解答) a－イ、b－ウ

(解説) **a**：「10000円たまるまで」は、「10000円未満である限り」と言い換えられるので **money < 10000** が適切です。

b：変数 deposit に格納された入金を、変数 money に追加するので **money += deposit** が適切です。

▶**繰り返しと分岐の組み合わせ**（練習問題　p.115）

(解答) a－エ、b－ア

(解説) **a**：[　a　] の条件が True のとき「貯金できません！」と表示するので **deposit < 0** が適切です。

b：**deposit < 0** という条件が True でないときに実行される else ブロックでは、変数 deposit に格納された入金を変数 money に加えるので **money += deposit** が適切です。

▶**True や False とみなされるもの**（練習問題　p.119）

(解答) a－イ、b－ア

(解説) **a**：変数 name には、文字列が代入されます。文字列は、空でなければ True とみなされ、空ならば False とみなされます。[　a　]は、name が空でないときに実行されるので、**print(name + "さん、こんにちは！")** が適切です。

b：[　b　]は、変数 name が空のときに実行されるので、**print("氏名を入力してください！")** が適切です。

|14 for 文による繰り返し

▶**イテラブルから要素を順番に取り出す**（練習問題　p.121）

(解答) a－エ

(解説) **range(初期値, 終了値, ステップ)** によって、初期値から終了値未満（終了値－1）までの整数がステップごとに得られます。ここでは、1～12を得るので、**range(1, 13, 1)** が適切です。

372

▶ **range 関数の使い方**（練習問題　p.124）

解答 イ

解説 range(初期値, 終了値, ステップ) という構文において、ステップをマイナスにした場合も初期値を含んで終了値を含まないので、9〜0の数値を得るには **range(9, -1, -1)** とします。

▶ **ネストした繰り返し（多重ループ）**（練習問題　p.125）

解答 a－ウ、b－イ

解説 **a**：外側のfor文の **range(1, 10, 1)** で変数mに1〜9を代入しているので、内側のfor文でも同様に **range(1, 10, 1)** で変数nに1〜9を代入します。
b：ここでは、mとnの乗算結果を表示するので **m * n** が適切です。

15 break文とcontinue文

▶ **break文で繰り返しを中断する**（練習問題　p.127）

解答 イ

解説 **for n in range(1, 10, 1):** によって、変数nには、1〜9の整数が繰り返し順番に格納されます。ただし、nが5のときには、**if n >= 5:** がTrueになり、break文で繰り返しが中断されます。この中断の前で **print(n)** が実行されているので、**1〜5** が表示されます。

▶ **continue文で繰り返しを継続する**（練習問題　p.129）

解答 ア

解説 **for n in range(1, 5, 1):** によって、変数nには、1〜4の整数が繰り返し順番に格納されます。ただし、n = 3のときには、**if n == 3:** がTrueとなってcontinue文が実行され、それ以降にある **print(n)** という処理がスキップされます。したがって、**3**は表示されずに、**1**、**2**、**4**が表示されます。

▶ **繰り返しにおけるelseの使い方**（練習問題　p.131）

解答 a－エ、b－ウ、c－イ

解説 while文でもfor文でも、繰り返しのブロックの中で［break文］を実行すると繰り返しが中断され、［continue文］を実行するとそれ以降の処理がスキップされて繰り返しが継続されます。繰り返しのブロックのあとに［elseブロック］を置くと、そのブロックの中に記述された処理は、繰り返しが中断されなかった場合にだけ実行されます。

▶ 第3章 の 問題の解答と解説　373

▶ **while文で後判定の繰り返しを実現する**（練習問題　p.133）

解答　a－ウ、b－ア

解説　Pythonのwhile文で後判定の繰り返しを行うには、[**while True:**]で無限ループとし、if文でチェックした条件がTrueなら[**break文**]で繰り返しを抜けるという方法があります。

第3章　章末確認問題

▶ **分岐と繰り返しの構文の確認問題**（p.134）

解答　a－ク、b－ア、c－カ

解説　a：range関数の基本構文は、**range(初期値, 終了値, ステップ)** であり、初期値から終了値未満（終了値－1）の整数をステップごとに返します。したがって、1〜100の整数を得るには、1〜101未満まで1ステップずつなので、**range(1, 101, 1)** が正解です。

b：「FizzBuzz」と表示するときの条件は、「nが3でも5でも割り切れる」であり、「**nが3で割り切れ、かつ、nが5で割り切れる**」と言い換えることができます。したがって、「**かつ**」を意味する**and**が正解です。

c：print(n) は、nの値を画面に表示します。これは、その上にあるどの条件にも該当しないときなので、**else**が正解です。

▶第4章の 問題の解答と解説

16 イテラブルの種類と特徴

▶ **イテラブルの種類**（練習問題　p.139）

解答　a－エ、b－ウ、c－イ、d－ア

解説　イテラブルは、[**シーケンス**]と[**コレクション**]に分類できます。[**シーケンス**]の要素には順序がありますが、[**コレクション**]の要素には順序がありません。イテラブルの特徴として、あとから要素の値を変更できることを[**ミュータブル**]と呼び、あとから変更できないことを[**イミュータブル**]と呼びます。

▶ **イテラブルはオブジェクトである**（練習問題　p.142）

解答　a－イ、b－エ

解説　オブジェクトが持つメソッドを呼び出すときは、[**オブジェクト.メソッド名()**]という構文を使います。たとえば、変数sに文字列オブジェクトが代入されている場合に、文字列オブジェクトが持つisidigitメソッドを呼び出すには、[**s.isidigit()**]とします。

▶クラスとオブジェクト（練習問題　p.143）

解答 a－イ、b－エ

解説 ［type関数］で文字列オブジェクトのデータ型を確認すると［strクラス］であることがわかります。［strクラス］は、文字列オブジェクトのデータ型です。

▶Pythonでは、すべてのデータがオブジェクトである（練習問題　p.144）

解答 a－エ、b－ウ、c－イ、d－ア

解説 整数は［intクラス］のオブジェクト、実数は［floatクラス］のオブジェクト、論理値は［boolクラス］のオブジェクトです。イテラブルの要素は、何らかのオブジェクトなので、［どんなデータ型］でも要素にできます。

17 イテラブルの表記方法とfor文

▶文字列の表記方法とfor文（練習問題　p.146）

解答 a－エ、b－オ（※aとbは順不同）、c－ア、d－イ、e－ウ

解説 複数の文字を［ダブルクォーテーション］または［シングルクォーテーション］で囲むと、文字列であるとみなされます。「for 変数 in イテラブル: 」のイテラブルに文字列を指定すると、文字列から［1文字ずつ］が取り出されて変数に格納されます。要素のない空の文字列を作る場合は、［my_str = ""、my_str = ''、またはmy_str = str() ］を実行します。文字列は、［strクラス］のオブジェクトです。

▶リストの表記方法とfor文（練習問題　p.148）

解答 a－ウ、b－イ、c－エ、d－ア

解説 複数の要素をカンマで区切って［ [と] ］で囲むと、リストであるとみなされます。「for 変数 in イテラブル: 」のイテラブルにリストを指定すると、リストから［1要素ずつ］が取り出されて変数に格納されます。要素のない空のリストを作る場合は、［my_list = [] または my_list = list() ］を実行します。リストは、［listクラス］のオブジェクトです。

▶タプルの表記方法とfor文（練習問題　p.149）

解答 a－イ、b－ア、c－エ、d－ウ

解説 複数の要素をカンマで区切って［ (と) ］で囲むと、タプルであるとみなされます。「for 変数 in イテラブル: 」のイテラブルにタプルを指定すると、タプルから［1要素ずつ］が取り出されて変数に格納されます。要素のない空のタプルを作る場合は、［my_tuple = () または my_tuple = tuple() ］を実行します。タプルは、［tupleクラス］のオブジェクトです。

▶ **第4章 の 問題の解答と解説** 375 ◀

▶辞書の表記方法とfor文 (練習問題　p.151)

解答 a－ウ、b－イ、c－エ、d－ア

解説 「キー:バリュー」形式の複数の要素をカンマで区切って［ { と } ］で囲むと、辞書であるとみなされます。「for 変数 in イテラブル: 」のイテラブルに辞書を指定すると、辞書の要素の［**キー**］が1つずつ取り出されて変数に格納されます。要素のない空の辞書を作る場合は、［**my_dict = {} または my_dicr = dict()**］を実行します。辞書は、［**dict クラス**］のオブジェクトです。

▶集合の表記方法とfor文 (練習問題　p.152)

解答 a－ウ、b－オ、c－エ、d－イ、e－ア

解説 複数の要素をカンマで区切って［ { と } ］で囲むと、集合であるとみなされます。集合には、同じ値の要素を複数入れられません。もしも、同じ値の要素を入れようとすると、［**エラーにならず無視され**］ます。「for 変数 in イテラブル: 」のイテラブルに集合を指定すると、集合から［**1要素ずつ**］が取り出されて変数に格納されます。要素のない空の集合を作る場合は、［**s = set()**］を実行します。集合は、［**set クラス**］のオブジェクトです。

▌18 イテラブルに共通した機能

▶len関数、max関数、min関数 (練習問題　p.155)

解答 a－ウ、b－ア、c－イ、d－エ、e－カ

解説 イテラブルの要素数、最大値、最小値は、それぞれ［**len関数**］［**max関数**］［**min関数**］で求められます。キーとバリューのペアを要素とした集合では、［**キー**］の最大値と最小値が得られます。要素が、文字や文字列の場合は、英語の辞典に掲載されたときに［**前**］にあるほど小さいとされます。

▶in演算子とnot in演算子 (練習問題　p.156)

解答 a－ア、b－イ、c－イ、d－ア、e－ウ

解説 「データ in イテラブル」という演算は、データと同じ値の要素がイテラブルにあれば［**True**］となり、なければ［**False**］になります。「データ not in イテラブル」という演算は、データと同じ値の要素がイテラブルにあれば［**False**］となり、なければ［**True**］になります。キーとバリューのペアを要素とした辞書では、指定したデータと同じ［**キー**］があるかどうかがチェックされます。

▶イテラブルをリストに変換する (練習問題　p.158)

解答 a－ウ、b－エ、c－イ

解説 「list(イテラブル) 」を実行すると、イテラブルが［**リスト**］に変換されます。文字列

をリストに変換すると、［1文字ずつを要素とした］リストになります。タプルをリストに変換すると、［タプルと同じ要素を持つ］リストになります。

▶ **sorted関数で要素をソートする**（練習問題　p.159）

（解答）**a**－ア、**b**－ウ、**c**－イ

（解説）［sorted(イテラブル)］は、引数に指定されたイテラブルの要素を昇順にソートし、その結果を新たな［リスト］として作成します。要素を降順にソートする場合は、［sorted(イテラブル, reverse=True)］とします。

┃19　シーケンスに共通した機能

▶ **添字による要素の指定**（練習問題　p.162）

（解答）**a**－イ、**b**－エ

（解説）文字列は、イミュータブル（変更できない）ので、要素を書き換えようとするとエラーが発生します。エラー発生後、もとの文字列の内容は変更されていません。

▶ **スライスによる要素の切り出し**（練習問題　p.164）

（解答）**a**－エ、**b**－ア、**c**－イ、**d**－オ、**e**－カ

（解説）「シーケンス名[開始位置:終了位置:ステップ]」というスライスの構文では、「開始位置」から「終了位置」［未満］までの要素が「ステップ」ごとに切り出されます。この構文で、「開始位置」を省略すると、［先頭］から要素が切り出されます。「終了位置」を省略すると、［末尾］まで要素が切り出されます。「ステップ」を省略すると、［要素が1つずつ取り出され］ます。すべてを省略すると、［もとのシーケンスのコピーが得られ］ます。

▶ **スライスによる要素の変更と削除**（練習問題　p.166）

（解答）**a**－イ、**b**－ウ

（解説）my_list[0:2:1] = [-1, -1] によって、my_list[0] ～ my_list[1] が [-1, -1] に置き換わります。del my_list[2:4:1] によって、my_list[2] ～ my_list[3] が削除されます。

▶ **＋演算子と＊演算子**（練習問題　p.167）

（解答）**a**－ウ、**b**－エ

（解説）my_list = [12] + [34] を実行すると、[12] と [34] を連結した［[12, 34]］が my_list に代入されます。これに続けて、my_list *= 2 を実行すると、[12, 34] を2回繰り返し連結した［[12, 34, 12, 34]］が my_list に代入されます。

10

練習問題・章末確認問題・サンプル問題の解答と解説・

▶ **第4章 の 問題の解答と解説**　377 ◀

▶**index メソッドと count メソッド**（練習問題　p.169）

解答 a－ア、b－ウ

解説 **my_list.index(12)** を実行すると、my_list を先頭からチェックして最初に**12**が見つかる**0**という位置（添字）が返されます。**my_list.count(34)** を実行すると、my_list の中にある**34**の個数の**2**が返されます。

20 イテラブルのその他の機能

▶**キーを指定してバリューを読み書きする（辞書の機能）**（練習問題　p.171）

解答 a－イ

解説 辞書では、「辞書名[キー] = 値」という構文で、キーに対応するバリューを書き換えます。

▶**集合どうしを演算する（集合の機能）**（練習問題　p.175）

解答 a－ウ、b－イ、c－カ、d－オ

解説 **a | b** を実行すると、集合aとbのいずれかに含まれている要素の **{'cat', 'fox', 'mouse', 'dog'}** という集合が得られます。**a & b** を実行すると、集合aとbの両方に含まれている要素の **{'dog'}** という集合が得られます。集合aはbを含んでいないので、**a > b** は**False**になります。集合aとbは等しくないので、**a != b** は**True**になります。

▶**タプルのアンパック（タプルの機能）**（練習問題　p.176）

解答 a－イ、b－ウ

解説 radius = 10 を実行したあとで、diameter, area = radius * 2, radius * radius * 3.14 を実行すると、変数diameterには[**20**]が代入され、変数areaには[**314.0**]が代入されます。

▶**リストへの要素の追加、更新、削除（リストの機能）**（練習問題　p.179）

解答 a－オ、b－エ、c－ウ、d－イ、e－ア

解説 リストが持つ[**append**]メソッドは、リストの末尾に要素を追加します。[**insert**]メソッドは、リストに要素を挿入します。[**pop**]メソッドは、リストの指定した位置または末尾から要素を取り出して削除します。[**remove**]メソッドは、指定したオブジェクトと同じ値の最初の要素を削除します。[**reverse**]メソッドは、リストの要素を逆順に並び替えます。

▶**辞書への要素の追加、更新、削除（辞書の機能）**（練習問題　p.180）

解答 a－ウ、b－ア、c－イ（※bとcは順不同）

378

解説 ［辞書名[キー] = 値］で辞書に書き込みを行うと、指定したキーに対応する要素の値が更新されますが、指定したキーに対応する要素が存在しない場合は、新たに「キー：値」という要素が追加されます。［del 辞書名[キー]］または［辞書名.pop(キー)］で、辞書から要素を削除できます。

▶集合への要素の追加と削除（集合の機能）（練習問題　p.182）

解答 a―ウ、b―ア、c―オ、d―エ

解説 ［addメソッド］で集合に要素を追加することができますが、すでに同じ要素が存在する場合は［無視され］ます。［removeメソッド］で集合から要素を削除したときに、指定した要素が存在しない場合はエラーになります。［discardメソッド］で集合から要素を削除したときに、指定した要素が存在しない場合は無視されます。

▶2次元配列（イテラブルのイテラブル）（練習問題　p.184）

解答 a―イ、b―オ、c―エ

解説 リストの先頭の要素の添字が、0であることに注意してください。data[0][1] は、0番目の [1, 2] というリストの1番目の要素なので 2 です。data[1][2] は、1番目の [3, 4, 5] というリストの2番目の要素なので 5 です。data というリストの中には、[1, 2]、[3, 4, 5]、[6]、[7, 8, 9] という4つの要素があるので、len(data) は4を返します。

第4章　章末確認問題

▶リストの作成、for文、要素の指定に関する確認問題 (p.185)

解答 a―イ、b―ウ

解説 a：この問題では、リストのリストで2次元配列を表現しています。「時間割表を画面に表示する」とコメントされた部分では、for文のブロックの中にfor文がある多重ループで、2次元配列の個々の要素を取り出して画面に表示しています。外側のfor文では、リストのリストである table から、行方向（横方向）の要素をひとまとまりとしたリストを col に取り出します。内側のfor文では、リストである col の中から曜日、時限、科目を表す文字列が格納された要素を row に取り出して、それを画面に表示します。

b：この問題の2次元配列では、「table[縦方向の添字][横方向の添字]」という構文で、要素を指定します。ここでは、縦方向の時限が変数 time に格納され、横方向の曜日が変数 day に格納されているので、table[time][day] で要素を指定します。

▶ 第4章 の問題の解答と解説　379

第5章の 問題の解答と解説

21 ライブラリの種類

▶**ライブラリの基礎知識**（練習問題 p.189）

解答 a―ウ、b―イ、c―ア

解説 Pythonのモジュールとパッケージの関係は、[**ファイル**]と[**フォルダ**]の関係に相当します。Pythonの標準ライブラリの中には、[**インポート**]せずにすぐに使えるものがあり、それらを組み込み関数や組み込み型と呼びます。

▶**組み込み関数と組み込み型**（練習問題 p.190）

解答 a―カ、b―エ、c―オ、d―ウ、e―イ

解説 キー入力する機能を持つ[**input関数**]や、画面に表示する機能を持つ[**print関数**]は、組み込み関数です。実数型の[**floatクラス**]やリストの[**listクラス**]は、組み込み型です。これらを使うには、インポートが[**不要**]です。

▶**標準ライブラリの種類**（練習問題 p.192）

解答 a―ウ、b―イ、c―エ、d―ア

解説 標準ライブラリの中で、[**math**]モジュールは数学の関数を提供します。インポート不要ですぐに使える組み込み定数には、真を表す[**True**]、偽を表す[**False**]、データが空であることを表す[**None**]などがあります。

▶**外部ライブラリの種類**（練習問題 p.193）

解答 a―イ、b―エ、c―ア、d―ウ

解説 よく知られている代表的な外部ライブラリには、ベクトルや行列を操作する[**numpy**]パッケージ、データ解析を行う[**pandas**]パッケージ、機械学習に関する[**scikit-learn**]、およびグラフを描画する[**matplotlib**]があります。

▶**関数やメソッドの引数のバリエーション**（練習問題 p.197）

解答 a―ウ、b―カ

解説 print(a, b, c, sep="¥t", end="") を実行すると、変数a、b、cの値が、sepで指定されたタブ文字（¥t）で区切って表示され、最後にendで指定された文字が表示されます。ここでは、endに空文字列を指定しているの、表示の最後で改行しません。range(1, 10) を呼び出すと、3つ目の引数であるステップが省略され、初期値として1が指定され、終了値として10が指定されたとみなされます。

22 組み込み関数の使い方

▶基数を指定して整数に変換する（練習問題 p.199）

解答 a－イ、b－エ、c－ア

解説 int関数では、引数baseに**基数**（何進数であるか）を指定できます。引数baseを省略すると、**10進数**が指定されたとみなされます。

▶デフォルトのオブジェクト（練習問題 p.200）

解答 a－イ、b－エ、c－ア

解説 「変数 ＝ クラス名()」という構文でデフォルトのオブジェクトを生成すると、整数型と実数型では[**値が0のオブジェクト**]が生成され、論理型では[**値がFalseのオブジェクト**]が生成され、文字列、リスト、タプル、辞書、集合では、それぞれの形式で[**要素がないオブジェクト**]が生成されます。

▶イテラブルの要素に添字を割り当てる（練習問題 p.201）

解答 a－イ、b－エ

解説 enumerate(my_list, start=1) は、my_listの要素に、1から始まる1、2、3、……、という添字を割り当てます。したがって、先頭の "apple" には1という添字が、3番目の "banana" には3という添字が割り当てられます。

▶複数のイテラブルの要素をつなぐ（練習問題 p.203）

解答 a－イ、b－エ、c－ウ、d－ア

解説 for a, b in zip(my_listA, my_listB): というfor文では、my_listAとmy_listBが[**つなぎ合わされ**]、要素が[**1つずつ順番に取り出され**]ます。list(zip(my_listA, my_listB)) では、my_listA, my_listBから取り出された要素が[**タプル**]にまとめられ、それを要素にした[**リスト**]が作成されます。

▶ファイルオブジェクトを生成する（練習問題 p.206）

解答 a－オ、b－エ、c－ウ、d－イ、e－ア

解説 open関数の引数modeに指定するモードには、読み出しを意味する["r"]、書き込みを意味する["w"]、追加を意味する["a"]、およびテキストファイルを対象とする["t"]、バイナリファイルを対象とする["b"]があります。

23 文字列の操作

▶strクラスのメソッドの種類（練習問題 p.208）

解答 a－ア、b－エ

解説 オブジェクトが持つメソッドは、「**オブジェクト名.メソッド名()**」という構文で使

▶ 第5章 の 問題の解答と解説　381

います。文字列は、**イミュータブル**（変更できない）です。

▶文字列の変換（練習問題　p.210）

（解答） **a**－ウ、**b**－ア、**c**－カ、**d**－オ

（解説） **my_str.lower()** は、my_strをすべて小文字にします。**my_str.upper()** は、my_strをすべて大文字にします。**my_str.replace("is", "at")** は、my_strの中にあるすべての "is" を "at" に変換します。**my_str.replace("is", "at", 1)** は、my_strの先頭から1個だけ "is" を "at" に変換します。

▶文字列の消去（練習問題　p.211）

（解答） **a**－ウ、**b**－エ、**c**－ア

（解説） **my_str.lstrip("*")** は、my_strの先頭の "*" を消去します。**my_str.rstrip("*")** は、my_strの末尾の "*" を消去します。**my_str.strip("*")** は、my_strの先頭と末尾の "*" を消去します。

▶文字列の内容チェック（練習問題　p.213）

（解答） **a**－イ、**b**－イ、**c**－ア

（解説） my_str = "abc123" には、英字と数字があるので、すべて英字かどうかをチェックする **my_str.isalpha()** は **False** を返し、すべて数字かどうかをチェックする **my_str.isdigit()** は **False** を返し、すべて英数字かどうかをチェックする **my_str.isalnum()** は **True** を返します。

▶文字列の探索（練習問題　p.214）

（解答） **a**－イ、**b**－オ、**c**－ウ

（解説） **my_str.find("c")** は、my_strの先頭から "c" を探索し、添字2の位置に見つかるので**2**を返します。**my_str.rfind("c")** は、my_strの末尾から "c" を探索し、添字5の位置に見つかるので**5**を返します。**my_str.count("c")** は、my_strから "c" を探索し、3回見つかるので**3**を返します。

▶文字列の書式指定（**format**メソッド）（練習問題　p.216）

（解答） **a**－エ

（解説） **"{:^20,.1f}"** は、中央寄せ、幅20文字、3桁ごとにカンマを入れる、小数点以下1桁、固定小数点表記、という書式指定です。したがって、"　　　1,111.2　　　" という文字列になります。

▶**文字列の書式指定（format関数）**（練習問題　p.217）

解答 a－ア

解説 ">10.2f" は、右寄せ、幅10文字、小数点以下2桁、固定小数点表記、という書式指定です。したがって、" 1111.22" という文字列になります。

▶**文字列の書式指定（f文字列）**（練習問題　p.218）

解答 a－イ

解説 f"{a} / {b} = {ans:.1f}" のa、b、ansの部分は、それぞれの変数の値に置き換わります。ansには ".1f" という書式指定があるので、小数点以下1桁まで表示されます。

24 インポートと数学関数

▶**モジュールのインポート**（練習問題　p.221）

解答 a－エ、b－ウ、c－ア、d－イ

解説 モジュールAが持つ関数Aを使うとします。「import モジュールA」を実行した場合は［**モジュールA.関数A()**］、「import モジュールA as 別名A」を実行した場合は［**別名A.関数A()**］、「from モジュールA import 関数A」を実行した場合は［**関数A()**］、「from モジュールA import 関数A as 別名A」を実行した場合は［**別名A()**］という構文になります。

▶**mathモジュールの使い方**（練習問題　p.223）

解答 a－ウ、b－エ、c－イ、d－ア

解説 mathモジュールにおいて、［**fabs関数**］は絶対値を返し、［**ceil関数**］は小数点以下を切り上げた整数を返し、［**floor関数**］は小数点以下を切り捨てた整数を返します。四捨五入は、組み込み関数である［**round関数**］で求められます。

▶**角度を持った線分のx座標とy座標を求める**（練習問題　p.224）

解答 a－イ、b－ア

解説 問題に示された直角三角形において、aの長さは［**c * cos(rad)**］で求められ、bの長さは［**c * sin(rad)**］で求められます。

25 グラフの描画

▶**折れ線グラフを描画する**（練習問題　p.226）

解答 a－イ、b－ウ

解説 matplotlibパッケージのpyplotモジュールをインポートしてpltという別名を付けるには、［**import matplotlib.pyplot as plt**］とします。折れ線グラフを作成するには、pyplotモジュールの［**plot関数**］を使います。

10

練習問題・章末確認問題・サンプル問題の解答と解説

▶ 第5章 の 問題の解答と解説　383 ◀

▶**棒グラフを描画する**（練習問題 p.228）

解答 a－イ、b－エ、c－ア

解説 棒グラフを作成するbar関数の引数には、先頭から順に[**x軸のデータ**]、[**y軸のデータ**]、[**tick_label=x軸のラベル**]をカンマで区切って指定します。

▶**散布図を描画する**（練習問題 p.229）

解答 a－ウ、b－エ、c－イ、d－ア

解説 折れ線グラフを作成するには、pyplotモジュールの[**plot関数**]を使います。散布図を作成するには、pyplotモジュールの[**scatter関数**]を使います。折れ線グラフでは、データの[**点と点を結ぶ線**]が描画されますが、散布図では、[**点だけ**]が描画されます。

第5章 章末確認問題

▶**組み込み関数と文字列の操作に関する確認問題**（p.230）

解答 a－イ、b－イ、c－ウ

解説 a：ファイルを開くときのモードには、読み出しを意味する **"r"** とテキストファイルを意味する **"t"** をつないだ **"rt"** を指定します。

b：文字列の末尾から改行文字を消去するので、rstripメソッドの引数に **"¥n"** を指定します。

c：「人」は、書式指定ではないので、{ と } の外に記述します。右寄せにするので > を指定します。

第6章の 問題の解答と解説

26 関数の作り方と使い方

▶**オリジナルの関数を作る**（練習問題 p.235）

解答 a－エ、b－イ、c－ウ（※bとcは順不同）、d－ア

解説 関数を定義する構文において、def文は[**定義する**]を意味し、return文は[**戻り値を返す**]と[**呼び出し元に戻る**]を意味します。関数の定義は、1つのブロックになるので、処理内容を[**インデント**]して記述します。

▶**オリジナルの関数を使う**（練習問題 p.236）

解答 a－イ、b－ウ

解説 **モジュール名.py** というファイルに記述されたモジュールをインポートするときには、拡張子の **.py** を指定せずに「**import モジュール名**」とします。インポートし

たモジュールの関数は、「**モジュール名.関数名()**」という構文で呼び出します。

▶ **引数がない関数、戻り値がない関数**（練習問題　p.238）

解答 a－エ、b－ア

解説 戻り値を指定しないreturn文には、［**関数の呼び出し元に戻る**］という機能だけがあります。ただし、戻り値がない関数では、return文を記述しなくても、処理が終わると呼び出し元に戻るようになっています。したがって、このreturn文の記述を［**省略できます**］。

▶ **タプルで複数の戻り値を返す**（練習問題　p.240）

解答 a－ウ、b－イ、c－エ、d－ア

解説 **my_func(10, 5)** は、10と5の四則演算の結果をタプル形式の戻り値で返します。**a, b, c, d = my_func(10, 5)** では、右辺のmy_func関数が返すタプル形式の戻り値が、タプルのアンパックによって、左辺の変数a、b、c、dに代入されます。

27 引数の形式

▶ **位置引数とキーワード引数**（練習問題　p.242）

解答 a－エ、b－ウ、c－イ

解説 関数を呼び出す側で指定した引数の位置が、関数を定義している側の引数の位置に対応する形式を「**位置引数**」と呼びます。「**引数名＝値**」という構文で引数を指定すると、引数の位置に関係なく、任意の引数に値を渡すことができ、この形式を「**キーワード引数**」と呼びます。

▶ **デフォルト引数**（練習問題　p.244）

解答 a－イ、b－ア、c－ア、d－ウ

解説 def my_func(x=0, y=0): と定義されている関数を my_func(123) という引数で呼び出すと、引数xには［**123**］が設定され、引数yには［**0**］が設定されます。 my_func(y=456) という引数で呼び出すと、引数xには［**0**］が設定され、引数yには［**456**］が設定されます。

▶ **タプル形式の可変長引数**（練習問題　p.246）

解答 a－ウ、b－イ

解説 引数に**アスタリスク**（*）を付けると、**タプル**形式の可変長引数になります。

▶ **辞書形式の可変長引数**（練習問題　p.247）

解答 a－ウ、b－ア

▶ 第6章 の 問題の解答と解説　385

解説 引数にアスタリスク(*)を2つ付けると、「引数名:値」を要素とした辞書形式の可変長引数になります。

28 変数のスコープ

▶ローカル変数（練習問題　p.250）

解答 a－エ、b－ア

解説 関数の中で使われている変数は、その関数の中だけで有効であり、これを[**ローカル変数**]と呼びます。複数の関数で同じ名前の[**ローカル変数**]が使われている場合、それらは[**別々のもの**]として扱われます。

▶グローバル変数（練習問題　p.252）

解答 a－イ、b－エ

解説 関数の外にある変数は、プログラムのどこからでも利用でき、[**グローバル変数**]と呼びます。モジュールの中に記述されている[**グローバル変数**]を読み書きするときには、[**モジュール名.グローバル変数名**]という構文を使います。

▶グローバル宣言（練習問題　p.254）

解答 a－ア、b－ウ、c－イ

解説 グローバル宣言をしない変数への代入を行うと、ローカル変数への代入とみなされます。グローバル宣言した変数への代入を行うと、グローバル変数への代入とみなされます。

29 ジェネレータ関数

▶ジェネレータ関数とyield文（練習問題　p.256）

解答 a－ウ、b－イ

解説 ジェネレータ関数では、複数の[**yield文**]を実行して複数のデータを生産します。ジェネレータ関数を呼び出すと、複数のデータを1つずつ返す機能を持つ[**ジェネレータオブジェクト**]が生成されます。

▶繰り返し処理の中でyield文を使う（練習問題　p.258）

解答 a－エ、b－ア

解説 ジェネレータ関数の中で繰り返し処理を行い、その中でyield文を実行すると、ジェネレータ関数によって生成された[**ジェネレータオブジェクト**]が、yield文が使われるごとに得られる値を[**1つずつ**]返します。

▶**ジェネレータ関数の利点**（練習問題　p.260）

解答 a －ア、b －ウ、c －エ、d －イ

解説 1〜100の平方根を格納したリストと比べた場合、1〜100の平方根を返すジェネ
レータ関数の利点は、リストはメモリを[**多く消費する**]が、ジェネレータ関数は
メモリを[**多く消費しない**]ということです。これは、リストでは[**すべての要素が
メモリ上に存在する**]が、ジェネレータ関数では[**要素が要求されるたびに1つの
データが産出される**]からです。

30 再帰呼び出し

▶**再帰呼び出しの仕組み**（練習問題　p.262）

解答 a －エ、b －イ、c －ア

解説 「関数の中で同じ関数を呼び出すことで繰り返し処理を実現する」というプログラ
ミングテクニックを[**再帰呼び出し**]と呼びます。関数の中で同じ関数を呼び出す
と、処理の流れが[**関数の入口に戻って**]、処理が繰り返されます。関数の中で同
じ関数を呼び出すだけでは、処理が[**永遠に繰り返されて**]しまうので、一般的に、
引数の値を変えて関数を呼び出し、引数がある条件に一致したら、[**再帰呼び出し**]
をやめます。

▶**再帰呼び出しで階乗を求める**（練習問題　p.265）

解答 a －ウ、b －エ

解説 再帰呼び出しを使って、引数nの階乗を求めるfact関数を作る場合、引数nが0
なら[**return 1**]という処理で再帰呼び出しをやめて、そうでなければ[**return n ***
fact(n - 1)]という処理で再帰呼び出しを行います。

第6章　章末確認問題

▶**関数の作り方と使い方に関する確認問題**（p.266）

解答 a －イ、b －ア、c －イ

解説 a：display=False は、display が False をデフォルト値としたデフォルト引数であ
ることを意味します。

b：return は、戻り値を返さずに、関数の呼び出し元に戻ります。

c：return (crane, turtle) は、crane と turtle の値を要素としたタプル形式で、複
数の戻り値を返します。

▶ 第6章 の 問題の解答と解説　387 ◀

第7章の 問題の解答と解説

31 クラスの作り方と使い方

▶**オリジナルのクラスを作る**（練習問題　p.272）

解答 a－エ、b－イ

解説 クラスが持つメソッドを定義するときには、第1引数を必ず［**self**］にします。［**self**］には、クラスのオブジェクトが生成されたときの識別情報が格納されます。クラスが持つ［**__init__メソッド**］は、クラスのオブジェクトが生成されるときに自動的に呼び出される特殊メソッドです。

▶**オリジナルのクラスを使う**（練習問題　p.274）

解答 a－イ、b－エ

解説 「**オブジェクト名 = クラス名(引数, ……)**」という構文でオブジェクトを生成すると、**オブジェクトの識別情報**が左辺のオブジェクト名に代入されます。このオブジェクト名を使って「**オブジェクト名.メソッド名(引数, ……)**」という構文でメソッドを呼び出します。メソッドを呼び出すときには、引数にselfを指定しません。selfは自動的に付加されるからです。

▶**インスタンス変数とインスタンスメソッド**（練習問題　p.275）

解答 a－ア、b－ウ

解説 複数のインスタンスを生成すると、それぞれがデータとメソッドを持ちます。これらをインスタンス［**変数**］およびインスタンス［**メソッド**］と呼びます。

▶**クラス変数**（練習問題　p.278）

解答 a－エ、b－ア、c－ウ

解説 クラスのブロックで、メソッドの定義の外に［**変数名 = 初期値**］と記述すると、クラス変数を定義できます。クラス変数は、クラスのすべてのインスタンスから共有される変数であり、メモリ上に［**1つだけ**］存在します。クラス変数の所有者はクラスなので、メソッドの処理の中では［**クラス名.クラス変数名**］という構文で使います。

▶**クラスメソッド**（練習問題　p.280）

解答 a－エ、b－イ、c－ウ

解説 クラスメソッドの定義には、［**@classmethod**］というデコレータを付けます。クラスメソッドの第1引数［**cls**］には、クラスの識別情報が格納されます。クラスメソッドの処理では、［**cls.クラス変数名**］という構文で、クラス変数を読み書きできます。

388

32 継承とオーバーライド

▶**クラスの継承**（練習問題　p.283）

解答 a ー イ、b ー ウ、c ー エ

解説 クラスAを継承してクラスBを作るときは、[**class B(A):**] という構文でクラスBを定義します。この場合には、[**クラスA**] がスーパークラスであり、[**クラスB**] がサブクラスです。

▶**メソッドのオーバーライド**（練習問題　p.287）

解答 a ー ウ、b ー イ

解説 スーパークラスで定義されているメソッドを、サブクラスで書き直すことを[**オーバーライド**]と呼びます。[**オーバーライド**]しても、スーパークラスのメソッドは、そのまま残っているので、サブクラスから[**super().スーパークラスのメソッド名(引数, ……)**]という構文で呼び出すことができます。

▶**継承における cls.PI と Circle.PI の違い**（練習問題　p.289）

解答 a ー エ、b ー イ

解説 クラスメソッドの中では、「cls.クラス変数名」と記述すると[**現在の**]クラスのクラス変数が指定され、「クラス名.クラス変数名」と記述すると[**クラス名の**]クラスのクラス変数が指定されます。

▶**すべてのクラスのスーパークラス**（練習問題　p.290）

解答 a ー ウ、b ー ア、c ー オ

解説 Pythonのすべてのクラスは、**object クラス**を自動的に**継承**します。objectクラスでは、**__init__ メソッド**などの**特殊メソッド**が定義されています。したがって、クラスを作成するときに __init__ メソッドを定義することは、必須ではありません。

33 プロパティ

▶**クラスのインスタンスが保持するデータの変更**（練習問題　p.292）

解答 a ー エ、b ー イ

解説 クラスのインスタンスを生成したあとで、[**インスタンス名.インスタンス変数名**]は、インスタンス変数の値を取得し、[**インスタンス名.インスタンス変数名 = 値**]は、インスタンス変数の値を変更します。

▶ 第7章 の 問題の解答と解説　389 ◀

▶プロパティで間接的にデータを読み書きする（練習問題　p.297）

解答 a－エ、b－ウ、c－イ、d－ア

解説 プロパティは、クラスを使う側からは［**変数**］と同様に取り扱えますが、その実体は［**メソッド**］です。プロパティのゲッタには［**@property**］というデコレータを付け、セッタには［**@プロパティ名.setter**］というデコレータを付けます。

▶リードオンリーのプロパティ（練習問題　p.299）

解答 a－エ、b－イ、c－ア

解説 プロパティの［**ゲッタ**］だけを作成し［**セッタ**］を作成しないと、値の読み出しだけができる［**リード**］オンリーのプロパティになります。

|34 抽象クラスと抽象メソッド

▶汎化と継承（練習問題　p.303）

解答 a－エ、b－ア、c－ウ、d－イ

解説 複数のクラスに共通した機能を抽出して、上位概念となるクラスを作ることを［**汎化**］と呼びます。［**汎化**］によって作られたクラスは［**スーパークラス**］となり、それを［**継承**］することで複数の［**サブクラス**］を効率的に作成できます。

▶抽象クラスと継承（練習問題　p.306）

解答 a－エ、b－ウ、c－ア

解説 処理内容のないメソッドを［**抽象メソッド**］と呼び、［**抽象メソッド**］を持つクラスを［**抽象クラス**］と呼びます。［**抽象クラス**］を継承したクラスで、［**抽象メソッド**］の処理内容を［**実装**］します。

▶抽象クラスで約束事を守らせる（練習問題　p.307）

解答 a－エ、b－ウ、c－イ

解説 抽象クラスを継承したクラスで、抽象メソッドを実装しないと、クラスの定義では［**エラーになりません**］が、インスタンスの生成時に［**エラーになります**］。これは、抽象メソッドを実装しないクラスは、それ自体が［**抽象クラス**］になるからです。

|35 オブジェクトの代入とコピー

▶オブジェクトの代入（練習問題　p.309）

解答 a－ウ、b－エ

解説 t1 = Triangle(10, 5) を実行すると、Triangle クラスのオブジェクトが生成され、その［**識別情報**］がt1に代入されます。続けて、t2 = t1を実行すると、Triangle クラスの［**新たなオブジェクトは生成されず**］、t1に格納されている［**識別情報**］がt2

に代入されます。

▶オブジェクトのコピー（練習問題　p.310）
解答　a－ウ、b－エ
解説　代入を行うだけでは、識別情報がコピーされるだけなので、新たなオブジェクトは生成されません。**copy**関数を使うと、新たなオブジェクトが生成されます。

▶シャローコピーとディープコピー（練習問題　p.312）
解答　a－イ、b－ウ、c－エ、d－ア
解説　オブジェクトAの内部に別のオブジェクトBが保持されている場合、**copy**関数でオブジェクトAをコピーすると［**オブジェクトAだけ**］のコピーが生成され、これを［**シャロー**］コピーと呼びます。deepcopy関数でオブジェクトAをコピーすると［**オブジェクトAとオブジェクトB**］のコピーが生成され、これを［**ディープ**］コピーと呼びます。

第7章　章末確認問題

▶クラスの作り方と継承に関する確認問題（p.313）
解答　a－ウ、b－ア、c－エ
解説　a：インスタンスメソッドの定義では、第1引数を**self**にします。

b：Triangleクラスを継承したTrianglePoleクラスは、カッコの中に継承元のクラスを指定して、**class TrianglePole(Triangle):** という構文で定義します。

c：サブクラスであるTrianglePoleクラスの__init__メソッドから、スーパークラスであるTriangleクラスの__init__メソッドを呼び出します。インスタンスメソッドを呼び出すときには、第1引数のselfを指定しないので、__init__メソッドの引数には、スーパークラスの__init__メソッドに渡す**bottom**と**height**を指定します。

第8章の 問題の解答と解説

36 リスト内包表記

▶既存のイテラブルから新たなリストを効率的に作る（練習問題　p.317）
解答　a－イ、b－ウ
解説　[式 for 変数 in イテラブル] という構文のリスト内包表記では、for文でイテラブルから取り出された要素が［**変数**］に代入され、その［**変数**］に式で示された演算が行われ、その結果を要素した［**リスト**］が作られます。

▶if文を使ったリスト内包表記（練習問題　p.318）

解答 a－イ、b－ウ

解説 [式 for 変数 in イテラブル if 条件] という構文のリスト内包表記では、イテラブルから [条件が True となる要素だけ] を変数に取り出し、[その変数に式を適用した結果] を要素としたリストが作られます。

▶2次元配列から2次元配列を作るリスト内包表記（練習問題　p.320）

解答 a－イ、b－ア、c－ウ、d－エ

解説 [[式 for 変数A in 変数B] for 変数B in イテラブル] という構文のリスト内包表記では、イテラブルから取り出された要素が [変数B] に代入され、[変数B] から取り出された要素が [変数A] に代入され、[変数A] に式で示された演算が行われ、その結果を要素とした [1次元] のリストが作られ、さらに [1次元] のリストを要素とした [2次元] のリストが作られます。

|37 例外処理

▶組み込み例外（練習問題　p.322）

解答 a－イ、b－エ

解説 try文を使った例外処理をしていない場合、例外が発生すると、その時点でプログラムが終了して、エラーメッセージが表示されます。例外の原因によって、通知される例外クラスが異なります。データ型が不適切である場合は、**TypeError クラス**で知らされます。ゼロで除算を行った場合は、**ZeroDivisionError クラス**で知らされます。

▶try文で例外を処理する（練習問題　p.325）

解答 a－イ、b－エ、c－ウ

解説 try文を使った例外処理では、tryブロックに [例外が発生する可能性がある処理] を記述し、exceptブロックに [例外が発生したときの処理] を記述します。tryブロックで例外が発生すると、tryブロックの中にあるそれ以降の処理が [スキップされて]、処理の流れがexceptブロックに進みます。

▶例外の種類ごとに処理を分ける（練習問題　p.327）

解答 a－ウ、b－ア、c－エ、d－イ

解説 発生した例外の種類ごとに処理を分けるには、[except 例外クラス名 :] という構文で複数のブロックを並べて記述し、最後に例外クラス名を指定しない [except :] というブロックを記述します。[except 例外クラス名 :] のブロックは、[例外クラス名で指定した例外が発生したとき] に実行されます。[except :] のブロックは、

［例外クラス名で指定していない例外が発生したとき］に実行されます。

▶**raise文で例外を発生させる**（練習問題　p.328）

解答 a－エ、b－ア

解説 例外を発生させるraise文は、［**raise 例外クラス名("例外のメッセージ")**］という構文で使います。raise文を実行すると、その時点で関数やメソッドの処理が終了し、例外が発生した状態になります。関数を使う側には、［**例外クラス**］と例外のメッセージが知らされます。

38 関数オブジェクトと高階関数

▶**関数オブジェクト**（練習問題　p.330）

解答 a－エ、b－ア、c－イ

解説 メモリ上にある関数オブジェクトの［**識別情報**］は、関数名に入っています。したがって、p = printとすれば、pという［**変数**］を使ってprintという［**関数**］を呼び出すことができます。

▶**高階関数**（練習問題　p.331）

解答 a－ウ、b－エ、c－ア、d－イ

解説 関数オブジェクトを［**引数**］として受け取る関数や、関数オブジェクトを［**戻り値**］として返す関数を［**高階関数**］と呼びます。関数を使う側が、関数の処理内容の一部を［**任意に指定できる**］ことが、［**高階関数**］の特徴です。

▶**filter関数の引数に関数を渡す**（練習問題　p.333）

解答 a－ウ、b－エ、c－ア

解説 filter関数は「filter(function, iterable)」という構文で使い、引数［**iterable**］で指定されたイテラブルの要素に、引数［**function**］で指定された関数を適用し、関数の戻り値が［**True**］である要素だけを返します。

39 ラムダ式と高階関数

▶**ラムダ式で関数を定義する**（練習問題　p.336）

解答 a－ア、b－エ

解説 関数の処理内容が［**1つの式だけ**］で記述できるなら、それをラムダ式として定義することができます。ラムダ式は、［**lambda 引数,…… : 引数を使った式**］という構文で定義します。

▶ **第8章 の 問題の解答と解説**　393 ◀

▶filter関数の引数にラムダ式を指定する（練習問題　p.338）

解答 a－ウ、b－ア、c－イ

解説 プログラムの特定の場面だけ使われ、処理が1行だけの関数なら、［**def文**］で定義するより、［**ラムダ式**］で定義した方が効率的です。たとえば、filter関数の引数に指定する関数の処理内容が data >= 60 なら、［**lambda data : data >= 60**］というラムダ式を指定します。

▶sorted関数の引数にラムダ式を指定する（練習問題　p.340）

解答 a－ウ、b－エ

解説 sorted関数の引数［**key**］には、イテラブルの要素を比較するときに、要素に適用する関数オブジェクトを指定します。デフォルト値が［**None**］なので、引数［**key**］を指定しないと、関数は適用されずに、要素の値がデフォルトの方法で比較されます。

┃40 その他の構文

▶数値データの表記（練習問題　p.342）

解答 a－イ、b－ア、c－カ、d－キ、e－オ、f－ウ

解説 同じ値であっても、123は［**整数**］であり、123.0は［**実数**］です。2進数、8進数、16進数を表す接頭辞は、それぞれ［**0b**］［**0o**］［**0x**］です。123456e-3を、指数を使わない形式で示すと［**123.456**］です。

▶文字列データの表記（練習問題　p.344）

解答 a－カ、b－オ、c－エ、d－イ

解説 ダブルクォーテーションで囲まれた文字列の中では、［**シングルクォーテーション**］が通常の文字として使え、シングルクォーテーションで囲まれた文字列の中では、［**ダブルクォーテーション**］が通常の文字として使えます。Windowsの環境で、文字列の中で￥記号を通常の文字とするには、［ **￥￥** ］のように表記するか、文字列の先頭に［ **r** ］という文字を置いたraw文字列にします。

▶長いプログラムを途中で改行する方法（練習問題　p.345）

解答 a－ウ、b－イ、c－ア

解説 長い命令を記述する場合、行の末尾に［**￥記号**］を置いて改行すると、［**改行後も同じ命令である**］と解釈されます。何らかの［**カッコ**］の中であれば、行の末尾に［**￥記号**］を置かずに改行しても、［**改行後も同じ命令である**］と解釈されます。

▶ 394

第8章 章末確認問題

▶ **リスト内包表記、高階関数、ラムダ式に関する確認問題**（p.346）

解答 a－オ、b－イ、c－エ

解説 **a**：2次元配列scoreから取り出した要素のstudentから、**[student[0], student[1] + 20]** という要素を作れば、氏名はそのままで、得点に20を加えた内容になります。

b：sorted関数の引数keyには、イテラブルの要素を比較するときに、要素に適用する関数オブジェクトを指定します。ここでは、2次元配列の2番目（添字は1）の要素で比較が行われるようにするので、**lambda data : data[1]** というラムダ式を指定します。

c：filter関数は、第1引数で指定された関数オブジェクトを第2引数で指定されたイテラブルに適用し、関数の戻り値がTrueである要素だけを返します。ここでは、2次元配列の2番目（添字は1）の値が60以上の要素だけを取り出したいので、**lambda data : data[1] >= 60** というラムダ式を指定します。

▶ **第8章 の 問題の解答と解説** 395 ◀

Python サンプル問題

〜命令列を解釈実行することによって様々な図形を描くプログラム

【解答と解説】

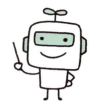

解答
設問1：a－ウ、b－カ
設問2：c－イ、d－イ、e－ウ、f－エ、g－オ、h－ア、i－ウ

解説

【設問1】空欄a1、空欄a2

以下は、命令α（R3;R4;F100;T90;E0;F100;E0）の描画手順をトレースした結果です。(1)〜(15)は描画の順序を示しています。命令αの実行が終了した(15)時点でのマーカの位置は、②の位置にあり、進行方向はx軸の正方向です。したがって、空欄a1、a2は、選択肢ウが正解です。

▼命令αの描画手順をトレースした結果

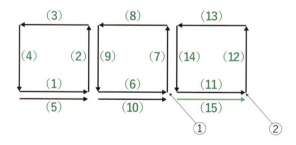

【設問1】空欄b

選択肢を見ると、どれも R5;F100;Txxx;E0 という形式であり、Tのあとに指定されている角度だけが異なります。R5;F100;Txxx;E0 は、「現在の位置から現在の進行方向で長さ100の線分を描き、Tのあとに指定された角度だけ進行方向を回転することを、5回繰り返す」という意味です。問題に示された図4を見ると、マーカの初期状態の(0, 0)という位置から、x軸の正方向に長さ100の線分を描いたら、次に進行方向を反時計回りに変えればよいことがわかります。そのためには、**正五角形の内角の大きさ**がわからなければなりません。

正五角形は、以下に示したように、3つの三角形に分解できます。1つの三角形の内角の和は、180度です。したがって、3つの三角形の内角の和は、3×180＝540度です。正五角形では、この540度を5つの内角で均等に分けるので、1つの内角の大きさは、**540÷5＝108度**です。

▼ 正五角形の内角を求める方法

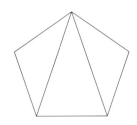

内角の和＝3つの三角形の内角の和
　　　　＝3×180度＝540度

1つの内角の大きさ ＝ 540度 ÷5＝108度

　正五角形の1つの内角の大きさが108度なので、以下のように、最初の線分を描いたあとで、反時計回りに**180－108＝72度**だけ回転すればよいことがわかります。したがって、空欄bの正解は**T72**となっている選択肢カです。

▼ 最初の線分を描いたあとで180－108＝72度だけ回転すればよい

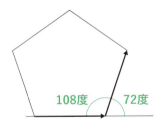

108度　　72度

【設問2】空欄c

　問題に示された実行結果1を見ると、parse('R4;F100;T90;E0')の実行結果として、[('R', 4), ('F', 100), ('T', 90), ('E', 0)]というリストが得られることがわかります。このリストは、**('命令コードの1文字', 数値パラメタの整数)** というタプルを要素としたリストです。

　空欄cがある[(x[0], 　c　) for x in s.splic(';')]では、リスト内法表記を使って、リストを作成しています。for x in s.split(';')によって、命令列sの中にある';'で区切られた'R4'、'F100'、'T90'、'E0'という文字列が、順番にxに取り

▶ Python サンプル問題の解答と解説　　397

出されます。

取り出された文字列xの内容は、先頭の1文字が命令コードの文字であり、残りが数値パラメタの数字列です。(x[0], c)では、x[0]でxの先頭の1文字の命令コードを取り出しています。したがって、空欄cでは、xの2文字目以降の数字列を整数に変換すればよいことになります。

選択肢を見ると、どれもint関数を使っています。int関数は、数字列を整数に変換します。選択肢の違いは、int関数の引数です。ここでは、文字列xの2文字目以降(先頭を0文字目とするので1文字目以降)の数字列を整数に変換するのですから、起点を1としたスライスのx[1:]が適切です。したがって、空欄cは、選択肢イが正解です。

【設問2】空欄d1、空欄d2、空欄e

空欄eの下に「# (x1, y1)と(x2, y2)を結ぶ線分を描画」というコメントがあるので、その前にある空欄eには、描画する線分の起点の x、y 座標が入ることがわかります。それらは、self.xとself.yなので、空欄eは、選択肢ウの self.x, self.y が正解です。

空欄d1、d2の前にある rad = math.radians(self.angle) で、マーカの現在の進行方向のself.angleがラジアン単位に変換されてradに格納されます。これは、選択肢の中で使われているmath.sinメソッドやmath.cosメソッドの引数がラジアン単位だからです。

空欄d1、d2を使った処理では、valと空欄d1、空欄d2を掛けた値をdx、dyに格納しています。次の処置で、self.x + dx をx2に代入して、self.y + dy をy2に代入しているので、dxはx方向の移動距離、dyはy方向の移動距離だとわかります。移動する線分の長さは、forwardメソッドの引数valで与えられ、移動方向の角度はradにありますが、描画を行うには、これらからx方向とy方向の移動距離を得なければなりません。以下に示した具体例を想定すると、x方向の移動距離は val * cos(rad) であり、y方向の移動距離は val * sin(rad) です。したがって、空欄d1、d2は、選択肢イが正解です。

▼ 線分の長さvalをx座標とy座標に分解する具体例

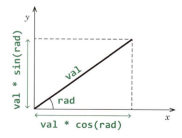

398

【設問2】空欄f

draw関数の引数sに'R4;F100;T90;E0'が指定されたことを想定すると、insts = parse(s)によって、instsに[('R', 100), ('F', 100), ('T', 90), ('E', 0)]というリストが得られます。そのあとのwhile文のcode, val = insts[opno]でinstsから取り出された要素(タプル)が、codeとvalに展開されて格納されます。('F', 100)という要素の場合は、codeに'F'が格納され、valに100が格納されます。

if文でcodeが'F'の場合、Markerクラスのforwardメソッドが呼び出され、その引数が空欄fになっています。Markerクラスの説明を見ると、forwradメソッドの引数は、マーカを進める長さなので、valを指定するのが適切です。したがって、空欄fは、選択肢エが正解です。

【設問2】空欄g、空欄h、空欄i

問題に示された実行結果2では、draw('R2;R3;E0;E0')を実行したときの、スタック(スタックは、データ格納領域の一種であり、最後に格納された要素が、最初に取り出されます。ここでは、スタックが、stackというリストで実現されています)の変化を示しています。これは、実行結果2の内容をヒントにして、スタックで繰り返しを実現する方法を理解せよ、ということです。

これ以降の説明の都合で、実行結果2の表示に、以下のように①〜⑤の番号を付けます。

▼実行結果2の表示に①〜⑤の番号を付ける

実行結果2

```
>>> draw('R2;R3;E0;E0')
[]
[{'opno': 0, 'rest': 2}] ……①
[{'opno': 0, 'rest': 2}, {'opno': 1, 'rest': 3}] ……②
[{'opno': 0, 'rest': 2}, {'opno': 1, 'rest': 2}] ……③
[{'opno': 0, 'rest': 2}, {'opno': 1, 'rest': 1}] ……④
[{'opno': 0, 'rest': 2}] ……⑤
[{'opno': 0, 'rest': 1}]
[{'opno': 0, 'rest': 1}, {'opno': 1, 'rest': 3}]
[{'opno': 0, 'rest': 1}, {'opno': 1, 'rest': 2}]
[{'opno': 0, 'rest': 1}, {'opno': 1, 'rest': 1}]
[{'opno': 0, 'rest': 1}]
```

draw関数で、'R'と'E'を処理している部分を見てみましょう。'R'の場合は、無条件で、{'opno': opno, 'rest': val}という辞書が、スタックに格納されます。したがって、'R2;R3;E0;E0'という命令列の先頭の'R2'を処理すると、{'opno': 0, 'rest': 2}という辞書が、スタックに格納されます。これは、命令列の添字0以降を2回繰り返す、

という意味です（実行結果2の①）。次の 'R3' を処理すると、{'opno': 1, 'rest': 3} という辞書が、スタックに格納されます。これは、命令列の添字1以降を3回繰り返す、という意味です（実行結果2の②）。

'E' の処理は、if 文で条件に応じて分けられています。実行結果2の③、④、⑤を見ると、'E' の処理は、'rest' の値を1ずつ減らし、'rest' の値が1のときは、スタックの末尾の要素を削除していることがわかります。この処理と、以下に示したプログラムを見比べてみましょう。

▼ draw 関数から 'E' の処理を抜き出したもの

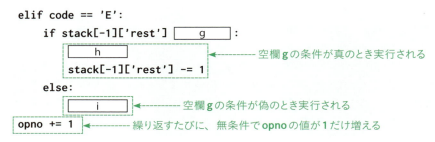

空欄 g の条件が真のとき、stack[-1]['rest'] -= 1（スタックの末尾の 'rest' の値を1だけ減らす）という処理が行われています。この処理は、'rest' の値が1より大きいときに行われるので、空欄 g は > 1 です。したがって、空欄 g は、選択肢オが正解です。

空欄 g の条件が偽のとき、空欄 i の処理が行われています。ここでは、スタックの末尾の要素を削除するはずです。解答群を見ると、選択肢ウの stack.pop() に「# stack の末尾の要素を削除」というコメントが付けられています。したがって、空欄 i は、選択肢ウが正解です。

最後は、空欄 h です。スタックの末尾の 'rest' の値を1だけ減らしたときは、繰り返しの先頭の命令に戻ることになります。それは、スタックの末尾にある 'opno' の値（繰り返しの先頭の 'R' の添字）＋ 1 の要素です。その仕組みが、空欄 h に入ります。

上記のプログラムの最後にある opno += 1 に注目してください。繰り返すたびに、無条件で opno の値は1だけ増えます。したがって、空欄 h で opno に、スタックの 'opno' の値を代入すれば、opno += 1 によって繰り返しの先頭要素の命令に戻ります。それを実現するのは、opno = stack[-1]['opno'] であり、空欄 h は、選択肢アが正解です。

付録 ◀

ツールの入手と
インストール方法

ツールの入手とインストール方法

Anacondaの入手方法とインストール方法

64ビット版のWindows10を例にして、**Anaconda**の入手方法とインストール方法を説明します。ここで示されるプログラムのファイル名や、インストール時に表示される画面の内容や構成などは、Anacondaのバージョンによって異なる場合があります。

手順1 Anacondaの公式サイトhttps://www.anaconda.com/products/individualにアクセスして、ページの下の方にある「Windows」の「64-Bit Graphical Installer(477MB)」をクリックします。

これによって、Windowsの［ダウンロード］フォルダに、最新のリリース版（2021年7月時点ではAnaconda3-2021.05-Windows-x86_64.exe）がダウンロードされます。このファイルは、Anacondaのインストールプログラムです。

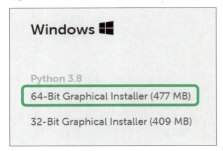

▶ Anacondaの公式サイトからダウンロードを行う

手順2 ダウンロードされたファイルをダブルクリックして、インストールプログラムを起動します。「Welcome to Anaconda3」というウィンドウが表示されたら、［Next］ボタンをクリックします。

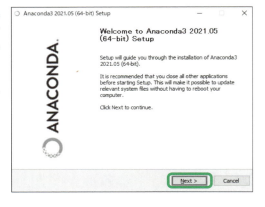

▶ 最初に表示されるウインドウ

手順3 「License Agreement」というウインドウが表示されたら、[I Agree]ボタンをクリックします。

▶ ライセンス契約に同意する

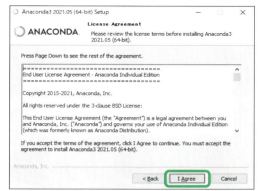

手順4 [Select Installation Type]というウインドウが表示されたら、[Just Me(recommended)]の選択を変えずに[Next]ボタンをクリックします。

▶ インストールタイプの設定を変えない

手順5 「Choose Install Location」というウインドウが表示されたら、「Destination Folder」の選択を変えずに[Next]ボタンをクリックします(インストール先のフォルダを変更したい場合は、[Browse]ボタンをクリックしてフォルダを指定してください)。

▶ インストール先のフォルダを変えない

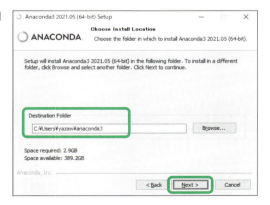

付録　ツールの入手とインストール方法　403

手順6 「Advanced Installation Options」というウインドウが表示されたら、チェックボックスの選択を変えずに［Install］ボタンをクリックします（デフォルトの設定を変更したい場合は、チェックボックスの選択を変えてください）。

▶ インストールオプションを変えない

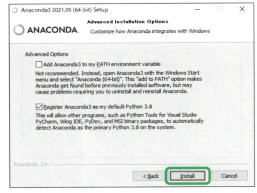

手順7 インストールが完了するまで待ちます。

▶ インストールが完了するまで待つ

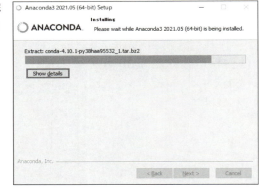

手順8 「Installation Complete」というウインドウが表示されたら、［Next］ボタンをクリックします。

▶ インストール完了

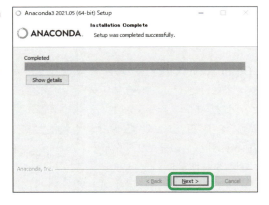

手順 9 「Anaconda + JetBrains」というウインドウが表示されたら、[Next]ボタンをクリックします。このウインドウは、他のツールの紹介です。

▶ 他のツールの紹介

手順 10 「Completing Anaconda3」というウインドウが表示されたら、「Anaconda Individual Edition Tutorial」「Getting started with conda」に付けられたチェックマークを外してから[Finish]ボタンをクリックします（チュートリアルを見たり、アナコンダの主な機能を試したい場合は、チェックマークを付けたままにしてください）。

▲ インストールを完了する

これで、インストールは、完了です。

▶ Notepad++ の入手方法とインストール方法

　64ビット版のWindows10を例にして、**Notepad++** の入手方法とインストール方法を説明します。ここで示されるプログラムのファイル名や、インストール時に表示される画面の内容や構成などは、Notepad++ のバージョンによって異なる場合があります。

付録　ツールの入手とインストール方法　405

手順 1 Notepad++の公式サイトhttps://notepad-plus-plus.org/downloads/にアクセスして、一番上に表示されている最新のリリース版（2021年7月時点では「Notepad++8.1 release」）をクリックし、ダウンロードページに切り替わったら、「Download 64-bit x64」の下にある「Installer」をクリックします。

これによって、Windowsの［ダウンロード］フォルダに、npp.8.1.Installer.x64.exeというファイルがダウンロードされます。このファイルは、Notepad++のインストールプログラムです。

▶ Notepad++の公式サイトからダウンロードを行う

手順 2 ダウンロードしたファイルをダブルクリックして、インストールプログラムを起動します。「Please select a language.」というウインドウが表示されたら、「日本語」が選択されていることを確認して、［OK］ボタンをクリックします。

▶ 日本語が選択されていることを確認する

手順 3 「Notepad++ v8.1セットアップウィザードへようこそ」というウインドウが表示されたら、［次へ］ボタンをクリックします。

▶ セットアップウィザードが開始される

手順 4　「ライセンス契約書」というウインドウが表示されたら、[同意する]ボタンをクリックします。

▶ ライセンス契約書に同意する

手順 5　「インストール先を選んでください」というウインドウが表示されたら、[次へ]ボタンをクリックします(インストール先のフォルダを変更したい場合は、[参照]ボタンをクリックしてフォルダを指定してください)。

▲ インストール先を選ぶウインドウ

手順 6　「コンポーネントを選んでください」というウインドウが表示されたら、[次へ]ボタンをクリックします(デフォルトの設定を変更したい場合は、チェックボックスの選択を変えてください)。

▲ コンポーネントを選択するウインドウ

付録　ツールの入手とインストール方法　407

手順7 続いて「コンポーネントを選んでください」というウインドウが表示されたら、[インストール]ボタンをクリックします（このウインドウにある「Create Shortcut on Desktop」という項目にチェックマークを付けると、WindowsのデスクトップにNotepad++のショートカットのアイコンが作成されるので、好みで選定してください）。

▲インストール前の最終設定

手順8 インストールが行われ「Notepad++ v8.1 セットアップウィザードは完了しました」というウインドウが表示されたら、「Notepad++ v8.1を実行」のチェックマークをはずしてから、[完了]ボタンをクリックします（チェックマークを付けたままにすると、セットアップウィザード完了後に

▲セットアップウィザードが完了する

Notepadd++が起動します。すぐに、Notepad++を使うなら、チェックマークを付けたままにしてください）。

　これで、インストールは、完了です。

索引

▶記号・数字

.py	43
…	145
!= （等しくない）	90
^ （対称差集合）	172
__init__ メソッド	271, 290
// （除算の商）	59, 60
/ （除算）	59, 60
| （和集合）	172
+ （加算）	59
+ 演算子	166
- （減算）	59
- （差集合）	172
== （等しい）	90
<= （以下）	90
< （より小）	90
>= （以上）	90
>>>	48, 50, 145
> （より大）	90
% （除算の余り）	59, 60
# （コメント）	59, 65
& （積集合）	172
** （べき乗）	59
* （乗算）	59
* 演算子	166
' （シングルクォテーション）	43, 145
''' （シングルクォテーション3つ）	66
" （ダブルクォテーション）	43, 145
""" （ダブルクォテーション3つ）	66
¥n	343
¥t	343
¥ 記号	342, 344
@property	295
16進数の表記	341
2次元配列	182, 319
2進数の表記	341
8進数の表記	341

▶a

add メソッド	181
Anaconda	41, 192, 402
ー入手、インストール方法	402

（右列）

Anaconda Prompt （anaconda3）	44
and	92
and 演算	92, 94
append メソッド	177

▶b

bar 関数	227
base	198
break 文	126, 132

▶c

ceil 関数	222
class 文	270
close メソッド	204
continue 文	127
copy 関数	309, 310
cos 関数	223
count メソッド	213, 168
CPU	22

▶d

deepcopy 関数	309, 310
def 文	234, 270
del 文	165, 179
dict 関数	150
dict クラス	150
dir 関数	140
discard メソッド	181

▶e

else	129
else ブロック	129
enumerate 関数	200
except	323
exit 関数	49

▶f

fabs 関数	222
factorial 関数	222
False	68, 90, 116
filter 関数	332, 336
find メソッド	213

409

float 関数	74
floor 関数	222
format 関数	216
format メソッド	214
for 文	120, 145, 147, 148, 150, 151
f 文字列	217

▶ g

gcd 関数	222

▶ i

id 関数	71
if ～ elif ～ else	104
if ～ else	99
if ～ else の簡略表現	108
if だけの if 文	103
if 文	99, 104, 114
一ネスト	107
import 文	188, 219
index メソッド	168
input 関数	57, 73
insert メソッド	177
int 関数	74, 198
一 base	198
一基数を指定	198
in 演算子	155
isalnum メソッド	212
isalpha メソッド	212
isdigit メソッド	128, 141, 212
isinstance 関数	295
isleap 関数	318
islower メソッド	141, 212
isupper メソッド	141, 212

▶ l

len 関数	153
list 関数	147, 157, 202
list クラス	147
log 関数	222
lower メソッド	209
lstrip メソッド	211

▶ m

math モジュール	221
matplotlib パッケージ	193

max 関数	153
min 関数	153
mode	203

▶ n

not	92
not 演算	92, 94
not in 演算子	155
Notepad++	41, 405
一入手、インストール方法	405
numpy パッケージ	193

▶ o

object クラス	289
open 関数	203
一引数 mode	203
or	92
or 演算	92, 94

▶ p

pandas パッケージ	193
pass 文	104
pip コマンド	192
plot 関数	225
pop メソッド	177, 179
print 関数	43, 57, 73, 194
一引数のバリエーション	194
pyplot モジュール	225
Python インタプリタ	41, 47
Python インタプリタの終了	49
Python の実行モード	42, 44
Python の対話モード	47
Python プログラミングのツール	41
Python プログラムの作成	41

▶ r

radians 関数	223
raise 文	327
range 関数	120, 122, 195
一引数のバリエーション	195
raw 文字列	343
remove メソッド	177, 181
replace メソッド	209
return 文	234
reverse メソッド	177

▶ 410

rfind メソッド ……………………… 213
round 関数 …………………………… 222
rstrip メソッド ……………………… 211

▶ s

scatter 関数 ………………………… 228
scikit-learn パッケージ …………… 193
self …………………………………… 272
set 関数 ……………………………… 152
set クラス …………………………… 152
show 関数 …………………………… 225
sin 関数 ……………………………… 223
sorted 関数 ……………………… 158, 338
sqrt 関数 …………………………… 219
strip メソッド ……………………… 211
str 関数 ……………………………… 76
str クラス ……………………… 142, 146, 207

▶ t

True …………………… 68, 90, 112, 116
try 文 ………………………………… 322
type 関数 …………………………… 142, 255

▶ u

upper メソッド ……………………… 209

▶ v

ValueError ……………………… 321, 325, 327

▶ w

while ブロックを抜ける ……………… 132
while 文 ………………………… 111, 114
write メソッド ……………………… 204

▶ y

yield 文 ……………………………… 255, 257

▶ z

ZeroDivisionError ……………… 321, 323, 325
zip 関数 ……………………………… 202

▶ ア

後判定の繰り返し …………………… 131

▶ イ

位置引数 ……………………………… 241
イテラブル ……………………… 120, 138
　―複数 ……………………………… 202
　―種類 ……………………………… 139
　―要素に添え字を割り当て ………… 200
　―要素を降順にソート ……………… 159
　―要素を昇順にソート ……………… 158
　―要素をまとめる …………………… 202
　―リストに変換 ……………………… 157
イテラブルのイテラブル ……………… 182
イミュータブル ………………… 139, 148
インスタンス ………………………… 274
インスタンスの生成 ………………… 274
インスタンス変数 …………………… 274
インスタンスメソッド ……………… 274
インタプリタ ………………………… 47
インデント …………………………… 101
インポート …………………………… 188

▶ エ

液晶ディスプレイ …………………… 22
エスケープ文字 ……………………… 342
演算 ……………………………… 27, 78
演算子 ………………………………… 58
　―優先順位 ………………………… 96
演算式 ………………………………… 58
演算装置 ……………………………… 21

▶ オ

オーバーライド ……………………… 284
オブジェクト ……………… 120, 138, 140
　―コピー …………………………… 309
　―削除 ……………………………… 165
　―生成 ……………………………… 273
　―代入 ……………………………… 308
　―データ型 ………………………… 142
　―メソッドの呼び出し ……………… 273
折れ線グラフ ………………………… 225

▶ カ

改行 …………………………………… 344
改行文字 ……………………………… 343
階乗を求める ………………………… 262
外部ライブラリ ……………………… 188

索引　411

外部ライブラリの確認 192
加算 (+) 59
可変長引数 245
　ー辞書形式 246
　ータプル形式 245
画面への出力 57
カレントディレクトリ 45
関数 36, 55, 234
　ー位置引数 241
　ーイメージ 37
　ー可変長引数 245, 246
　ーキーワード引数 241
　ー様々な使い方 83
　ー定義 234
　ーデフォルト引数 242
　ー特徴 37
　ー引数 234, 241
　ー引数がない 237
　ー複数の戻り値を返す 238
　ー戻り値 234
　ー戻り値がない 237
関数オブジェクト 329
関数の定義 234
　ーラムダ式 334
関数名 64

▶ キ
キー 149
キー入力 57
キーボード 22
キーワード引数 241
記憶 27, 55
記憶装置 21, 22

▶ ク
組み込み型 189, 190
組み込み関数 189, 190, 198
組み込みクラス 188
組み込み定数 191
組み込み例外 191, 321
クラス 36, 270
　ーイメージ 38
　ーインスタンスの生成 274
　ーオブジェクトの生成 273
　ーオブジェクトのメソッドの呼び出し 273

　ー継承 281, 302
　ーサブクラス 281, 302
　ースーパークラス 281, 301
　ー抽象クラス 304
　ー抽象メソッド 304
　ー定義 270
　ー特徴 38
　ー汎化 301
　ープロパティ 291
クラス変数 276
クラス名 64
クラスメソッド 278
グラフの描画 225
繰り返し 30, 31, 34, 111, 120
　ー継続 127
　ー中断 126
　ーフローチャート 112
　ー分岐との組み合わせ 114
グローバル宣言 252
グローバル変数 250

▶ ケ
継承 281, 302
ゲッタ 295
減算 (-) 59

▶ コ
高階関数 330
降順にソート 159
コマンドプロンプト 45
コメント (複数行) 66
コメント (#) 59, 65
コレクション 139, 150, 151
コンピュータの五大装置 21

▶ サ
再帰呼び出し 261
　ー階乗を求める 262
差集合 172
サブクラス 281, 302
三項演算子 108
算術演算子 59
散布図 228

▶シ

シーケンス	139, 147, 148, 160
ジェネレータ関数	255, 257
―繰り返し処理	257
―利点	258
識別情報	69, 71, 272, 309, 311, 329
辞書	149, 170, 179, 246
―キーを指定	170, 179
―バリューを読み書き	170
―要素を指定	170
―要素の追加、更新、削除	179
―リストに変換	157
指数	341
四則演算	59
実行モード	42, 44
実数型（浮動小数点数型）	68
実数型に変換	74
シャローコピー	312
集合	151, 172, 181
―演算	172
―演算子	172
―比較	173
―比較演算子	174
―要素の追加、削除	181
―リストに変換	157
主記憶装置	22
出力	27, 78
出力装置	21, 22
順次	30, 78
乗算（*）	59
昇順にソート	158
除算（/）	59, 60
除算の余り（%）	59, 60
除算の商（//）	59, 60
処理の視点	25, 27
処理の種類	27
処理のスキップ	127
処理の流れ	30, 32
シングルクォテーション（'）	43, 145

▶ス

スーパークラス	281, 301
数字列	
―実数型に変換	74
―数値に変換	74

―整数型に変換	74
数値データの表記	341
数値に変換	74
数値を文字列に変換	76
スライス	162
―要素の削除	165
―要素の変更	164

▶セ

制御装置	21
整数型	68
整数型に変換	74
積集合	172
セッタ	295

▶ソ

ソースファイル	42
ソースファイルの作成	42
添字	139, 160, 200
ソフトウェア	20

▶タ

対称差集合	172
代入	56
対話モード	47
多重ループ	124
タブ文字	343
タプル	148, 245
―リストに変換	157
タプルのアンパック	175, 238
ダブルクォテーション（"）	43, 145

▶チ

抽象クラス	304
抽象メソッド	304

▶テ

データ	138
データ型	68
―種類	68
―変換	73
ディープコピー	312
ディスク装置	22
定数	65
定数名	64

索引 413 ◀

デコレータ	295
デフォルトのオブジェクト	199
デフォルト引数	242

►ト
特殊メソッド	271, 289

►ナ
流れの視点	25, 30
流れの種類	30

►ニ
入力	27, 78
入力装置	21, 22

►ネ
ネスト	107
ネストしたfor文	124
ネストしたif文	107
ネストしたwhile文	124
ネストした繰り返し	124

►ハ
ハードウェア	20, 23
パッケージ	188
バリュー	149
汎化	301

►ヒ
比較演算子	90
引数	37, 234, 241
引数のバリエーション	193
標準ライブラリ	188
ー種類	191

►フ
ファイルオブジェクト	203
ファイルのモード	203
複合代入演算子	61
部品化の視点	25
プリンタ	22
プログラマ	24
プログラマ脳	24
プログラマ脳をプログラムで表現	78
プログラミング言語	24

プログラミングのツール	41
プログラム	20, 23
プログラムの様々な書き方	80
プログラムの実行	44
プログラム部品の形式	36
ブロック	101, 126
プロパティ	291
ーゲッタ	295
ーセッタ	295
ーデコレータ	295
ーリードオンリー	297
分岐	30, 31, 34, 99

►ヘ
べき乗 (**)	59
変数	55, 69, 248
ーグローバル変数	250
ーローカル変数	248
変数のスコープ	248
変数名	64

►ホ
棒グラフ	227
補助記憶装置	22

►マ
マウス	22
前判定の繰り返し	131

►ミ
ミュータブル	139, 147, 150, 151, 161, 170

►ム
無限ループ	132

►メ
命名規則	64
メソッド	38, 138
ーオーバーライド	284
メソッド名	64
メモリ	22

►モ
モード	203
モードの指定	204

モジュール……………………… 188, 236
　―別名を付ける……………………… 219
　―インポート……………………… 219
文字列……………………… 43, 145
　―消去……………………… 210
　―書式指定……………… 214, 216, 217
　―操作……………………… 207
　―探索……………………… 213
　―内容チェック……………………… 212
　―表記方法……………………… 43, 145
　―変換……………………… 209
　―リストに変換……………………… 157
文字列オブジェクト……………………… 140
文字列型……………………… 68, 342
文字列データの表記……………………… 342
文字列に変換……………………… 76
戻り値……………………… 37, 234

►ヨ
予約語……………………… 63

►ラ
ライブラリ……………………… 188
ラムダ式……………………… 334

►リ
リードオンリー……………………… 297
リスト……………………… 147, 157, 177
　―要素の値の部分的に置き換え……… 164
　―要素の値を部分的に削除……………… 165
　―要素の値を変更……………………… 161
　―要素の追加、更新、削除……………… 177
リスト内包表記……………………… 316, 333

►レ
例外……………………… 321
　―種類ごとに処理を分ける……………… 325
　―発生させる……………………… 327
例外クラス……………………… 322
例外処理……………………… 321

►ロ
ローカル変数……………………… 248
論理演算子……………………… 92
論理演算の優先順位……………………… 94

論理型……………………… 68, 90
論理積……………………… 94
論理否定……………………… 94
論理和……………………… 94

►ワ
和集合……………………… 172

索引 415 ◄

■ 著者略歴

矢沢 久雄（やざわ ひさお）

(株)ヤザワ 代表取締役社長

グレープシティ(株) アドバイザリースタッフ

長年に渡り様々なシステム開発に従事した後、現在は、プログラミングや情報処理技術者試験の講師業と著作業を行っている。「新・標準プログラマーズライブラリ C++ クラスと継承 完全制覇（技術評論社）」「プログラムはなぜ動くのか 第3版（日経BP社）」「基本情報技術者テキスト&問題集（翔泳社）」など、数多くの著書がある。

カバーデザイン ◆ 小島 トシノブ（NONdesign）
カバー写真 ◆ istockphoto.com/magicflute002
本文イラスト ◆ 坂木 浩子（株式会社ぷろか）
本文デザイン・DTP ◆ 田中 望
編集担当 ◆ 熊谷 裕美子

基本情報技術者
らくらく突破 Python

2021年 9月 1日 　初版 第1刷発行

著　者	矢沢 久雄	
発行者	片岡 巌	
発行所	株式会社技術評論社	
	東京都新宿区市谷左内町21-13	
	電話 03-3513-6150 販売促進部	
	電話 03-3513-6166 書籍編集部	
印刷・製本	昭和情報プロセス株式会社	

定価はカバーに表示してあります。

本書の一部または全部を著作権法の定める範囲を超え、無断で複写、複製、転載、テープ化、ファイルに落とすことを禁じます。

ⓒ2021 矢沢 久雄

> 造本には細心の注意を払っておりますが、万一、乱丁（ページの乱れ）や落丁（ページの抜け）がございましたら、小社販売促進部までお送りください。送料小社負担にてお取り替えいたします。

ISBN 978-4-297-12279-9 C3055

Printed in Japan

■ お問い合わせについて

　本書に関するご質問については、本書に記載されている内容に関するもののみとさせていただきます。本書の内容と関係のないご質問につきましては、一切お答えできませんので、あらかじめご了承ください。また、電話でのご質問は受け付けておりませんので、FAXか書面にて下記までお送りください。弊社のWebサイトでも質問用フォームを用意しておりますのでご利用ください。

　なお、ご質問の際には、書名と該当ページ、返信先を明記してくださいますよう、お願いいたします。

　お送りいただいたご質問には、できる限り迅速にお答えできるよう努力いたしておりますが、場合によってはお答えするまでに時間がかかることがあります。また、回答の期日をご指定なさっても、ご希望にお応えできるとは限りません。あらかじめご了承くださいますよう、お願いいたします。

■ 問い合わせ先

〒 162-0846
東京都新宿区市谷左内町 21-13
　株式会社技術評論社　書籍編集部
「基本情報技術者 らくらく突破 Python」係
　FAX 番号　　：03-3513-6183
　技術評論社Web：https://gihyo.jp/book

※ご質問の際に記載いただいた個人情報は、質問の返答以外の目的には使用いたしません。また、質問の返答後は速やかに削除させていただきます。

この裏に
取り外して使える小冊子
「Pythonサンプル問題」
があります。

取り外してお使いいただけます

基本情報技術者試験　午後選択
Python
サンプル問題

模擬試験として使用する場合には、
30分〜40分を目安に解答してください。

※プログラムの読み取り方は第9章に掲載しています。
※この問題の解答解説は、第10章p.396に掲載しています。

出典:基本情報技術者試験(FE)午後試験 Pythonのサンプル問題
(https://www.jitec.ipa.go.jp/1_13download/fe_python_sample.pdf)

「基本情報技術者 らくらく突破 Python」別冊小冊子

問　Pythonのプログラムに関する次の記述を読んで，設問1，2に答えよ。

命令列を解釈実行することによって様々な図形を描くプログラムである。

(1) 描画キャンバスの座標は，x 軸の範囲が $-320 \sim 320$，y 軸の範囲が $-240 \sim 240$ である。描画キャンバスの座標系を，図1に示す。描画キャンバス上にはマーカがあり，マーカを移動させることによって描画する。マーカは，現在の位置座標と進行方向の角度を情報としてもつ。マーカの初期状態の位置座標は $(0, 0)$ であり，進行方向は x 軸の正方向である。

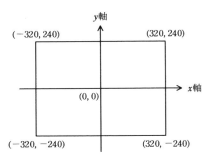

図1　描画キャンバスの座標系

(2) 命令列は，命令を "；" で区切った文字列である。命令は，1文字の命令コードと数値パラメタの対で構成される。命令には，マーカに対して移動を指示する命令，マーカに対して回転を指示する命令，及び命令列中のある範囲の繰返しを指示する命令がある。繰り返す範囲を，繰返し区間という。命令は，命令列の先頭から順に実行する。命令とその説明を，表1に示す。

表1　命令とその説明

命令コード	数値パラメタ	説明
F	長さ	マーカを現在の進行方向に数値パラメタで指定した長さだけ進め，移動元から移動先までの線分を描く。数値パラメタは，1以上の整数値である。
T	角度	マーカの進行方向を，現在の進行方向から数値パラメタが正の場合は反時計回りに，負の場合は時計回りに，数値パラメタの絶対値の角度だけ回転する。数値パラメタが0の場合は回転しない。数値パラメタは，単位を度数法とする任意の整数値である。
R	繰返し回数	繰返し区間の開始を示す。この命令と対となる命令コードEの命令との間を，数値パラメタで指定した回数だけ繰り返す。繰返し区間は，入れ子にすることができる。数値パラメタは1以上の整数値である。
E	0	繰返し区間の終了を示す。数値パラメタは，参照しない。

(3) 命令列R3;R4;F100;T90;E0;F100;E0 (以下，命令列αという) の繰返し区間を，図2に示す。マーカが初期状態にあるときに，命令列αを実行した場合の描画結果を，図3に示す。

なお，図3中の描画キャンバスの枠，目盛りとその値，①，②及び矢印は，説明のために加えたものである。

図2　命令列αの繰返し区間

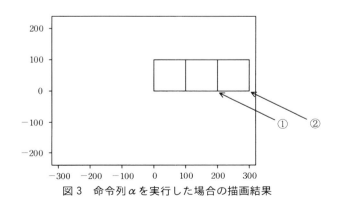

図3　命令列αを実行した場合の描画結果

設問1　次の記述中の　　　　に入れる正しい答えを，解答群の中から選べ。ここで，a1とa2に入れる答えは，aに関する解答群の中から組合せとして正しいものを選ぶものとする。

(1) 命令列αの実行が終了した時点でのマーカの位置は，図3中の　a1　が指す位置にあり，進行方向は　a2　である。

(2) マーカが初期状態にあるときに，図4に示す1辺の長さが100の正五角形を描くことができる命令列は，　b　である。ここで，図4中の描画キャンバスの枠，目盛りとその値は，説明のために加えたものである。

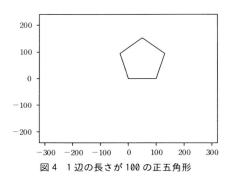

図4　1辺の長さが100の正五角形

aに関する解答群

	a1	a2
ア	①	x軸の正方向
イ	①	y軸の正方向
ウ	②	x軸の正方向
エ	②	y軸の正方向

bに関する解答群
　ア　R5;F100;T-108;E0　　イ　R5;F100;T-75;E0　　ウ　R5;F100;T-72;E0
　エ　R5;F100;T-60;E0　　オ　R5;F100;T60;E0　　カ　R5;F100;T72;E0
　キ　R5;F100;T75;E0　　ク　R5;F100;T108;E0

〔プログラムの説明〕

(1) 関数parseは，引数として与えられた命令列を，タプルを要素とするリストに変換する。ここで，命令列は，少なくとも一つの命令をもち，誤りはないものとする。1タプルは，1命令に相当し，命令コード及び数値パラメタから構成される。関数parseが定義された状態での，対話モードによる実行例を，実行結果1に示す。

実行結果1

```
>>> parse('R4;F100;T90;E0')
[('R', 4), ('F', 100), ('T', 90), ('E', 0)]
```

(2) クラスMarkerは，マーカの現在の位置座標を属性x，yに，進行方向を x 軸正方向から反時計回りに測った角度で属性angleに保持する。オブジェクトの生成時に，描画キャンバスの表示範囲を設定し，属性x,yを0,0に，属性angleを0に設定する。クラスMarkerに，マーカの操作をする次のメソッドを定義する。

forward(val)
マーカの位置座標を，現在の進行方向にvalで指定された長さだけ進め，線分を描く。
引数： val　長さ

turn(val)
マーカの進行方向を，反時計回りにvalで指定された角度だけ回転させる。
引数： val　度数法で表した角度

(3) 関数drawは，引数として与えられた命令列の各命令を解釈実行し，描画結果を表示する。ここで，命令列は，少なくとも一つの命令をもち，誤りはないものとする。関数drawの概要を，次に示す。
① 命令列を，関数parseを利用してタプルを要素とするリストに変換する。
② マーカの操作は，クラスMarkerを利用する。
③ 繰返し区間の入れ子を扱うために，スタックを用いる。
④ スタックはリストで表現され，各要素は繰返しの開始位置opnoと残り回数restをもつ辞書である。
⑤ プログラムの位置βにあるprint関数を使って，スタックの状態変化を出力する。

2重の繰返し区間をもつ命令列について，関数drawが定義された状態での，対話モードによる実行例を，実行結果2に示す。

「基本情報技術者 らくらく突破 Python」別冊小冊子　　5

実行結果2

```
>>> draw('R2;R3;E0;E0')
[]
[{'opno': 0, 'rest': 2}]
[{'opno': 0, 'rest': 2}, {'opno': 1, 'rest': 3}]
[{'opno': 0, 'rest': 2}, {'opno': 1, 'rest': 2}]
[{'opno': 0, 'rest': 2}, {'opno': 1, 'rest': 1}]
[{'opno': 0, 'rest': 2}]
[{'opno': 0, 'rest': 1}]
[{'opno': 0, 'rest': 1}, {'opno': 1, 'rest': 3}]
[{'opno': 0, 'rest': 1}, {'opno': 1, 'rest': 2}]
[{'opno': 0, 'rest': 1}, {'opno': 1, 'rest': 1}]
[{'opno': 0, 'rest': 1}]
```

〔プログラム〕

```
import math   # 数学関数の標準ライブラリ
import matplotlib.pyplot as plt   # グラフ描画の外部ライブラリ


def parse(s):
    return [(x[0],    c    ) for x in s.split(';')]


class Marker:
    def __init__(self):
        self.x, self.y, self.angle = 0, 0, 0
        plt.xlim(-320, 320)   # x軸の表示範囲を設定
        plt.ylim(-240, 240)   # y軸の表示範囲を設定

    def forward(self, val):
        # 度数法で表した角度を，ラジアンで表した角度に変換
        rad = math.radians(self.angle)
        dx = val *    d1
        dy = val *    d2
        x1, y1, x2, y2 =    e   , self.x + dx, self.y + dy
        # (x1, y1)と(x2, y2)を結ぶ線分を描画
        plt.plot([x1, x2], [y1, y2], color='black', linewidth=2)
        self.x, self.y = x2, y2

    def turn(self, val):
        self.angle = (self.angle + val) % 360

    def show(self):
        plt.show()   # 描画結果を表示
```

6

```
def draw(s):
    insts = parse(s)
    marker = Marker()
    stack = []
    opno = 0
    while opno < len(insts):
        print(stack)                    ← β
        code, val = insts[opno]
        if code == 'F':
            marker.forward(    f    )
        elif code == 'T':
            marker.turn(    f    )
        elif code == 'R':
            stack.append({'opno': opno, 'rest':     f    })
        elif code == 'E':
            if stack[-1]['rest']     g    :
                    h
                stack[-1]['rest'] -= 1
            else:
                    i
        opno += 1
    marker.show()
```

設問2　プログラム中の ［　　　　］ に入れる正しい答えを，解答群の中から選べ。

　　ここで，d1とd2に入れる答えは，dに関する解答群の中から組合せとして正しいも
のを選ぶものとする。d に関する解答群の中で使用される標準ライブラリの仕様は，
次のとおりである。

math.sin(x)
　　指定された角度の正弦(sin)を返す。
　　引数：　x　ラジアンで表した角度
　　戻り値：引数の正弦(sin)

math.cos(x)
　　指定された角度の余弦(cos)を返す。
　　引数：　x　ラジアンで表した角度
　　戻り値：引数の余弦(cos)

「基本情報技術者 らくらく突破 Python」別冊小冊子　　7

cに関する解答群

ア int(x[1])　　　　イ int(x[1:])　　　　ウ int(x[:1])

エ int(x[2])　　　　オ int(x[2:])　　　　カ int(x[:2])

dに関する解答群

	d1	d2
ア	math.cos(rad)	-math.sin(rad)
イ	math.cos(rad)	math.sin(rad)
ウ	math.sin(rad)	-math.cos(rad)
エ	math.sin(rad)	math.cos(rad)

eに関する解答群

ア 0, 0　　　　　　　　イ dx, dy

ウ self.x, self.y　　　　エ self.x - dx, self.y - dy

fに関する解答群

ア 0　　　　　　　イ code

ウ len(insts)　　　エ val

gに関する解答群

ア < 0　　　　　イ < 1　　　　　ウ == 0

エ > 0　　　　　オ > 1

h, iに関する解答群

ア opno = stack[-1]['opno']

イ stack.clear()　# stackをクリア

ウ stack.pop()　# stackの末尾の要素を削除

エ stack.pop(0)　# stackの先頭の要素を削除

オ stack[-1]['opno'] = opno